电梯原理及安装调试维修技术

主　编　周世军

副主编　郑月明　李光达　韩永兴

天津大学出版社
TIANJIN UNIVERSITY PRESS

图书在版编目（CIP）数据

电梯原理及安装调试维修技术 / 周世军主编；郑月明，李光达，韩永兴副主编. -- 天津：天津大学出版社，2022.9

ISBN 978-7-5618-7319-9

Ⅰ. ①电… Ⅱ. ①周… ②郑… ③李… ④韩… Ⅲ. ①电梯－安装②电梯－维修 Ⅳ. ①TU857

中国版本图书馆CIP数据核字(2022)第179121号

出版发行　天津大学出版社
地　　址　天津市卫津路92号天津大学内：邮编（300 072）
电　　话　发行部：022-27 403 647
网　　址　www.tjupress.com.cn
印　　刷　北京虎彩文化传播有限公司
经　　销　全国各地新华书店
开　　本　787mm×1092mm　1/16
印　　张　13.5
字　　数　304千
版　　次　2022年9月第1版
印　　次　2022年9月第1次
定　　价　48.00元

《电梯原理及安装调试维修技术》
编委会

主　　编　周世军

副 主 编　郑月明　李光达　韩永兴

编写人员　姚磊威　高腾起　郭　飞　贾海灿

审　　核　郑月明　李光达

前　　言

随着我国经济的快速增长，人民生活水平不断提高，电梯、压力容器、起重机械等特种设备与国民经济的发展和人民生活水平的提高息息相关、紧密相连。尤其是电梯在现代社会得到迅速发展，它已经成为当今社会非常有价值、影响力和市场潜力的产业。在日常生活中，要保证人民群众出行安全、提升人民群众生活品质和幸福感，需要提升电梯等特种设备从业人员的素质和能力，更好地服务人民群众，这是我们目前需要关注的焦点。与此同时，随着市场监管和检验检测体制的改革持续深入，从事电梯安全检验检测的机构和从业人员逐步增加，对相关从业人员进行专业化培训，提高其履职能力就显得非常重要，也十分迫切。

本书以电梯原理和调试维修为主线，总结归纳了电梯原理和目前国内电梯主流控制系统的调试方法、常见问题的解决方法等，着力强化和提升电梯从业人员解决问题的实战能力。本书可供电梯作业人员、检验检测人员学习和借鉴使用，对业内技术人员也有较高的参考价值。

本书共分上、下两篇。上篇以介绍电梯原理及安全知识为主，包括电梯概述、电梯基础知识、曳引驱动、电梯电气系统、电梯安全保护装置、自动扶梯与自动人行道、电梯物联网、电梯事故处理与预防、电梯应急救援与演练、典型事故案例分析等十章内容。下篇主要内容是电梯调试维修实战答疑，包括常见问题解答、主控系统问题解答、门系统问题解答、综合问题解答、电梯故障查找实战等五章内容。

本书由周世军担任主编，郑月明、李光达、韩永兴担任副主编。本书的上篇由周世军、李光达编写；下篇的第 11 章由李光达编写，第 12 章由韩永兴编写，第 13 由姚磊威、高腾起编写，第 14 章由郭飞、贾海灿编写，第 15 章由周世军编写。全书由周世军统稿，郑月明、李光达审核。

由于编者水平有限，加之编写时间仓促，书中难免有不足之处，恳请广大读者和电梯行业同人批评指正，以便下次修订时更正。

编者

2022 年 8 月

目　　录

上　篇

第 1 章 电梯概述

1.1 世界电梯发展史

1.1.1 世界电梯的起源

电梯这种升降设备的历史,可以追溯到我国古代用于提水的辘轳以及古希腊的阿基米德绞车,它们都是最原始、最简单、靠人力或畜力驱动的升降机械,如图 1-1 所示。直到 1831 年,英国的法拉第发明发电机之后,才陆续出现用电力拖动的升降机械——电梯。

图 1-1 原始升降机械

1880 年,德国发明家沃纳·冯·西门子(Werner von Siemens)制造出第一台由电力驱动的升降机,该升降机在轿厢底部安装了电动机和旋转小齿轮,通过小齿轮与轿厢导轨的齿条相互啮合而使轿厢上下移动。

直至 1889 年,美国纽约的"带纳斯特"大厅装用了由美国奥的斯公司制造的第一批电动升降机,它由直流电动机与蜗杆传动直接连接,通过卷筒升降电梯轿厢,从而构成了现代电梯的雏形。

早期的升降机械,由于没有防止轿厢坠落的安全保护装置,而限制了其推广使用。美国的伊莱沙·格雷夫斯·奥的斯(Elisha Graves Otis)发明了第一台安全电梯。图 1-2 所示是 1854 年在纽约水晶宫展览会上的著名安全电梯表演。其中,奥的斯先生站在一个平台上,该平台由一根缠在驱动轴上的缆绳高高地吊起而悬在参加展览会的观众的上方,突然奥的斯下令砍断缆绳,平台在落下几英尺后就停住了。第一台安全电梯就这样诞生了。电梯安全保护装置的发明,开创了电梯的新纪元。奥的斯也被公认为是安全电梯的鼻祖。

图 1-2 著名的安全电梯表演

1.1.2 自动扶梯的起源与发展

早期的自动扶梯的梯级和现在不同，它是用木头制成的。20 世纪中期，英国伦敦地下铁路车站发生火警后，大部分本来仍然使用的木制梯级的自动扶梯都被改成了金属制造的梯级，目前这些原先由铸铁制造的梯级慢慢被铸铝制造的梯级所取代。现代的自动扶梯的梯级大都采用金属铸铝制造，每节梯级以下是三角形支架，支架底部是高低两条轴，轴上有轮，每边的两个轮在不同的轨道上行走，通过改变轨道之间的距离，使梯级保持水平。

其实还有其他方式的自动扶梯，1985 年发明的曲线运行螺旋形的电动扶梯如图 1-3 所示。这种扶梯的特点是除可以节省空间外，还具有艺术效果。此外，我们也可以看到有些自动扶梯可以在中间段变回水平，这样可以更灵活地布置在建筑中，减少乘客使用非常长的扶梯时对高度产生的恐惧。

1.1.3 世界电梯的发展

到 20 世纪中叶，电梯的电力拖动，尤其是高层建筑中的电梯，几乎都是直流拖动。直到 1976 年可控硅用于电梯拖动，研制出了交流调压调速系统，才使交流电梯得到快速发展。到 20 世纪 80 年代，随着电子技术的发展，出现了交流变频调速系统。在信号控制方面，用微机取代传统的继电器控制系统，使故障率大幅下降，电梯的速度也由 0.25 m/s 发展到目前的 20 m/s 超高速；电梯的额定载重量也在不断刷新纪录；电梯的运行形式也在不断创新，尤其是自动扶梯先后出现了波浪形扶梯、圆弧形扶梯、半扶梯半人行道扶梯、无轴无链公交梯、手推车梯等。

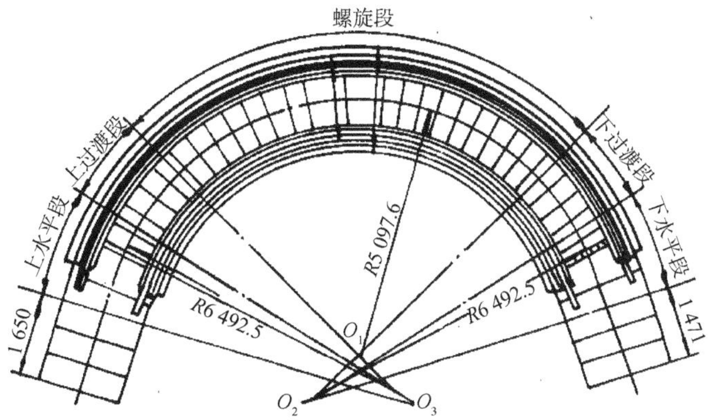

图 1-3　螺旋形电动扶梯示意图(单位:mm)

1.2　我国电梯发展史

我国的电梯产业起步较晚,新中国成立初期,国内几乎没有电梯制造企业,从 20 世纪 60 年代才逐渐起步,但 1979 年前总共只生产了约 1 万台电梯。20 世纪 80 年代,随着我国经济建设的发展,电梯制造企业从不足 10 家发展到 1991 年的 200 多家,电梯年产量也从 1980 年的 2 249 台发展到 1994 年的 3 万台,并通过与国际知名企业合资和技术合作,引进了先进的电梯技术。现在我国电梯产业正由技术引进向自主设计、自主研发、生产全国产化电梯的目标迈进。

由我国自行设计和建设的上海东方明珠电视塔,塔高 468 m,居世界第三、亚洲第一。它把广播电视功能与旅游观光融为一体,塔内安装了 6 台高速乘客电梯,其中一台为双轿厢电梯,额定载重量为 3 500 kg,运行速度为 4 m/s,可搭载乘客 50 人,最高行程 277 m;还有两台电梯,额定载重量为 2 000 kg,运行速度为 7 m/s,每台可搭载乘客 30 人,最高行程 286.3 m,把乘客运送到观光大厅,饱览上海的美景。

现代的超高层建筑往往是多功能、多用途的综合型大楼。如美国芝加哥的约翰·汉考克中心大楼,共有 100 层,其中有商店、停车场、住宅、瞭望台、餐厅、电视广播室,其共有电梯 43 台、扶梯 12 台,电梯的最高运行速度达到 9 m/s。

除超高层建筑外,在高层和一些多层的饭店、办公楼和住宅楼,电梯也是不可缺少的输送工具。在服务性和生产性部门,如医院、商场、仓库等也需要大量的病床电梯、自动扶梯和载货电梯。随着经济和技术的发展,电梯的使用领域将越来越大,且已成为人们生产、生活不可或缺的交通工具。

1.3 未来电梯的发展趋势

1. 电梯控制系统的集成化

电梯自动控制系统已经成为计算机技术应用领域中具有相当活力的一个分支。为适应对系统的安全性、可靠性和功能实现灵活性的高要求,发展起来的电梯控制系统是以微型计算机为核心。这种系统是将 4 C 技术,即计算机技术(Computer)、自动控制技术(Control)、通信技术(Communication)及转换技术(Change)整合成高度关联、融合的体系,其在适应范围、可扩展性、可维护性、系统工作稳定性等诸多方面较以往的控制系统具有明显的优越性,并已成为推动电梯控制技术发展的基石。

2. 电梯速度趋于超高速化

随着摩天大楼的群起,对电梯的运行速度不断提出挑战,同时也促进了电梯技术的发展。目前,世界上电梯的最高运行速度已达到 17 m/s,更有 18 m/s 的电梯运行在 600 多米高的“上海中心大厦”内。可以预期,随着多用途、全功能的超高层建筑的发展,超高速电梯必定继续成为研发的方向。超大容量曳引电动机、高性能微处理器、减振技术、噪声抑制技术、轿内自动调压系统、适用于超高速电梯的安全部件等都将得到积极推进。

3. 绿色电梯的普及呈必然趋势

节能、环保材料在电梯零部件上的应用已经初露端倪,永磁同步无齿轮曳引机、能量回馈装置正在迅速提高整机配套率。非金属材料制作的轿壁、导向轮、曳引轮已经投入应用。电梯悬挂系统以扁平复合曳引钢带取代了传统曳引钢丝绳。以非金属材料制成的曳引绳取代钢丝绳更具有革命性。此外,采用直线电机驱动的电梯也有较大研究空间。两台电梯共用同一井道的双子电梯已经开始运行。电梯群控系统更趋于智能化,如基于专家系统、模糊逻辑的群控系统能适应电梯交通的不确定性、控制目标的多样化、非线性表现等动态特性。随着智能建筑的发展,电梯的智能群控系统能与大楼所有的自动化服务设备结合成整体智能系统。

电梯向节能方向发展,节能电梯需要满足以下条件:

(1)节能电梯消耗的电能较老式电梯(一般指带蜗轮蜗杆减速箱、效率较低的主机电梯)可节约 30% 以上;

(2)控制系统必须是微机控制;

(3)必须具备可扩展功能;

(4)必须符合国家最新电梯标准《电梯制造与安装安全规范》(GB/T 7588—2020);

(5)必须是小机房或无机房电梯,因为节能电梯除本身节能需要外,还包括土建成本的节约,而小机房电梯可以节省土建时间以及土建费用,无机房电梯能够节省更多土建时间以及土建费用;

(6)维护费用低,维护方便;

（7）成熟的技术和知识产权。

1.4　电梯品牌及世界著名电梯

1. 奥的斯电梯

奥的斯电梯公司是由世界电梯工业的发明者伊莱沙·格雷夫斯·奥的斯先生于1853年在美国创立的。多年来，奥的斯电梯始终保持着电梯业界的领先地位，一直致力于研究、开发、制造、安装、维修、保养、更新改造电梯、自动扶梯、自动人行道等运输系统，是全球最大的电梯、自动扶梯及自动人行道的供应商和服务商之一，其产品占全球市场份额的27%。至今有200多万部奥的斯产品在全球200多个国家和地区运转着，每三天就能运载全球人口一次。从纽约帝国大厦到巴黎埃菲尔铁塔，从迪拜哈利法塔到上海东方明珠电视塔，以及世界各国著名的地标性建筑中，均不乏奥的斯电梯的使用。无论是对于建筑师、承包商、开发商来说，还是对于业主来说，奥的斯都是世界顶尖的电梯品牌。

奥的斯全球工程中心分布在中国、捷克、法国、德国、日本、韩国、西班牙和美国。奥的斯两座最高的电梯测试塔坐落在日本芝山（地上505英尺（154 m）高，地下89英尺（27 m））以及美国康涅狄格州布里斯托尔（地上384英尺（117 m）高）。

奥的斯电梯在中国的历史可追溯到1900年，奥的斯电梯公司为上海和平饭店南楼（旧称汇中饭店）安装了其在中国大陆的首部电梯。奥的斯上海研发中心是奥的斯电梯公司全球规模最大的研发基地，致力于建立丰硕的创新资源。奥的斯电梯公司旗下奥的斯电梯与奥的斯机电两大品牌的产品遍及全国各地不同领域，包括轨道交通、机场、铁路站点等基础设施、商业楼宇、住宅以及医院、观光建筑、会展中心等公共设施。在中国乃至全球诸多知名的高层地标性建筑中都有奥的斯电梯的身影，例如上海东方明珠电视塔、广州电视塔和银川丝路明珠塔。

2. 通力电梯

通力电梯公司是全球电梯和自动扶梯产业最大的供应商之一，于1910年成立，总部位于芬兰，是一家拥有100多年历史的工业工程公司，始终将电梯和自动扶梯作为其主要业务，且其业务遍及全球50多个国家。其业务范围包括新梯业务、电梯维护及更新改造、自动屏蔽门业务等。同时，通力电梯公司也是开发环保节能产品的行业先驱，是全球无齿轮电梯的领导者，是无机房电梯的开启者，长久以来以创新和领先的技术受到全世界的赞誉。在过去100多年中，通力电梯公司充分证明了自己接受挑战、创造机会、寻求发展的能力。

通力电梯公司进入中国市场20多年以来取得了长足的发展，拥有遍布全国的销售维保网络，在中国大陆承接了许多有影响力的项目，如中国国家大剧院、中国国家体育场、中国北京奥运村、中国首都机场扩建、上海虹桥机场扩建、上海国际金融中心等知名的标志性项目。

3. 迅达电梯

迅达(中国)电梯有限公司是瑞士迅达集团的全资子公司,总部位于上海。迅达集团1874年成立于瑞士,是全球领先的电梯、自动扶梯及相关服务的供应商,同时也是世界第二大电梯供应商。迅达集团业务遍布100多个国家和地区,拥有50 000多名员工,产品每天在全世界运载十亿人次。迅达集团于1980年进入中国,成立了中国第一家工业性合资企业,并于2006年完成独资化。

目前,迅达(中国)总部位于上海,包括两个电梯和自动扶梯生产基地以及一个亚太研发中心,在全国有20多家分公司。迅达电梯的产品种类全面,主要包括电梯、自动扶梯、自动人行道、货梯和专用电梯,范围涵盖从低端的住宅电梯到高端的商用电梯。

迅达电梯秉承先进的设计理念,注重安全、舒适和节能。作为全球销量最大的产品之一,迅达自动扶梯和自动人行道,运行平稳、舒适,运载能力大、距离长,广泛应用于机场、地铁、火车站、体育馆和商场等。此外,迅达电梯还生产大负荷货梯和应用于医院、别墅等特殊场合的专用电梯。

4. 三菱电梯

1987年由上海机电股份有限公司与日本三菱电机等四方合资成立的上海三菱电梯有限公司是国内规模最大的电梯制造销售企业之一,其产品市场占有率在国内市场保持领先地位,是全国最大的500家外商投资企业之一。目前,上海三菱在全国有80家分公司,拥有8 500余名员工、600多个维修保养站点、20 000余名协作安装工人,其正以庞大的服务网络,主动、专业、及时地为用户提供销售、安装、维保各环节无缝衔接的整体化解决方案。上海三菱于2014年再次升级用户服务中心,构建大数据平台,结合ReMes-III电梯物联网,快速响应电梯故障、电梯困人等紧急状态,并在全国搭建“1+5物流分中心”,保证电梯备件供应的敏捷和充足。

2016年,上海三菱成功研发出了最大上升速度达1 230 m/min(20.5 m/s)的全球最快电梯,并在7月全面开业的中国最高大楼“上海中心大厦”(高632 m)中应用。

5. 日立电梯

日立电梯全称为日立电梯(中国)有限公司,成立于1995年,总部设在广州,日方占70%的股份,中方占30%的股份。日立电梯致力于各类电梯、自动扶梯、自动人行道、智能安防系统的研发、制造、销售、安装、维修、保养。

日立电梯在2014年提出了“一个总部,东、西、南、北四大区域工程服务中心”的服务模式,以期在全国范围内对客户的售后服务需求进行响应,使服务前移。日立电梯一直致力于为都市和楼宇的垂直交通发展创造更多的可能,通过垂直电梯、自动扶梯、自动人行道、智能楼宇系统等产品为广大客户提供楼宇综合解决方案。日立电梯充分整合了亚洲研发中心、上海研发中心、扶梯研发中心、电机研发中心、楼宇技术研发中心、日本水户研发中心等 6 个研发机构的资源，形成研发网络体系，实现资源共享。

6. 蒂森克虏伯电梯

蒂森克虏伯电梯股份有限公司是世界钢铁大王蒂森克虏伯集团旗下子公司。蒂森克虏伯电梯致力于提供全方位的乘客运输系统，其产品包括乘客电梯、载货电梯、自动扶梯、自动人行道、旅客登机桥、无障碍设施及升降平台，其分布于全球的 900 个机构形成了广泛的销售与服务网络，可有效地建立和维护公司与客户之间的合作关系。

蒂森克虏伯电梯由五大业务单元组成，其中四个业务单元主要集中于地区性电梯业务，包括中欧、东欧、北欧、南欧、非洲、中东、美洲和亚太；另一个业务单元则是全球性运作的产业业务单元，包括无障碍解决方案（旅客登机桥、升降座椅、无障碍升降平台及别墅电梯）。

蒂森克虏伯电梯在中国作为亚太业务单元下的子公司，凭借卓越的质量和生产力，自 1995 年开始活跃在中国市场上，目前有员工 7 000 多名。依靠密集的分公司、办事处网络、技术雄厚的本地化工厂和全球技术服务中心，蒂森克虏伯电梯（中国）为所有的产品系列提供新梯安装、更新改造和维修保养服务，其目标始终致力于提供有效、经济的解决方案，从而满足各种不同用途和要求。

2020 年 7 月，蒂森克虏伯集团以 172 亿欧元出售电梯业务，安宏资本与盛峰公司组成的联合财团成为电梯业务的新东家。

2021 年 3 月，蒂森克虏伯电梯（Thyssen Krupp Elevator）取三个英文字母缩写，更名为 TKE 电梯。

7. 富士达电梯

富士达集团（富士达株式会社）于 1948 年由内山正太郎先生一手创立，是从事电梯、自动扶梯、自动人行道、立体停车设备等空间移动系统的全球性跨国企业。富士达集团在日本、中国、东亚、南亚、欧洲、北美、南美等 22 个国家和地区开展销售活动，并拥有 12 个生产基地，向全球提供值得信赖的产品和服务，凭借为全世界客户所称道的创新技术和优异品质，不断为世界各个国家和地区的城市发展做出贡献。

富士达集团始终致力于事业的全球化发展，并把中国作为其全球发展策略的中心，1985 年富士达集团就将眼光投向中国市场，先后于 1997 年和 2002 年与中国中纺集团公司合作创建了华升富士达电梯有限公司和上海华升富士达扶梯有限公司，并于 2003 年和 2006 年相继独自成立上海富士达电梯研发有限公司和富士达电梯配件（上海）有限公司，由此在中国形成了以产品研发、制造、供应为核心的三位一体服务格局。

作为富士达集团在中国市场的电梯生产基地，秉承富士达集团“专业厂家、专业品质”的一贯追求，应用长期积累的专业技术，并持续引进尖端科技与自主创新相结合的开发模式，推行以绿色节能、人性化为主导的产品设计理念，以生产包括乘客电梯、观光电梯、别墅电梯、医用电梯、货用电梯、杂物电梯等多样化的产品以及遍布全国各地的销售网络和预防性维保服务为主,不断满足中国市场多方位的需求,为中国城市化建设的和谐发展注入活力。

8. 东芝电梯

东芝电梯在中国的业务始于 1995 年,以上海和沈阳两大基地为核心,全力推进覆盖中国全境的业务发展。2016 年 4 月,东芝电梯启动了全新的远程监视系统,通过对电梯运行情况的实时远程监视,进一步提高电梯的安全性和运行质量。

在用户体验上,东芝电梯基于独有的东芝超级锂离子蓄电池“SCiB”,即使电梯停电,最长也可实现 30 min(业内最长)续航运行。

作为世界电梯产业的领军企业,东芝电梯拥有包括磁悬浮导靴、创吉尼斯纪录的世界最高速的电梯、层间距可自动调节的双层轿厢在内的一系列融合东芝尖端技术的电梯产品,并不断以革命性的环保技术最大限度地降低环境负荷,创造新的丰富价值,执行“地球内企业”所应承担的使命,为减缓地球温室效应和建设富足社会做贡献。

第 2 章　电梯基础知识

2.1　电梯的性能指标与主要参数

2.1.1　电梯的定义

《电梯、自动扶梯、自动人行道术语》(GB/T 7024—2008)中定义:电梯是服务于建筑物内若干特定的楼层,其轿厢运行在至少两列垂直于水平面或与铅垂线倾斜角小于 15°的刚性导轨运动的永久性运输设备。

《特种设备安全监察条例》所指的电梯是动力驱动,利用沿刚性导轨运行的箱体或者沿固定线路运行的梯级(踏步)进行升降或者平行运送人、货物的机电设备,包括载人(货)电梯、自动扶梯、自动人行道等,非公共场所安装且仅供单一家庭使用的电梯除外。

通常来说,电梯是垂直运行的电梯、倾斜方向运行的自动扶梯、倾斜或水平方向运行的自动人行道的总称。

2.1.2　电梯的正常使用条件

电梯的工作条件是一般电梯正常运行的环境条件。如果实际的工作环境与标准的工作条件不符,电梯将不能正常运行或故障率增加并缩短使用寿命。因此,特殊环境使用的电梯在订货时就应提出特殊的使用条件,制造商将依据提出的特殊使用条件进行设计制造。

《电梯技术条件》(GB/T 10058—2009)对电梯的工作条件规定如下。

(1)安装地点的海拔高度不超过 1 000 m,对于海拔高度超过 1 000 m 的电梯,其曳引机应按《电梯曳引机》(GB/T 24478—2009)对电梯曳引机的要求进行修正;对于海拔高度超过 2 000 m 的电梯,其低压电器的选用应按《特殊环境条件高原用低压电器技术要求》(GB/T 20645—2021)进行修正。

(2)机房内的空气温度应保持在 5~40 ℃。

(3)运行地点的空气相对湿度在最高温度为 40 ℃时不超过 50%,在较低温下可有较高的相对湿度,最湿月的月平均最低温度不超过 25 ℃,该月的月平均最大相对湿度不超过 90%;若在电气设备上可能产生凝露,应采取相应措施。

(4)供电电压相对于额定电压的波动应在 ±7% 的范围内。

(5)环境空气中不应含有腐蚀性和易燃性气体,污染等级不应大于《低压开关设备和

控制设备 第 1 部分:总则》(GB 14048.1—2012)规定的 3 级。

2.1.3 电梯的运行环境

1. 机房

机房是安设曳引机和其附属设备的专用房间,一般机房都在井道的上面。当上部不能设置机房时,也可设置在井道的底层,称为下置式机房。目前,为了解决建筑物顶部不能设置机房,而下置式机房传动又十分复杂的问题,而出现了无机房电梯,其将曳引机安装在井道壁和导轨上,或安设在底坑中央。

1)机房的结构要求

机房应是专用房间,有实体的墙、顶和向外开启的有锁的门。机房内不得设置与电梯无关的设备或用于电梯以外的其他用途,不得安设热水或蒸汽采暖设备。其火灾探测器和灭火器应具有高的动作温度,并能防意外碰撞。

机房应用经久耐用、不易产生灰尘且非易燃材料建造,地面应采用防滑材料或进行防滑处理,机房顶和窗要保证不渗漏、不飘雨。

2)机房尺度要求

通向机房的通道和机房门的高度不应小于 1.8 m,宽度不小于 0.6 m,机房内供活动和工作地点的净高不应小于 1.8 m,主机旋转部件上部应有不小于 0.3 m 的垂直净空距离。

控制柜前应有一块深度不小于 0.7 m、宽度为柜宽且不小于 0.5 m 的检修操作场地。在进行人工紧急操作和对设备进行维修和检查的地方,应有不小于 0.5 m × 0.6 m 的水平净空面积。通往操作和检修场所的通道宽度应不小于 0.5 m,当没有运动部件时可减为 0.4 m。

机房尺度一般按制造厂的图纸尺寸,也可参照《电梯主参数及轿厢、井道、机房的形式与尺寸》(GB/T 7025—2008)。

多台电梯共用机房时,机房面积应为各台电梯单独机房面积之和。当载重量不同时,还要加上不同井道面积的差值。

机房宽度应为共用井道的总宽度再加上最大一台电梯侧向延伸长度之和,深度为单独安装深度再加上 2 100 mm。

机房布置时,后墙应与井道相对应的墙在一条直线上,两侧的墙应有一侧与井道相对应的墙在一条直线上。电梯面对面排列时,机房超出后墙的距离一般不大于 0.5 m。

3)防护要求

机房地面高度不一时,在高差大于 0.5 m 时,应设置楼梯或台阶并设护栏。通道进入机房有高差时也应设楼梯,若不是固定的楼梯,则梯子应不易滑动或翻转,其与水平面的夹角应不大于 70° ,在顶端应设置把手。

地板上必要的开孔要尽可能小，而且周围应有高度不小于 50 mm 的圈框。若地板上设有检修用活板门，则门不得向下开启，关闭后任何位置均能承受 2 000 N 的垂直力而无永久变形。

2. 井道

井道是电梯轿厢和对重装置运动的空间，由井道顶、井道壁和底坑底部围成，井道应为电梯专用，不得装设与电梯无关的设备和电缆，采暖设施不能用热水或蒸汽作为热源。井道顶一般就是机房的地板，曳引机的承重梁一般支承在井道壁上端。井道壁上还要安装导轨和层门，底坑上要安装缓冲装置和支承导轨。所以，井道结构应至少能承受运行时驱动主机和轿厢、对重施加的载荷，以及安全钳动作时通过导轨施加的载荷和缓冲器动作时施加的载荷。

1）材料与结构要求

井道应用坚固、非易燃和不易产生灰尘的材料制造，为了承受各种载荷应有足够的强度，一般可采用钢筋混凝土整体浇灌和钢筋混凝土框架加砖填充，也可采用钢结构。由于现在井道内结构的安装大都采用膨胀螺栓，所以对井道壁的质量要求比较高。

井道是一个封闭空间，只有运动和功能必需的开口，如层门开口、通向机房的运动部件开口和必要时设置的检修门和通风孔道，以及当相邻两层站地坎之间距离大于 11 m 时所设的井道安全门。在不要求井道在火灾情况下用于防止火灾蔓延的场合，如瞭望台、竖井、塔式建筑物连接的观光梯和建筑外的观光梯等，井道可以不完全封闭。但各层站必须有无孔材料构成的高度不低于 2.5 m 的围封，若层门侧高度在 2.5 m 以上，可使用孔洞不大于 75 mm 的网格或穿孔板。

层门侧的井道壁应与层门组合，在整个轿厢宽度上形成一个孔的表面（门的动作间隙除外）。而且井道壁从层门地坎向下应是连续、坚硬的光滑表面，并与下一个层门的门楣连接，或是向下延伸到地坎下 1/2 的开锁区加 50 mm 的距离，即 250~400 mm，但此时该光滑表面应向井道外倾斜，斜面与水平面的夹角不小于 60°，斜面的水平投影不小于 20 mm。上述表面可以由井道壁的材料构成，也可以另外用金属薄钢板构成。

2）井道的顶部空间

井道的总高度是由极限行程加上顶部间距和底坑安全间距构成的。顶部间距是为保障电梯的运行安全和保护在轿顶工作的维修人员，而在井道上部保留的一个安全空间。在电梯发生故障，轿厢运行失控到极限位置时，不会发生轿厢或对重与井道顶相撞或脱出导轨。此时轿顶若有工作人员，也能有一个藏身的空间。

曳引电梯发生冲顶故障时的极限位置是对重完全静止压在缓冲器上、曳引绳在曳引轮槽内打滑时的轿厢位置。此时，顶部间距应同时满足以下四个条件：

（1）轿厢上导靴以上的导轨长度不小于 $0.1+0.035v^2$（m）；

（2）轿顶上供站人的不小于 0.12 m² 的平面，与井道顶位于轿顶投影部分的最低部件之间的自由垂直距离不小于 $1.0+0.035v^2$(m)。

(3)井道顶的最低部件与轿顶固定设备最高部件之间的自由垂直距离不小于 $0.3+0.035v^2$(m),与导靴或滚轮、曳引绳附件的最高部分之间的自由垂直距离不小于 $0.1+0.035v^2$(m)。

(4)轿顶上方应有至少能放进一个 0.5 m×0.6 m×0.8 m 矩形立方体的空间,在放置时可以任何一面朝下。

当轿厢蹲底并完全静止压在缓冲器上时,对重导轨在上导靴以上也应有不小于 $0.1+0.035v^2$(m)的长度。

上述所有计算式中的 $0.035v^2$(m)是对应 115% 额定速度时的重力制停距离的一半。当物体在外力作用下垂直向上运动时,在外力消失后物体由于惯性还会向上运动一段距离,然后在重力作用下再向下坠落,这段距离就是重力制停距离。由于存在空气阻力和导轨上的摩擦力等,所以在计算时采用重力制停距离的一半。

当电梯在端站的减速能被可靠监控,并在超速时可以强迫减速时,对额定速度为 2.67~4 m/s 的电梯,$0.035v^2$(m)可以减为一半;对额定速度大于 4 m/s 的电梯,可以减到三分之一。但无论哪种情况,此值均不得小于 0.25 m。

3)底坑

底坑是井道位于最底层站地坎以下的部分。底坑的底部应光滑平整,不得漏水或渗水。

由于导轨和缓冲器都支承在底坑的地面,当安全钳和缓冲器动作时,地面将受到很大的垂直作用力。安全钳和缓冲器动作时的垂直作用力可用下列各式近似计算。

瞬时式安全钳:

$$F \approx 25(P+Q)(N)$$

渐进式安全钳:

$$F \approx 10(P+Q)(N)$$

轿厢缓冲器:

$$F \approx 40(P+Q)(N)$$

对重缓冲器:

$$F \approx 40P_2(N)$$

式中 F——各种垂直作用力(N);

P——轿厢自身质量加上部分随行电缆和补偿链装置质量的总和(kg);

Q——额定载重量(kg);

P_2——对重的总质量(kg)。

当底坑下有人可以进入的空间和地下室、车库、通道等时,则除其他措施外,底坑地板的强度应能承受不小于 500 N/m² 的负荷。

底坑内也应有一个安全间距。当轿厢完全静止压在缓冲器上时，该空间应能放进一个不小于 0.5 m × 0.6 m × 1.0 m 的矩形立方体（可以任何一面着地），而且此时底坑地面与轿厢最低部分的净空距离不小于 0.5 m，与导靴或滚轮、安全钳、护脚板等部件的净空距离不小于 0.1 m。

在底坑中对重的运行区域应采用刚性的防护栏进行防护。防护设施应从底坑地面以上 0.3 m 开始延伸到至少 2.5 m 的高度，其宽度应比对重宽度各边宽 0.1 m。

在装有多台电梯的井道中，应在底坑设置隔障，将不同电梯的运动部件隔开。隔障应保证人不能通过，高度不小于 2.5 m。如果相邻电梯运动部件间的水平距离小于 0.3 m，则隔障应贯穿整个井道高度。

4）通风与照明

井道应有适当的通风，一般可在顶部设置通风孔。通风孔的面积不应小于井道横截面的 1%，钢丝绳等通过的工艺开孔面积也可计算在内。通风一般是自然通风，可与机房等为电梯服务的房间连通，但不能与其他空间连通。

井道内应设永久性照明，在井道最高点和最低点 0.5 m 内各装一盏灯，中间每隔 7 m 设一盏灯，主要供维护检修时使用。

5）井道尺寸

井道尺寸一般按各品牌电梯制造商的土建图确定。

井道尺寸的偏差：

（1）高度 ≤30 m 为 0~25 mm；

（2）高度 30~60 m 为 0~35 mm；

（3）高度 60~90 m 为 0~50 mm。

多台电梯并列共用井道时，井道总宽度为每台电梯的单独宽度之和加上电梯之间的分界宽度，分界宽度不得小于 200 mm。

3. 候梯厅

候梯厅是等候电梯和进出电梯的场地，其宽度不能小于井道宽度，其深度即层门到对面墙或对面电梯层门的距离应满足以下要求。

（1）住宅用 I 类电梯：不小于最大的轿厢深度。

（2）非住宅用 I、II、III 类电梯：不小于最大轿厢深度的 1.5 倍，并列超过 4 台时不小于 2 400 mm。

（3）面对面排列电梯：不小于相对轿厢深度之和，除病床电梯外，此距离不得大于 4 500 mm。

2.1.4　电梯的整机性能

电梯的整机性能包括速度、载重、控制方式、层站、电梯种类、曳引方式、主机形式、机房设置位置、层门宽度等参数。

2.1.5 电梯的主要参数

电梯的主要参数包括额定载重量和额定速度。

2.2 电梯的分类

2.2.1 按用途分类

(1)曳引驱动乘客电梯:适用于高层住宅与办公大楼、宾馆、饭店、旅馆,可用于运送乘客,要求安全舒适,装饰新颖美观,可以手动或自动控制操作;轿厢的顶部除灯外,大都设置排风机,在轿厢的侧壁上则有回风口以加强通风效果;为便于乘客进出轿厢,一般轿厢宽度与深度比例为 10∶7~10∶8。

(2)曳引驱动载货电梯:用于运载货物及伴随的装卸人员;要求结构牢固安全;为节约动力装置的投资和保证良好的平层精确度,常取较低的额定速度;轿厢的容积通常比较宽大,一般轿厢深度大于宽度或者两者相等。

(3)强制驱动载货电梯:一般为用链或钢丝绳悬吊的非摩擦方式驱动的电梯,使用较少。

(4)液压电梯:将油压入液动电梯油缸,使柱塞做直线运动,直接或通过钢丝绳间接地使轿厢运动的电梯。其是一种机、电、液一体化产品,由以下相对独立但又相互关联的系统组成:泵站系统、液压系统、导向系统、轿厢、门系统、控制系统、保护系统等。

(5)杂物电梯:用于运送一些轻便的图书、文件、食品等,允许人员进入轿厢,由门外按钮控制。

(6)防爆电梯:具有防爆性能的电梯。

(7)观光电梯:一种轿厢壁透明、供乘客观光的电梯。

(8)消防员电梯:在建筑物发生火灾时供消防人员进行灭火与救援,且具有一定功能的电梯。

(9)船舶电梯:固定安装在船舶上,供乘客和船员或其他人员使用的提升设备,能在船舶的摇晃中正常工作。

2.2.2 按速度分类

(1)超高速电梯:额定速度满足 $v>3$ m/s 的电梯,通常用于超高层建筑物内。

(2)高速电梯:额定速度满足 2 m/s<$v\leqslant$3 m/s 的电梯,通常用在 16 层以上的建筑物内。

(3)快速电梯:额定速度满足 1 m/s<$v\leqslant$2 m/s 的电梯,通常用在 10 层以上的建筑

物内。

（4）低速电梯：额定速度满足 $v\leqslant1$ m/s 的电梯，通常用在 10 层以下的建筑物或客货两用电梯或货梯。

2.2.3　按控制方式分类

（1）按钮控制电梯：一种具备简单自动控制的电梯，具有自动平层功能。其可分为轿外按钮控制和轿内按钮控制两种形式。前一种是由安装在各楼层厅门口的按钮箱进行操纵，一般用于服务电梯或层站少的货梯。后一种是由安装在轿厢内的按钮箱操纵，一般只接收轿厢内的按钮指令，层站的召唤按钮不能截停和操纵轿厢，一般用于货梯。这种电梯有自动门和手动门两种。

（2）信号控制电梯：一种自动控制程度较高的电梯，其除了具有自动平层和自动开门功能外，还有轿厢命令登记、厅外召唤登记、自动停层、顺向截停和自动换向等功能，通常为有司机客梯或客货两用电梯。

（3）集选控制电梯：一种在信号控制基础上发展起来的全自动控制电梯。其与信号控制电梯的主要区别在于能实现无司机操纵。其主要特点是把轿厢内选层信号和各层外呼信号集合起来，自动决定上、下运行方向，顺序应答。这种电梯操纵可为有司机或无司机，当实际有司机操纵时为信号控制（在人流集中的高峰时间里保证安全运行），而在人流较少时改为无司机——集选控制。这类电梯要在轿厢上设置称重装置，以防超载，且轿门上要设防夹保护装置。

（4）下（或上）集选控制电梯：一种当只有电梯下行时才能被截停的集选控制电梯。其特点是乘客若从某一层到上面层楼，只有先截停向下运行的电梯，下到基层后才能再次乘梯到目的层，一般下集选控制方式采用的较多，如住宅楼内。

（5）并联控制电梯：将两至三台具有集选控制功能的电梯的控制线路并联起来进行逻辑控制，共用层站外召唤按钮，使电梯高效率运行。其特点：当无任务时（如两台电梯并联工作），一台停在基站，俗称基梯，另一台则停在预先选定的层楼（一般在中间层楼），称为自由梯，若有任务，基梯离开基站向上运行，自由梯立即自动下降到基站替补；当除基站外其他楼层要电梯时，自由梯前往，并应答顺方向要梯信号，当要梯信号与自由梯运行方向相反时，则由基梯去完成。对于三台并联集选组成的电梯，其中两台电梯作为基梯，另一台作为备行梯，运行原则类似于两台并联控制电梯。

（6）梯群程序控制电梯：群控是用微机控制和统一调度多台集中并列的电梯，使多台电梯集中排列，共用厅外召唤按钮，按规定程序集中调度和控制。其程度控制可分为四程序及六程序。前者将一天中的客流情况分成四种，如上行高峰状态运行、下上行平衡状态运行、下行高峰状态运行及闲散状态运行，并分别规定相应的运行控制方式。后者比前者多上行较下行高峰状态运行、下行较上行高峰状态运行两种情况。

(7)梯群智能控制电梯:属于高级的梯群控制,包括数据的采集、交换、存储功能,还能完成分析、筛选、报告等功能,控制系统可以显示出所有电梯的运行状态,由微机根据客流情况和软件中的专家系统,自动选择最佳运行控制方式。其特点是分配电梯运行时间,省人、省电、省机器。

(8)微机控制电梯:把微机用于信号处理,取代传统的选层器和绝大部分继电器逻辑电路。

2.2.4 按驱动方式分类

(1)直流电梯:曳引电动机为直流电动机,通常为采用可控硅励磁装置的直流发电机 - 电动机拖动系统和采用可控硅直接供电的可控硅 - 电动机拖动系统两种,目前主要为后者。其特点是性能优良、梯速较快,通常用于高速电梯。

(2)交流电梯。

①双速电梯,曳引电动机为交流电动机,并有高、低两种速度,速度在 1 m/s 以下。

②三速电梯,曳引电动机为交流电动机,并有高、中、低三种速度,速度一般为 1 m/s。

③交流调压调速电梯,曳引电动机为交流电动机,启动时采用开环,减速时采用闭环,通常装有测速发电机。

④交流调频调速电梯,通常采用微机、逆变器、PWM 控制器以及速度电流等反馈系统。在调节定子频率的同时,调节定子中电压,以保持磁通恒定,使电动机力矩不变,其性能优越、安全可靠。

(3)液压电梯:靠液压传动,根据柱塞安装位置不同可分为直顶式和间接顶升式。前者的油缸柱塞直接支承轿厢,使轿厢升降。后者的油缸柱塞设置在井道侧面,借助曳引绳通过滑轮组与轿厢连接,使轿厢升降。

(4)直线电机驱动电梯:用直线电动机作为动力源,其是目前最新驱动方式的电梯,在我国尚未使用。

2.2.5 其他分类方式

(1)有机房电梯:曳引机等部件安装在电梯井道的上方专用的房间内。

(2)无机房电梯:曳引机等部件全部安装在井道内,而无电梯专用机房,其结构紧凑,可节约建筑面积和降低成本。

2.3 电梯的结构组成与型号

电梯是机械、电气、电子技术一体化的产品。其机械部分好比人的躯体,电气部分相当于人的神经,微机控制部分相当于人的大脑。各部分密切协同,使电梯可靠运行。

2.3.1 电梯的组成

电梯一般由其所依附的建筑物和不同功能的八个系统组成。电梯的总体结构解剖图如图 2-1 所示。

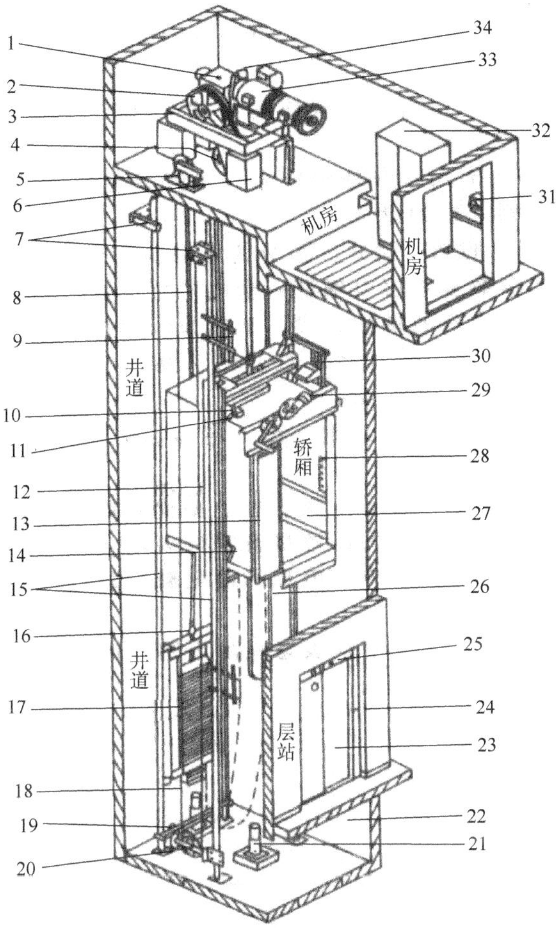

图 2-1 电梯总体结构解剖图

1—减速箱；2—曳引机；3—曳引机底座；4—导向轮；5—限速器；6—机座；7—导轨支架；8—曳引钢丝绳；9—开关碰铁；10—终端开关；11—导靴；12—轿架；13—轿门；14—安全钳；15—导轨；16—绳头组合；17—对重；18—补偿链；19—补偿链导轮；20—张紧装置；21—缓冲器；22—底座；23—层门；24—呼梯盒；25—层楼指示；26—随行电缆；27—轿壁；28—操纵箱；29—开门机；30—井道传感器；31—电源开关；32—控制柜；33—曳引电机；34—制动器

2.3.2 电梯的系统

电梯的八个系统为曳引系统、导向系统、轿厢、门系统、重量平衡系统、电力拖动系统、电气控制系统和安全保护系统，具体见表 2-1。

表 2-1 电梯八个系统的主要功能及其构件与装置

八个系统	主要功能	主要部件及装置
曳引系统	输出与传递动力,使电梯实现上下运行	由曳引机、曳引钢丝绳、曳引轮、导向轮等组成
导向系统	保证轿厢和对重在井道中沿着固定的滑道——导轨运行的装置	由导靴、轿厢和对重导轨及导轨支架等组成
轿厢	用以运送乘客或货物的电梯组件,是电梯的工作部件	由轿架、轿底、轿壁、轿顶等组成
门系统	运行时封住层站入口和轿厢入口,仅在乘客或货物到站后开启	由轿门、层门、门传动系统、门锁装置等组成
重量平衡系统	相对平衡轿厢重量,使轿厢与对重间的重量差保持在某一个限额之内,减少电梯曳引电动机功率的损耗,减少钢丝绳与曳引轮之间的曳引力(摩擦力),从而延长钢丝绳的使用寿命,保证电梯的曳引传动正常	由对重和对重块及重量补偿装置等组成
电力拖动系统	提供动力,实行电梯速度控制	由供电系统、曳引电动机、速度反馈装置、调速装置等组成
电气控制系统	对电梯的运行实行控制与操纵	由控制屏、平层装置、位置显示、操纵装置等组成
安全保护系统	以机电相结合的安全保护系统来确保电梯安全使用,防止危及人身和设备的事故发生	由安全钳、限速器、门锁装置、缓冲器、上行超速保护装置、限位开关、极限开关、强迫换速开关、电磁制动器、门防夹装置、超载装置、层轿门电气安全连锁装置、断错相保护装置、曳引钢丝绳及绳头组合装置等组成

2.3.3 电梯空间及部件组成

以有机房电梯为例,一部电梯按其部件在建筑物中的分布,一般可分为机房、井道、轿厢、层站四个部分。

机房主要部件:电源总开关、控制柜、曳引机、导向轮、限速器、承重梁、曳引钢丝绳、绳头组合等。

井道主要部件:轿厢导轨、对重导轨、导轨支架、配线槽、对重、曳引钢丝绳、平层感应器、限速器钢丝绳、限速器钢丝绳张紧装置、随行电缆、端站限位开关、极限开关碰轮、限速器胀绳轮、缓冲器、补偿装置等。

轿厢主要部件:轿厢架、轿厢底、轿厢壁、轿厢顶、轿厢门、自动门机构、防夹装置、门刀装置、自动门调速装置、轿厢召唤按钮、电梯控制按钮、轿厢顶检修装置、护脚板、补偿链、导靴、安全钳、轿厢超载保护装置、紧急报警装置等。

层站主要部件:层站显示器、紧急开锁装置、厅门、层门套、层门框、厅门地坎、呼梯按钮等。

2.4 电梯常用名词术语

2.4.1 电梯类型术语

电梯类型术语见表 2-2。

表 2-2 电梯类型术语

术语	解释
乘客电梯	为运送乘客而设计的电梯
载货电梯	货运电梯，主要运送货物的电梯，同时可有人员伴随
客货电梯	以运送乘客为主，同时兼顾运送非集中载荷货物的电梯
住宅电梯	服务于住宅楼，供公众使用的电梯
杂物电梯	服务于规定层站的固定式提升装置，因结构形式和尺寸的关系，轿厢内严禁载人
船用电梯	船舶上使用的电梯
防爆电梯	采取适当措施，可以应用于有爆炸危险场所的电梯
消防员电梯	首先为乘客电梯，其附加的保护、控制和信号在消防服务的直接控制下使用
观光电梯	井道和轿厢至少有一侧透明，乘客可观看轿厢外景物的电梯
非商用汽车梯	轿厢适用于运载小型汽车的电梯
家用电梯	别墅电梯，安装在私人住宅中，仅供单一家庭成员使用的电梯
无机房电梯	不需要建筑物提供封闭的专门机房用于安装电梯驱动主机、控制柜、限速器等设备的电梯
曳引驱动电梯	依靠摩擦力驱动的电梯
强制驱动电梯	依靠链或钢丝绳悬吊的非摩擦方式驱动的电梯
液压电梯	依靠液压驱动的电梯

2.4.2 电梯一般术语

电梯一般术语见表 2-3。

表 2-3 电梯一般术语

所属部分	术语	解释
电梯总体	额定乘客人数	电梯设计限定的最多允许乘客数量(包括司机在内)
	额定速度	电梯设计所规定的轿厢运行速度
	额度载重量	电梯设计所规定的轿厢载重量
	提升高度	从底层端站地坎上表面至顶层端站地坎上表面之间的垂直距离
	电梯司机	经过专门训练、有合格操作证的经授权操纵电梯的人员
	检修操作	在电梯检修状态下,手动操作检修控制装置,使轿厢以检修速度运行
	对接操作	在特定条件下,为了方便装卸货物,货梯轿门和层门均开启,使轿厢在规定区域内低速运行,与运载货物设备相接
	满载直驶	达到额定载荷时,只响应内选,不响应外召
	基站	轿厢未运行时设计停靠的层站,一般位于乘客进出最多并且方便撤离的建筑物大厅或底层端站
	隔站停靠	相邻两台电梯共用一个候梯厅,其中一台电梯服务于偶数层站,另外一台电梯服务于奇数层站
	火灾应急返回	在消防状态,操纵消防开关或接收相应信号后(消防联动),电梯将就近停止运行后直驶回到设定楼层后(基站)停梯,进入停梯状态
	司机控制直驶	有司机运行时,按下直驶按钮,电梯只响应内选,不响应外召
	独立操作	专用服务,通过开关转换状态,电梯将只接收轿内指令,不响应层站召唤(外呼)的服务功能
	平层	在平层区域内,使轿厢地坎平面与层门地坎平面达到同一平面的运动
	平层区域	轿厢停靠站上方或下方的一段距离,在此区域内平层装置动作,使轿厢准确平层
机房部分	机房	安装一台或多台电梯驱动主机及其附属设备的专用房间
	曳引机	包括电动机、制动器和曳引轮在内的依靠曳引绳和曳引轮槽摩擦力驱动或停止电梯的装置
	控制柜	各种电子器件和电器元件安装在一个有防护作用的柜形结构内的电控设备
	曳引轮	曳引机上的驱动轮
	导向轮	为增大轿厢与对重之间的距离,使曳引绳经曳引轮再导向对重装置或轿厢一侧而设置的绳轮
	曳引绳	连接轿厢和对重装置,并靠与曳引轮槽的摩擦力驱动轿厢升降的专用钢丝绳
	绳头组合	曳引绳与轿厢、对重装置或与机房承重梁等承载装置连接用的部件
	曳引比	悬吊轿厢的钢丝绳根数与曳引轮轿厢侧下垂的钢丝绳根数之比
	限速器	当电梯的运行速度超过额定速度一定值时,其动作能切断安全回路或进一步导致安全钳或上行超速保护装置起作用,使电梯减速直到停止的自动安全装置
	承重梁	敷设在机房楼板上面或下面、井道顶部,承受曳引机自重及其负载和绳头组合负载的钢梁
	盘车手轮	靠人力使曳引轮转动的专用手轮

续表

所属部分	术语	解　释
井道部分	井道	保证轿厢、对重（平衡重）和（或）液压缸柱塞安全运行的空间，井道空间通常以井道底坑的底、井道壁和井道顶为边界
	底坑	底层端站地面以下的井道部分
	底坑深度	底层端站地坎上平面到井道底面之间的垂直距离
	导轨	供轿厢和对重（平衡重）运行的导向部件
	导轨支架	固定在井道壁或横梁上，支承和固定导轨用的构件
	极限开关	当轿厢运行超越端站停止开关后，在轿厢或对重装置接触缓冲器之前，强迫电梯停止的安全装置
	缓冲器	位于行程端部，用来吸收轿厢或对重动能的一种缓冲安全装置
轿厢部分	轿厢	电梯中用以运载乘客或其他载荷的箱形装置
	轿厢宽度	平行于设计规定的轿厢主出入口，在离地面以上 1 m 处测量的轿厢两内壁之间的水平距离，装饰、保护板或扶手，都应当包含在该距离之内
	轿厢深度	垂直于设计规定的轿厢主出入口，在离地面以上 1 m 处测量的轿厢两内壁之间的水平距离，装饰、保护板或扶手，都应当包含在该距离之内
	轿厢高度	在轿厢内测得的轿厢地板到轿厢结构的顶部之间的垂直距离，照明灯罩和可拆卸的吊顶应包括在上述距离之内
	轿厢门	设置在轿厢入口的门
	开门宽度	层门和轿门完全打开时测量的出入口净宽度
	自动门	靠动力开关的轿门或层门
	手动门	靠人力开关的轿门或层门
	安全触板	在轿门关闭过程中，当有乘客或障碍物触及时，使轿门重新打开的机械式门保护装置
	中分门	层门或轿门门扇由门口中间分别向左、右开启的层门或轿门
	旁开门	层门或轿门门扇向同一侧开启的层门或轿门
	地坎	轿厢或层门入口处的带槽踏板
	门锁装置	轿门与层门关闭后锁紧，同时接通控制回路，轿厢可运行的机电连锁安全装置
	紧急开锁装置	为应急需要，在层门外借助三角钥匙孔可将层门打开的装置
	轿厢安全窗	在轿厢顶部向外开启的封闭窗，供安装、检修人员使用或发生事故时援救和撤离乘客的轿厢应急出口，窗上装有当窗扇打开或没有锁紧即可断开安全回路的开关
	轿门锁	当轿厢在开锁区外时，防止从轿厢内打开轿门的装置
	轿内位置显示	设置在轿厢内，显示其运行方向和层站的装置
	对讲系统（内部通话装置）	用于轿厢内和机房电梯管理中心等之间的相互通话
	超载装置	当轿厢超过额定载重量时，能发出警告信号，并使轿厢不能运行的安全装置
	称量装置	能检测轿厢内载荷值，并发出信号的装置
	对重装置（对重）	由曳引绳经曳引轮与轿厢相连接，在曳引式电梯运行过程中保持曳引能力的装置

续表

所属部分	术语	解　释
轿厢部分	补偿链装置	用金属链构成的曳引绳补偿装置
	反绳轮	设置在轿厢架和对重框架上部的动滑轮，根据需要曳引绳绕过反绳轮可以构成不同的曳引比
	滚轮导靴	设置在轿厢架和对重装置上，其滚轮在导轨上滚动，使轿厢和对重装置沿导轨运行的导向装置
	滑动导靴	设置在轿厢架和对重（平衡重）装置上，其靴衬在导轨上滑动，使轿厢和对重（平衡重）装置沿导轨运行的导向装置
	靴衬	滑动导靴中的滑动摩擦零件
	随行电缆	连接于运行的轿厢底部与井道固定点之间的电缆
	操纵箱	用开关、按钮操纵轿厢运行的电气装置
层站部分	护脚板	从层站地坎或轿厢地坎向下延伸，并具有平滑垂直部分的安全挡板
	安全钳装置	限速器动作时，使轿厢或对重停止运行保持静止状态，并能夹紧在导轨上的一种机械安全装置
	层站	各楼层用于出入轿厢的地点
	层站入口	在井道壁上的开口部分，构成从层站到轿厢之间的通道
	层门	设置在层站入口的门
	开门宽度	层门和轿门完全打开时测量的出入口净宽度
	召唤盒	设置在层站门一侧，召唤轿厢停靠在呼梯层站的装置
	门锁装置	轿门与层门关闭后锁紧，同时接通控制回路，轿厢方可运行的机电连锁安全装置
	基站	轿厢无投入运行指令时停靠的层站，一般位于乘客进出最多并且方便撤离的建筑物大厅或底层端站
	底层端站	最低的轿厢停靠站
	顶层端站	最高的轿厢停靠站
	平层	在平层区域内，使轿厢地坎平面与层门地坎平面达到同一平面的运动
	平层区	轿厢停靠站上方和（或）下方的一段有限区域，在此区域内可以用平层装置来使轿厢运行达到平层要求
	平层装置	在平层区域内，使轿厢达到平层准确度要求的装置
	平层准确度	轿厢依控制系统指令到达目的层站停靠后，门完全打开，在没有负载变化的情况下，轿厢地坎上平面与层门地坎上平面之间铅垂方向的最大差值
	顶层高度	顶层端站地坎上平面到井道天花板（不包括任何超过轿厢轮廓线的滑轮）之间的垂直距离

2.4.3 电梯的基本规格

电梯的基本规格中包括以下 7 个参数。

（1）电梯的用途：指客梯、货梯、杂物电梯等。

（2）额定载重量（kg）：指制造和设计规定的电梯载重量。可理解为制造商保证正常运行的允许载重量。额定载重量，对制造商是设计和制造电梯的主要依据，对用户则是选用和使用电梯的主要依据，它是电梯的主参数。

（3）额定速度（m/s）：指制造和设计规定的电梯运行速度（m/s）。可理解为制造商保证正常运行的速度。额定速度，对制造商也是设计和制造电梯的主要性能依据，对用户则是检测速度特性的主要依据，它也是电梯的主参数。

（4）拖动方式：指电梯采用的动力种类，可分为交流电力拖动、直流电力拖动、液力拖动等。

（5）控制方式：指对电梯的运行实行操纵的方式，即手动控制、按钮控制、信号控制、集选控制、并联控制、梯群控制等。

（6）轿厢尺寸：指轿厢内部尺寸和外廓尺寸，以深 × 宽表示。内部尺寸由梯种和额定载重量决定，外廓尺寸关系到井道的设计。

（7）门的形式：指电梯门的结构形式，可分为中分式门、旁开式门、直分式门等。

通过以上七个方面的参数基本可以确定一台电梯的服务对象、运送能力、工作性能以及对井道、机房等的要求，这些内容的搭配方式又称为电梯的系列型谱。

2.4.4　电梯的产品型号

目前，各大品牌电梯都有自己的电梯型号表示方法，且都有所不同。但其一般应包括品种及类型、拖动方式、额定载重量、额定速度、控制方式等参数。

1986 年，我国城乡建设环境部颁布的《电梯、液压梯产品型号编制方法》（JJ 45—1986）中对电梯型号的编制方法做了规定，该标准在 2000 年废止，但国产电梯中仍有部分厂家沿用其电梯型号的编制方法，具体内容如下。

电梯、液压梯产品的型号由其类、组、型和主参数及控制方式等三部分组成，其中第二、三部分之间用短线分开。

第一部分是类、组、型和改型代号。类、组、型代号用具有代表意义的大写汉语拼音字母表示，产品的改型代号按顺序用小写汉语拼音字母表示，置于类、组、型代号的右下方。

第二部分是主参数代号，其左上方为电梯的额定载重量，右下方为额定速度，中间用斜线分开，均用阿拉伯数字表示。

第三部分是控制方式代号，用具有代表意义的大写汉语拼音字母表示。

电梯产品型号代号顺序如图 2-2 所示。

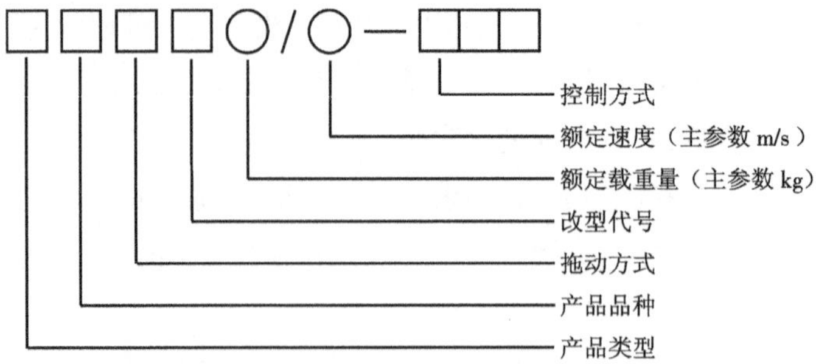

图 2-2　电梯产品型号代号顺序

电梯产品型号示例。

TKJ1000/2.5-JX:交流调速乘客电梯,额定载重量 1 000 kg,额定速度 2.5 m/s,集选控制。

TKZ1000/1.6-JX:直流乘客电梯,额定载重量 1 000 kg,额定速度 1.6 m/s,集选控制。

TKJ1000/1.6-JXW:交流调速乘客电梯,额定载重量 1 000 kg,额定速度 1.6 m/s,微处理机集选控制。

THY1000/0.63-AZ:液压货梯,额定载重量 1 000 kg,额定速度 0.63 m/s,按钮控制。

本章习题

1. 电梯的定义是什么?
2. 自动扶梯和自动人行道的定义是什么?
3. 电梯由哪些主要参数?
4. 电梯有哪些系统组成?
5. 电梯的基本规格有哪些?

第 3 章 曳引驱动

电梯机械系统由曳引系统、导向系统、轿厢与门系统、重量平衡系统等组成。

3.1 曳引机概述

曳引式电梯的曳引系统如图 3-1 所示。其中,安装在机房的曳引电动机是曳引驱动的动力。曳引钢丝绳通过曳引轮一端连接轿厢,另一端连接对重装置。为使井道中的轿厢与对重各自沿井道中导轨运行而不相碰,曳引机底座上设置一导向轮使轿厢与对重分开。轿厢与对重装置的重力使曳引钢丝绳压紧在曳引轮槽内产生摩擦力。这样,曳引电动机转动即可带动曳引轮转动,驱动钢丝绳,拖动轿厢和对重做相对运动,即轿厢上升、对重下降,或对重上升、轿厢下降。于是轿厢在井道中沿导轨上、下往复运行,电梯执行垂直运送任务。

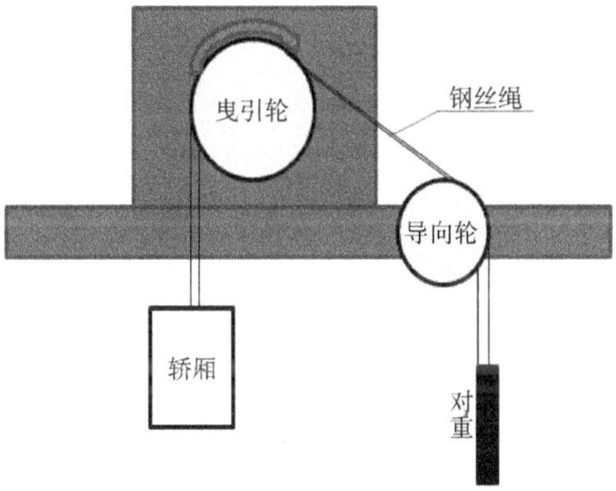

图 3-1 电梯曳引系统

3.1.1 曳引机的基本技术要求

轿厢与对重的相对运动是依靠曳引绳和曳引轮之间的摩擦力实现的,通常把摩擦力称为曳引力或驱动力。电梯在正常运行过程中,轿厢与对重的位置以及运行方向都在不断变化,为使电梯在不同的工况下都有足够的曳引力,《电梯制造与安装安全规范》(GB/T 7588—2020)中要求,曳引条件必须满足:

(1)$T_1/T_2 \leqslant e^{f\alpha}$,用于轿厢装载和紧急制动工况;

(2)$T_1/T_2 \geqslant e^{f\alpha}$,用于轿厢滞留工况(对重压在缓冲器上,曳引机向电梯上行方向旋转)。

如图 3-2 所示，其中 T_1/T_2 的静态比值是按照轿厢装有 125% 额定载荷在井道最高处或最低处时，曳引轮两边的曳引绳最大与最小静拉力之比。

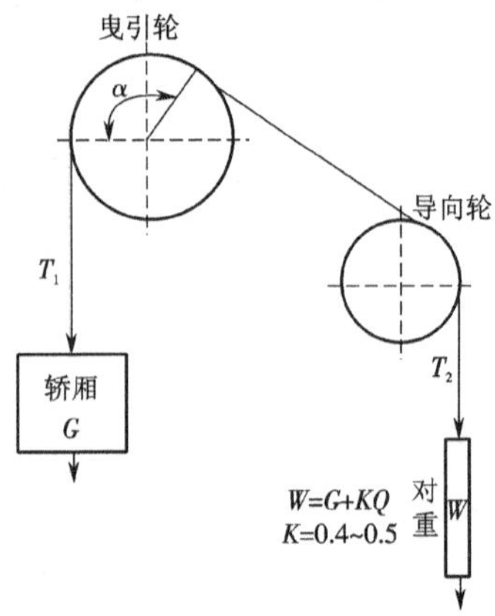

图 3-2　电梯曳引系统

其中　f——曳引绳在曳引绳槽中的当量摩擦系数；

α——钢丝绳在绳轮上的包角；

G——轿厢自重；

W——对重重量；

K——平衡系数，取 0.4~0.5；

Q——额定载重量。

把 $e^{f\alpha}$ 值称为曳引系数，它限定了 T_1/T_2 的值，$e^{f\alpha}$ 越大，表明 T_1/T_2 允许值和 T_1-T_2 允许值越大，也就表明电梯曳引能力越大。

通过公式计算可以得出曳引力与下述因素有关：轿厢与对重的平衡系数；曳引轮绳槽的形状；曳引绳与曳引轮的包角。

1. 轿厢与对重的关系

由于曳引力是轿厢与对重的重力通过曳引绳作用于曳引轮绳槽上产生的，对重的重量是曳引绳与曳引轮绳槽产生摩擦力的必要条件，使轿厢重量与有效载荷的重量保持平衡，从而降低曳引系统的功率损耗。因此，对重又称平衡重，相对于悬挂在曳引轮另一端的轿厢，对重起到平衡轿厢重量的作用。

当轿厢侧重量与对重侧重量相等时，$T_1=T_2$，若不考虑钢丝绳的自重变化，曳引机只需克服各种摩擦阻力就能运行。但实际上，轿厢的重量随着乘客或者货物的不断变化而变化，因此固定的对重重量不可能在各种工况下都能完全平衡轿厢的重量。因此，对重重量将直接影响曳引力和曳引电动机的功率。

为了使电梯轿厢在满载上行和空载下行的工况下，其负载转矩绝对值基本相等，平衡系数 K 一般取 0.4~0.5，即对重重量等于轿厢自重加上额定载重量的 40%~50%。

当 K=0.5 时，电梯轿厢处在半载工况下，其负载转矩为零，轿厢与对重完全平衡，电梯处于最佳工作状态，而电梯负载从空载到满载的不同工况下，其在曳引轮上的负载转矩变化只有 ±50%，减少了能量消耗，降低了曳引机的负担。

2. 曳引力与曳引轮绳槽的关系

曳引绳与不同形状的曳引轮绳槽接触时，所产生的摩擦力是不同的，摩擦力越大，则曳引力越大。从目前使用来看，曳引轮绳槽形状有半圆槽、V 形槽、带切口的半圆槽，如图 3-3 所示。

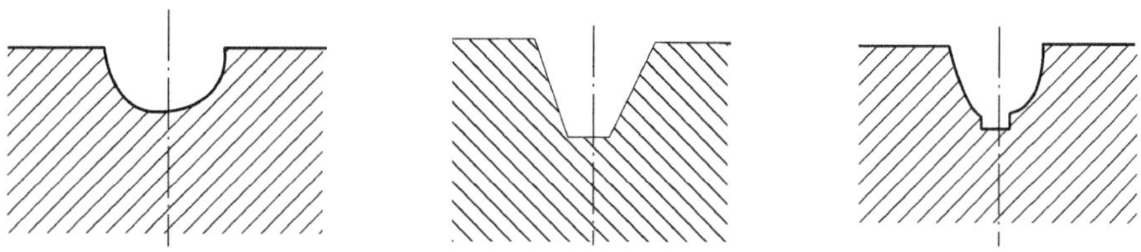

图 3-3　曳引轮绳槽形状

（1）半圆槽，f 最小，用于复绕式曳引轮。

（2）V 形槽，f 最大，并随着开口角的减小而增大，同时曳引绳磨损增大卡绳，并趋于半圆槽。

（3）带切口的半圆槽，f 介于以上两者之间，而其基本不随磨损而变化，目前应用较广。钢丝绳在绳槽内的润滑直接影响摩擦系数，只可采用绳内油芯的轻微润滑，不可在绳外涂润滑油（如黄油等），以免降低摩擦系数，造成打滑现象，而降低曳引力。

3. 曳引力与包角的关系

包角是指曳引钢丝绳经过绳槽内所接触的弧度，用 α 表示，包角越大，摩擦力越大，曳引力也随之增大，从而可提高电梯的安全性。增大包角目前主要采用两种方法：一种是采用 2∶1 的曳引式绕绳，使包角增至 180°；另一种是采用复绕式绕绳（包角为 $\alpha_1+\alpha_2$），如图 3-4 所示。

电梯曳引钢丝绳的绕绳方式主要取决于曳引条件、额定载重量和额定速度等因素。不同绕法也可看成是不同的传动方式，不同绕法有不同的传动速比，也叫曳引比，它是电梯运行时曳引轮节圆的线速度与轿厢运行速度之比。曳引钢丝绳在曳引轮上绕的次数可分为单绕和复绕，单绕时钢丝绳在曳引轮上只绕过一次，其包角 ≤180°，而复绕时钢丝绳在曳引轮上绕过两次，其包角 >180°。常用的曳引钢丝绳绕法如图 3-5 所示。

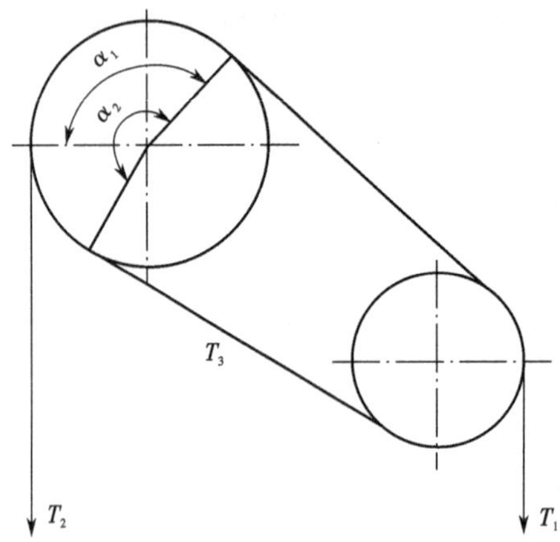

图 3-4 复绕式张力图

（1）1∶1 绕法：曳引轮的线速度与轿厢运行速度之比为 1∶1，如图 3-5（a）所示。

（2）2∶1 绕法：曳引轮的线速度与轿厢运行速度之比为 2∶1，如图 3-5（b）所示。

（3）3∶1 绕法：曳引轮的线速度与轿厢运行速度之比为 3∶1，如图 3-5（c）所示。

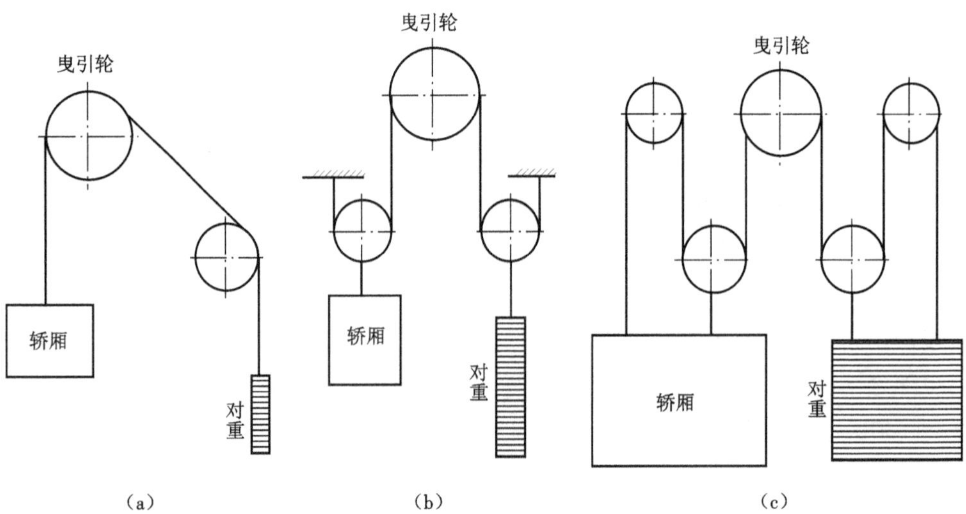

图 3-5 曳引钢丝绳绕法

（a）1∶1 绕法 （b）2∶1 绕法 （c）3∶1 绕法

3.1.2 曳引机的结构

电梯曳引机是电梯的动力设备，又称电梯主机。其功能是输送与传递动力，使电梯运行。电梯曳引机由电动机、制动器、联轴器、减速箱、曳引轮、机架和导向轮及附属盘车手轮等组成。导向轮一般装在机座或机座下的承重梁上。盘车手轮有的固定在电机轴上，有的平时挂在附近墙上，使用时再套在电机轴上。

如果曳引机的电动机动力通过减速箱传到曳引轮上，称为有齿轮曳引机，一般用于

2.5 m/s 以下的低中速电梯，如图 3-6 所示。如果电动机的动力不通过减速箱而直接传到曳引轮上，则称为无齿轮曳引机，其是目前电梯行业的发展趋势，各种速度的电梯都适用，如图 3-7 所示。

图 3-6　有齿轮曳引机

无齿轮曳引机具有以下优点。

（1）体积小、节能、维护简单。因电机不需要励磁绕组，省去了线圈或鼠笼，缩小了电机体积，降低了能耗，简化了结构，故障率大大降低，能够比普通电机节能近 40%。

（2）电机运行温升低、效率高。电机运行没有无功励磁电流，功率因数高，接近于 1；反电势正弦波降低了高次谐波的幅值，基本消除了对电源的干扰；减小了电机的铜损和铁损。

（3）噪声低、振动小。电机转速低，去掉了传统曳引机上的减速传动部分，电机运行相比传统电机高速转动所产生的噪声大大降低；无齿轮传动，曳引机扭振降至“0”；特殊的定转子结构设计，使电机转矩脉振降低约 80%。

（4）安全性和可靠性高。结构设计加大了安全裕量，曳引机负荷能力完全满足要求；过载能力强；采用自发电式能耗制动，溜车无危险。

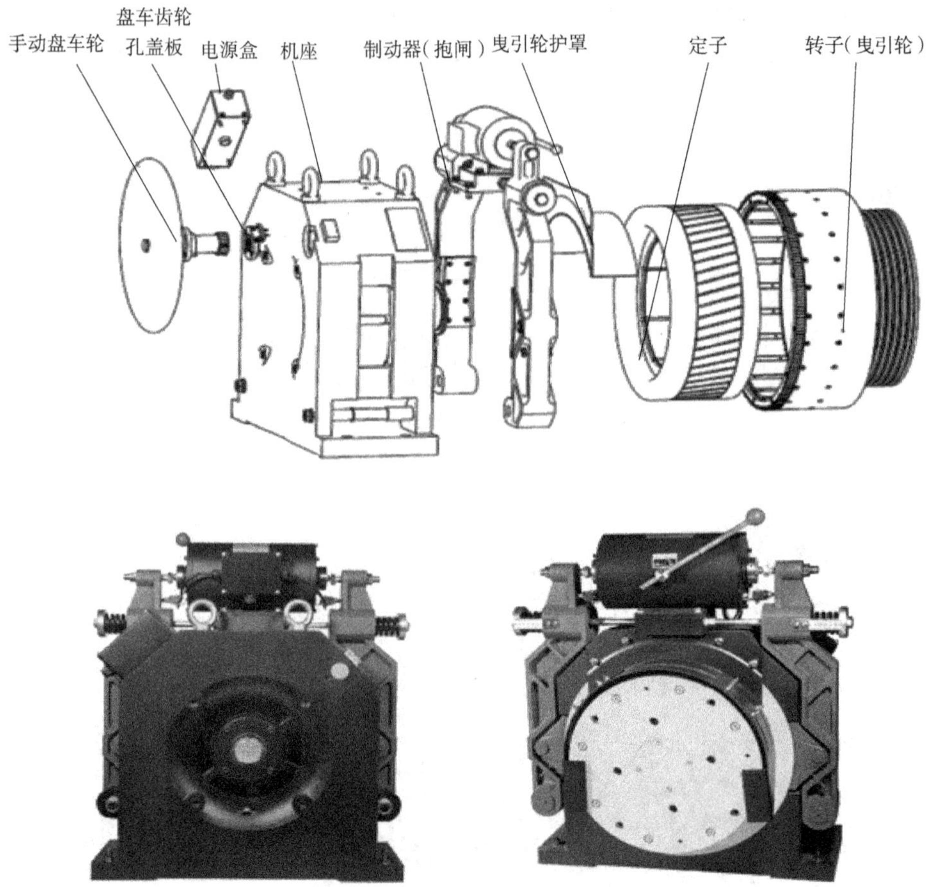

图 3-7 无齿轮曳引机

(5)免维护、寿命长、无污染。采用密封轴承室,不需要换油,无渗漏;没有减速机构,不需要加机油,无污染。

(6)适用范围广。按照电枢绕组位置不同,可分为内转子式(适用于载重量大、速度高的场合)和外转子式(适用于小机房和无机房)。

3.2 曳引电动机

3.2.1 电梯用曳引电动机的要求

电梯的曳引电动机有交流电动机和直流电动机,曳引电动机是驱动电梯上下运行的动力源。

1. 曳引电动机的特点

电梯是典型的位能性负载。根据电梯的工作性质,曳引电动机应具有以下特点。

（1）能频繁启动和制动。电梯在运行中每小时启制动次数常超过 100 次，最高可达到每小时 180~240 次。因此，电梯专用电动机应能够频繁启制动，其工作方式为断续周期性工作制。

（2）启动电流较小。在电梯用交流电动机的鼠笼式转子的设计与制造上，虽然仍采用低电阻系数材料制作导条，但是转子的短路环却采用高电阻系数材料制作，使转子绕组电阻有所提高。这样，一方面使启动电流降为额定电流的 1/4~1/3，从而增加每小时允许的走动次数；另一方面由于只是转子短路环电阻较大，有利于热量直接散发，使电动机的温升有所下降，而且保证足够的启动转矩，一般为额定转矩的 2.5 倍左右。不过，与普通交流电动机相比，其机械特性硬度和效率有所下降，转差率也提高到 0.1~0.2，机械特性变软，使调速范围增大，而且在堵转力矩下工作时也不致烧毁电机。

（3）电动机运行噪声低。为了降低电动机运行噪声，采用滑动轴承。此外，适当加大定子铁芯的有效外径，并在定子铁芯冲片形状等方面进行合理处理，以减小磁通密度，从而降低电磁噪声。

2. 交流电动机容量初选计算

曳引电动机的容量在初选和核算时，可用经验公式按静功率计算，即

$$P=\frac{v}{\eta\times102}(1-K)\ Q \tag{2-1}$$

式中　P——电动机功率（kW）；

K——电梯平衡系数；

Q——电梯额定载重量（kg）；

v——电梯额定速度（m/s）；

η——机械传动总效率，由曳引机厂家提供，或根据蜗杆头数 Z_1 及减速箱减速比 i 来估算，通常对使用有齿轮曳引机的电梯 η=0.5~0.65（传动比越大，效率越低，取值越小），对使用无齿轮曳引机的电梯 η=0.8~0.85。

例 3-1　电梯额定载重量 Q=1 000 kg，额度速度 v=1.0 m/s，平衡系数 K=0.45，有齿轮曳引机减速比 i=32，无齿轮曳引机减速比 i=1；则有齿轮曳引机总效率 η=0.55，无齿轮曳引机总效率 η=0.85，有

$$P_1=(1-0.45)\times1\ 000\times1\div(102\times0.55)=9.8\ \text{kW}$$

$$P_2=(1-0.45)\times1\ 000\times1\div(102\times0.85)=6.3\ \text{kW}$$

3. 交流电动机转速计算

交流电动机转速的计算公式为

$$n=60f(1-s)/p \tag{2-2}$$

式中　f——定子的电源频率；

P——极对数（极对数 = 极数 ÷2）；

s——转差率，$s=(n_0-n)/n_0$，其中 n_0 是同步转速，n 是实际转速，$n_0=60f/p$；

n——转速(r/min)；

例 3-2 同步曳引机额度频率为 19.2 Hz，极数为 24，转差率为 0，则

$$n=60\times19.2\times(1-0)\div(24\div2)=96\ \text{r/min}$$

例 3-3 异步曳引机额定频率为 50 Hz，极数为 6 极，转差率为 0.04，则

$$n=60\times50\times(1-0.04)\div(6\div2)=960\ \text{r/min}$$

3.2.2 电磁制动器性能特点

电梯采用的是机 - 电摩擦型常闭式制动器。所谓常闭式制动器，是指机械不工作时制动器制动，机械运转时松闸。电梯制动时，依靠机械力的作用，使制动带与制动轮摩擦而产生制动力矩；电梯运行时，依靠电磁力使制动器松闸，因此又称电磁制动器。对于有齿轮曳引机，制动器一般安装在电动机和减速箱之间，即电动机轴与蜗轮轴相连的制动轮处；无齿轮曳引机的制动器直接作用在转子上。

1. 制动器的基本功能要求

(1)当电梯动力电源失电或控制电路电源失电时，制动器应能立即进行制动。

(2)轿厢空载以正常速度上行时，切断电动机与制动器供电，轿厢应当可靠制停，并且无明显变形和损坏。

(3)轿厢载有 125% 额定载荷，并以正常运行速度下行至行程下部，切断电动机与制动器供电，曳引机应当停止运转，轿厢应当完全停止。

(4)切断制动器的电流，至少应用两个独立的电气装置实现。电梯停止时，如果其中一个接触器的主触点未打开，最迟到下一次运行方向改变时，应防止电梯再运行。

2. 鼓式制动器的构造及其工作原理

鼓式制动器为通电松闸、断电后由弹簧施压制动的常闭瓦块式制动器，其由制动臂、制动靴、制动弹簧、松闸螺栓、双驱动磁力器等组成，如图 3-8 所示。鼓式制动器的每一端和该侧的制动臂均构成独立的制动器，可分别独立产生制动作用。当压紧制动弹簧时，制动弹簧的压紧力使制动臂绕制动臂轴回转，使制动靴和摩擦片对制动轮施加正压力并产生摩擦力，从而对制动轮产生制动力矩。通电后，双驱动磁力器两侧同时吸合，双驱动磁力器的动铁芯分别推动每一侧的松闸螺栓，使制动臂分别克服两边制动弹簧的压紧力，使制动靴、摩擦片解除对制动轮的正压力和摩擦力，从而使制动器松闸。

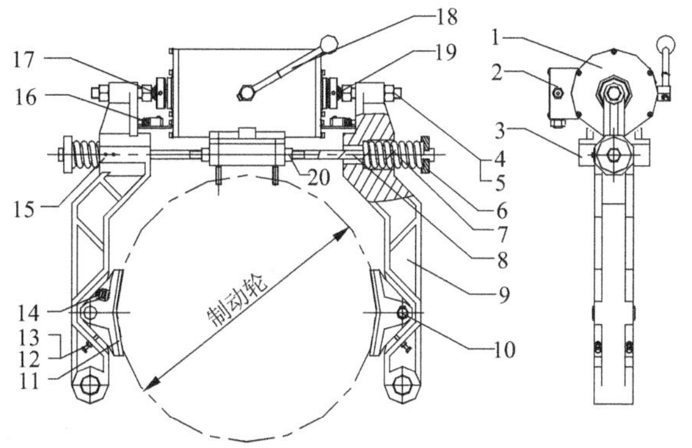

图 3-8　鼓式制动器

1—双驱动磁力器；2—磁力器接线盒；3—底座；4—松闸螺栓；5—锁紧螺母；6—制动弹簧压盖；7—制动弹簧；8—制动螺栓；9—制动臂；10—制动靴轴；11—制动靴；12—制动靴顶；13—锁紧螺母；14—定位弹簧；15—a 值调整标尺；16—微动开关；17—回程定位垫圈；18—开闸扳手；19—铁芯轴头；20—锁紧螺母

3. 板式制动器的构造及其工作原理

板式制动器为通电松闸、断电后由弹簧施压制动的常闭瓦块式制动器，其由磁轭、衔铁、制动瓦、松闸扳手等组成，如图 3-9 所示。该制动器由 2 个独立的板式制动器组成，可分别独立产生制动作用。当拧紧安装螺栓时，制动弹簧的压紧力使制动瓦对制动轮产生正压力和摩擦力，从而对制动轮产生制动力矩。通电后，板式制动器两侧同时吸合，使衔铁分别克服两边制动弹簧的压紧力，使制动瓦解除对制动轮的正压力和摩擦力，从而使制动器松闸。

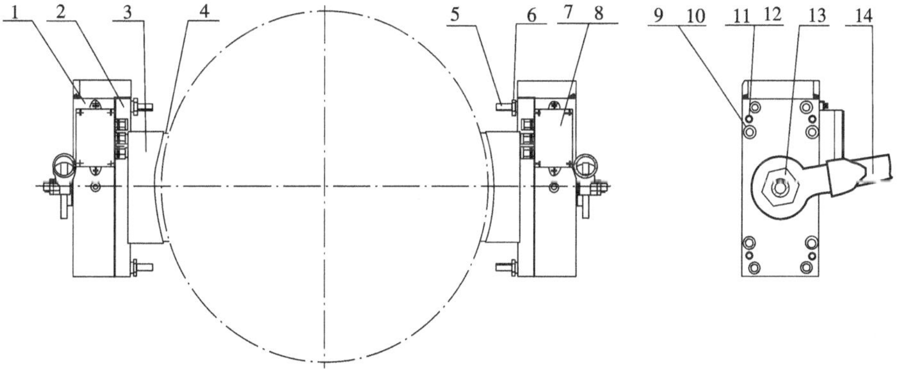

图 3-9　板式制动器

1—磁轭；2—衔铁；3—制动靴；4—制动瓦；5—安装螺栓；6—调整螺栓；7—制动器线盒；8—铭牌；9—调节螺栓；10—制动弹簧；11—调节螺栓；12—消声垫；13—六方松闸块；14—松闸扳手

鼓式制动器和板式制动器是目前较为常见的两种制动器，其他还有碟式、内胀式等制动器，如图 3-10 和图 3-11 所示。

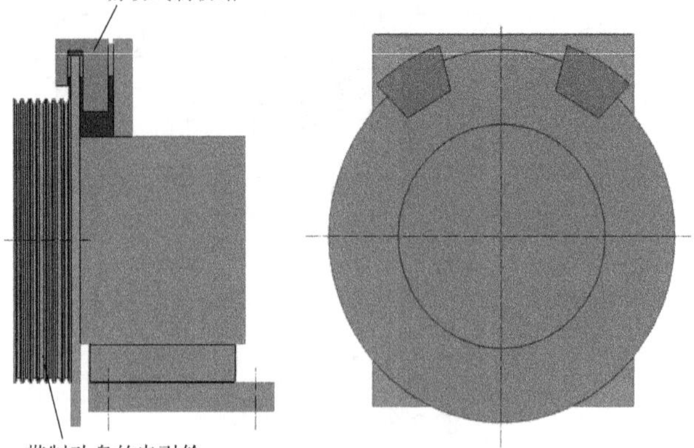

图 3-10　碟式制动器

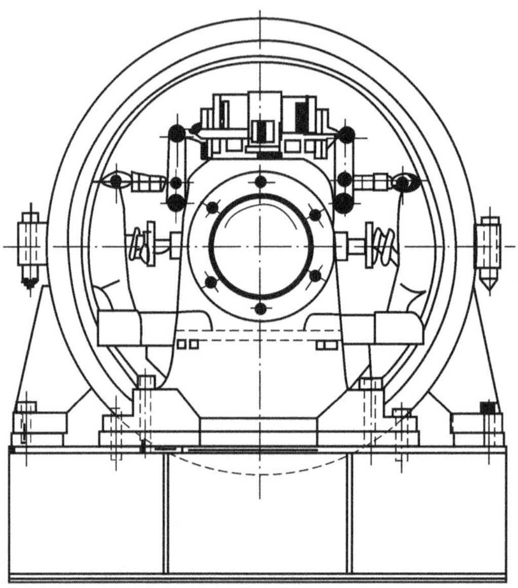

图 3-11　内胀式制动器

3.2.3　减速器的种类及特点

减速器用于有齿轮曳引机上，安装在曳引电动机转轴和曳引轮转轴之间。减速器按传动方法可分为蜗杆减速器和齿轮减速器。

齿轮减速器效率高，但结构不够紧凑。

蜗杆减速器是由带主动轴的蜗杆与安装在壳体轴承上带从动轴的蜗轮组成的，其传动比在 18~120 范围内，蜗杆的齿数不少于 30。其效率不如齿轮减速器，但结构紧凑、外形尺寸不大。蜗杆减速器的立面剖视图如图 3-12 所示。

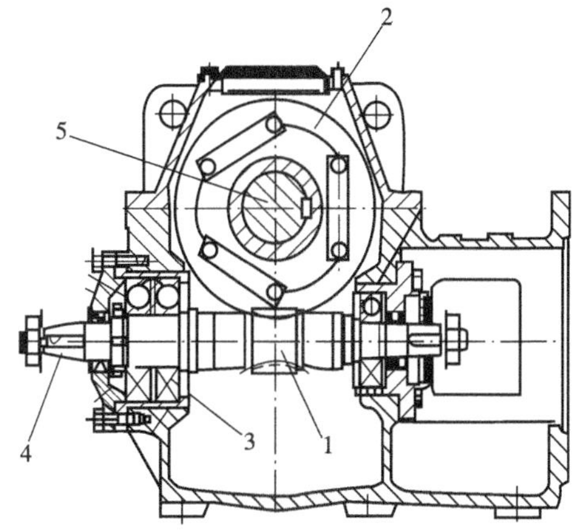

图 3-12 蜗杆减速箱

1—蜗杆；2—蜗轮；3—滚动轴承；4—输入轴；5—输出轴

蜗杆减速器的特点：传动比大、噪声小、传动平稳，而且当由蜗轮传动蜗杆时，反效率低，有一定的自锁能力；增加电梯制动力矩和电梯停车时的安全性。

上面提到的蜗杆、蜗轮的传动比也称减速比。减速器工作时，蜗杆轴的转速与蜗轮轴的转速的比，称为减速器的减速比 $i_{减}$。由于蜗杆轴每转一圈，蜗轮轴只转过蜗杆螺线数个数，所以蜗杆减速器的减速比 $i_{减}$是由蜗轮的齿数 $Z_{轮}$与蜗杆的螺线数 $Z_{杆}$之比决定的。

例 3-4 蜗杆螺线数（也称头数）为 1，蜗杆齿数为 40，那么其减速比 $i_{减}$=40：1。也就是说，当蜗杆轴每转动一圈，蜗杆轴只转过 1/40 圈（周），即蜗杆轴旋转 40 圈，蜗轮轴才转过一圈（周），因为蜗杆轴与电动机连在一起，这样就能把电动机的转速经过减速器后从快速变为慢速。

例 3-5 蜗杆螺线数为 2，蜗轮齿数为 64，那么其减速比 $i_{减}$=64：2=32：1，即蜗杆轴每转一圈，蜗轮轴只转 1/32 圈。

蜗杆减速器按蜗轮蜗杆的位置可分为蜗杆上置式和蜗杆下置式，如图 3-13 和图 3-14 所示。

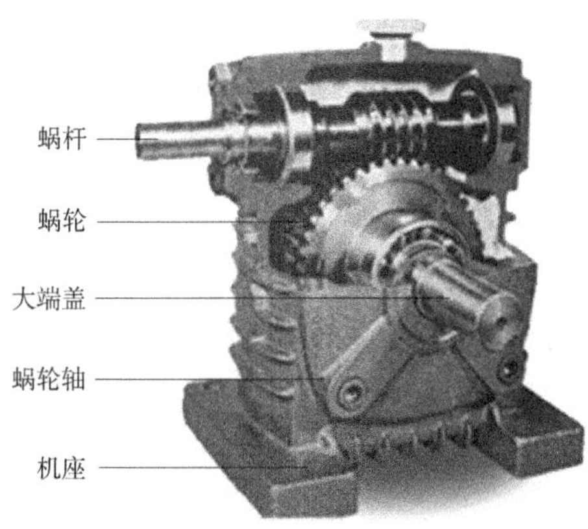

图 3-13 蜗杆上置式减速器

图 3-14　蜗杆下置式减速器

在减速器内，凡蜗杆安装在蜗轮上面的称为蜗杆上置式。其特点是减速箱内蜗杆、蜗轮齿的啮合面不易进入杂物，安装维修方便，但润滑性较差。

在减速器内，凡蜗杆安装在蜗轮下面的称为蜗杆下置式。其特点是润滑性能好，但对减速箱的密封要求高，否则很容易向外渗油。

蜗杆减速器一般采用浸浴润滑方式，即在减速箱内加入润滑油。减速器注入的润滑油量是关系到润滑是否正常的重要因素，一般对减速器注入的润滑油量要求如下：当蜗杆在蜗轮下面时，注入减速器内的润滑油量应保持在蜗杆中线以上，啮合面以下；当蜗杆在蜗轮上面时，蜗轮浸入润滑油的深度以两个齿高为宜。减速箱上均有探油刻度尺或油窗，可用来检查注油量。对于探油刻度尺，应使油面位于两条刻度线之间；对于油窗，油面以位于中线为宜。

3.2.4　联轴器

联轴器是连接曳引电动机轴和减速器蜗杆轴的装置，用于传动由一根轴延续到另一根轴上的扭矩，也是制动器装置的制动轮，位于曳引电动机轴端与减速器蜗杆轴端的汇合处。曳引电动机轴与减速器蜗轮轴在同一轴线上，当电动机旋转时带动蜗杆轴旋转，但是两者是不同的部件，要采用合适的方法把它们连接在一起。

联轴器可分为弹性联轴器和刚性联轴器。

（1）弹性联轴器（图 3-15）：由于联轴器中橡胶块在传递力矩时会发生弹性变形，从而能在一定范围内自动调节电动机轴与蜗杆轴之间的同轴度，因此允许安装时有较大的不同心度（允差 0.1 mm），使安装和维修方便，同时对传动中的振动具有缓解作用。

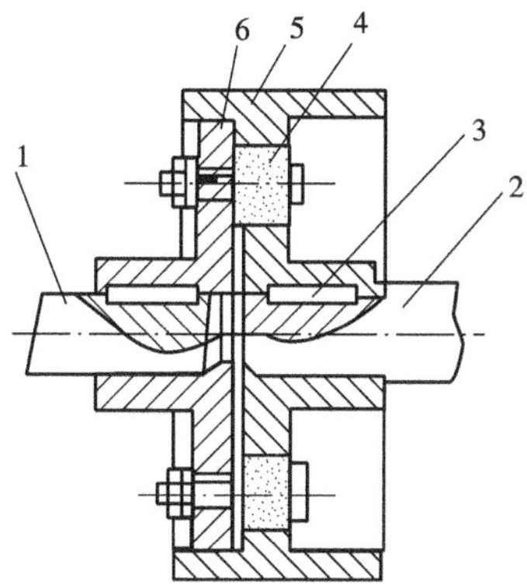

图 3-15　弹性联轴器

1—电动机轴；2—蜗杆轴；3—平键；4—橡胶；5—蜗杆联轴器；6—电动机联轴器

（2）刚性联轴器（图 3-16）：对于蜗杆轴采用滑动轴承的结构，一般采用刚性联轴器，因为其轴与轴承的配合间隙大，刚性联轴器有助于蜗杆轴的稳定转动。刚性联轴器要求两轴之间有精确的同心度，在连接后不同心度不应大于 0.02 mm。

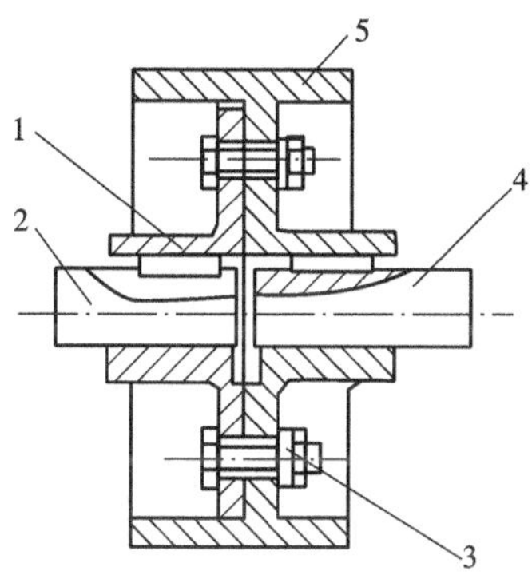

图 3-16　刚性联轴器

1—电动机联轴器；2—电动机轴；3—螺栓；4—蜗杆轴；5—蜗杆联轴器

3.2.5　曳引轮

曳引轮是曳引机上的绳轮，也称曳引绳轮或驱动轮。曳引轮既要承受轿厢、对重及曳引钢丝绳的自重，又要承受补偿绳（链）、电缆的重量，还要通过轮沿上的绳槽和曳引钢丝绳的摩擦产生驱动力。

1. 曳引轮的材料及结构要求

1）曳引轮的材料及工艺要求

由于曳引轮要承受轿厢、载重量、对重等装置的全部动静载荷，因此要求曳引轮强度大、韧性好、耐磨损、耐冲击，在材料上多选用 QT60-2 球墨铸铁。为了减少曳引钢丝绳在曳引轮绳槽内的磨损，除选择合适的绳槽槽型外，对绳槽工作表面的粗糙度、硬度也应有合理的要求。

2)曳引轮直径

曳引轮的直径要大于曳引钢丝绳直径的40倍。在实际中,一般都取45~55倍,有时还大于60倍。为了降低曳引机的体积和减速器的减速比,曳引轮的直径大小应适宜。

3)曳引轮的构造形式

整体曳引轮由两部分构成,中间为轮筒(鼓),外面制成轮圈式绳槽切削在轮圈上,外轮圈与内轮筒套装,并用铰制螺栓连接在一起,成为一个曳引轮整体。其曳引轮的轴就是减速箱内的蜗轮轴(有齿轮曳引机)。

2. 曳引轮绳槽形状

曳引驱动电梯运行的曳引力是依靠曳引绳与曳引轮绳槽之间的摩擦力产生的,因此曳引轮绳槽的形状直接关系到曳引力的大小和曳引绳的寿命。曳引轮绳槽的形状,常用的有半圆槽、带切口的半圆槽(又称凹形槽)、V形槽(参见图3-3)。

1)半圆槽

半圆槽与曳引绳接触面积大,曳引绳变形小,有利于延长曳引绳和曳引轮寿命。但这种绳槽的当量摩擦系数小,因此曳引能力低。为了提高曳引能力,必须采用复绕曳引绳的方法,以增大曳引绳在曳引轮上的包角,多用于全绕式高速无齿轮曳引机。半圆槽还广泛用于导向轮、轿顶轮、对重轮的绳槽。

2)带切口的半圆槽(凹形槽)

带切口的半圆槽是在半圆槽的底部切制一条楔形槽,曳引绳与绳槽接触面积减小,单位压力增大,曳引绳在楔形槽处发生弹性变形,部分楔入沟槽中,使当量摩擦系数增大,一般为半圆槽的1.5~2倍,从而使曳引能力增加。其既使当量摩擦系数增大,又使曳引绳磨损减小,特别是当绳槽磨损、曳引绳中心下移时,由于预制的楔形槽的作用,使当量摩擦系数基本保持不变,其在电梯曳引轮上应用最多。

3)V形槽

V形槽的两侧对曳引绳产生很大的挤压力,曳引绳与绳槽的接触面积小,接触面的单位压力大,曳引绳变形大,曳引绳与绳槽间具有较高的当量摩擦系数,可以获得很大的驱动力。但是这种绳槽的槽形和曳引绳的磨损都较快,而且当槽形磨损、曳引绳中心下移时,槽形就接近带切口的半圆槽,当量摩擦系数下降很快。因此,其应用范围受限,只在轻载、低速电梯上应用。

3. 曳引轮直径(参数)与电梯(轿厢)运行速度的关系

电梯的运行速度与曳引轮减速比、电动机转速、曳引比、曳引轮直径等参数有关,通常按下式计算:

$$v=\pi Dn/(60 i_{曳} i_{减}) \tag{2-3}$$

式中 v——电梯轿厢速度(m/s);

D——曳引轮直径(m);

n——电动机转速(r/min);

$i_{曳}$——曳引比;

$i_{减}$——减速比。

例 3-6　已知同步曳引机的 D=400 mm,n=96 r/min,减速比为 1∶1,曳引比为 2∶1,则

$$v=3.14\times0.4\times96\div60\div2\div1=1\ \text{m/s}$$

例 3-7　已知异步曳引机的 D=620 mm,n=960 r/min,减速比为 57∶2,曳引比为 1∶1,则

$$v=3.14\times0.62\times960\div60\div1\div(57:2)=1\ \text{m/s}$$

3.3　曳引钢丝绳

曳引钢丝绳也称曳引绳,是电梯曳引系统的重要组成部件之一,它能将曳引轮旋转力矩转变为直线力矩,并将旋转力矩传递给轿厢,拖动轿厢上下运行。因为曳引绳既承受静载荷又承受动载荷,所以应具有较高的强度、耐磨性和韧性,并能起到较好的缓解振动和冲击的作用。

3.3.1　曳引钢丝绳的结构和材料

曳引钢丝绳一般为圆形股状结构,主要由钢丝、绳股和绳芯组成,如图 3-17 所示。电梯用钢丝绳通常采用优质碳素钢钢丝制成,一般用优质钢经过反复的冷拔、热处理等工艺,最后镀锌而成为直径 0.3~0.13 mm 的钢丝,钢丝有很高的强度和韧性(含挠性);钢丝绳股由若干根钢丝捻成;相同直径的几个绳股围绕绳芯捻制成各种规格的钢丝绳;绳芯能起到支承和固定的作用,且对钢丝绳起润滑的作用;挠性较好的钢丝绳一般都采用互捻绕成绳,即捻股和捻绳的方向相反,电梯常采用右交互捻绳,其不会自行扭转和散股。

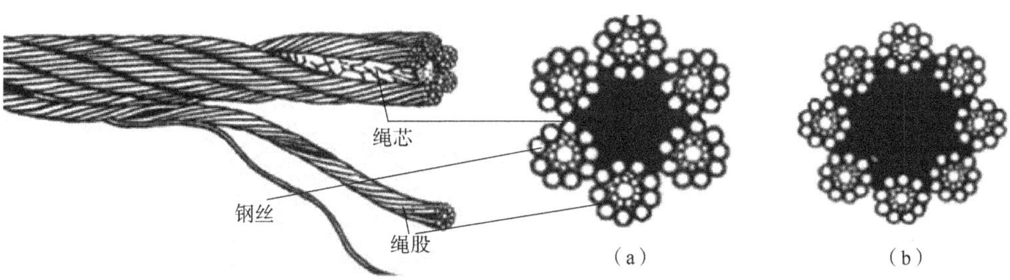

图 3-17　圆形股电梯用钢丝绳截面图

电梯用钢丝绳的结构有 6 股 ×19S+NF(图 3-17(a))和 8 股 ×19S+NF(图 3-17(b))两种。由图可知,图(a)为 6 根绳股,每股为 3 层,外面两层各 9 根钢丝,中间 1 根钢丝;图(b)为 8 根绳股,每股为 3 层,外面两层各 9 根钢丝,中间 1 根钢丝。曳引钢丝绳的安全系数:2 根曳引钢丝绳应大于或等于 16;3 根或 3 根以上曳引钢丝绳大于或等于 12。

为了提高曳引钢丝绳的使用寿命，电梯曳引轮的直径与钢丝绳的直径之比不应小于 40。

3.3.2 曳引钢丝绳的绳头固定方法

曳引钢丝绳的两端固定装置称为绳头组合，目前常用的有合金浇注式和锥套楔块式两种，如图 3-18 所示。

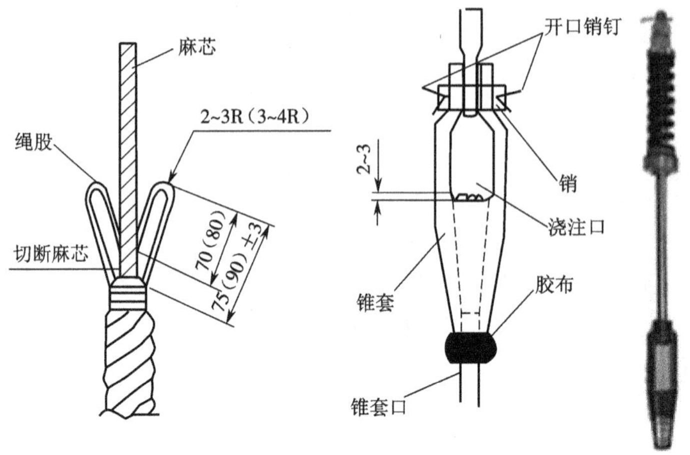

（a）

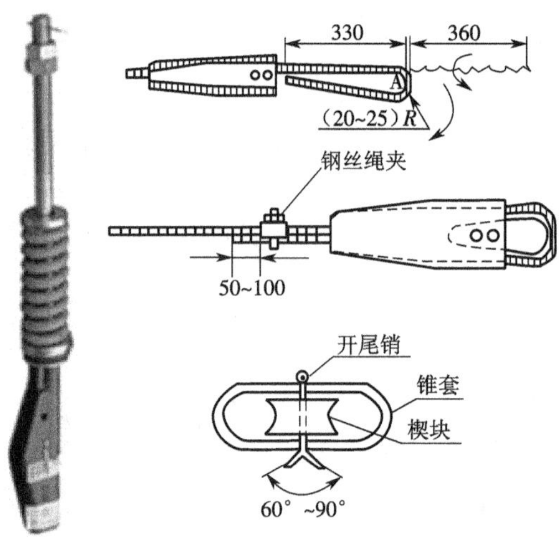

（b）

图 3-18 绳头组合

（b）锥套楔块式 （a）合金浇注式

巴氏合金是一种低熔点合金，主要成分是锡、铅、锑等。对于浇注的流程，各安装单位都制定有专门的操作规程；楔块式绳头组合的优点是便于安装，减少了浇注过程，目前使用较为普遍。

3.3.3 钢丝绳绳头组合的固定方式

钢丝绳端部与绳头组合完毕，如是 1∶1 的绕绳方式，钢丝绳绳头组合固定在轿厢和对重两端的绳头固定梁上（图 3-19（a））；如是 2∶1 的绕绳方式，钢丝绳绳头固定安装在机房承重梁上（图 3-19（b））；其他固定方式与电梯曳引机的位置和绳头板的位置不同有关，如无机房时绳头板在曳引机底座和轿厢导轨最高处固定，其他还有许多不同的固定位置则与电梯设计有关。

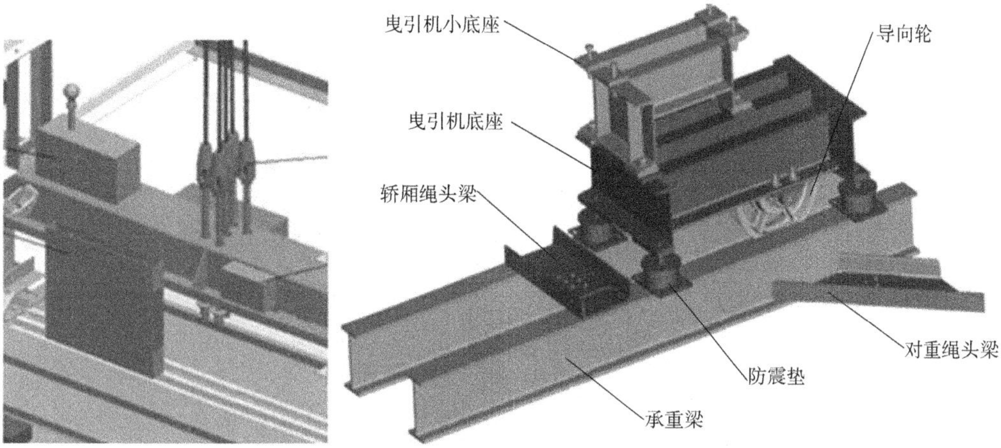

（a）　（b）

图 3-19　绳头端部固定方式

（a）1∶1 绕绳　（b）2∶1 绕绳

3.3.4 钢丝绳的报废标准

1. 影响钢丝绳寿命的因素

（1）拉伸荷力：运动中动态拉力对钢丝绳的寿命影响很大，同时各钢丝绳的载荷不均匀也是影响钢丝绳寿命的重要原因，故国家标准规定每根钢丝绳的受力应相近，其张力与平均值偏差均不大于 5%。

（2）弯曲：电梯运行中，钢丝绳不断地往复弯曲，由于弯曲应力是反复应力，将会引起钢丝绳的疲劳，从而影响钢丝绳寿命；而弯曲应力与曳引轮的直径成反比，故国家标准规定曳引轮、导向轮的直径不能小于钢丝绳直径的 40 倍。

（3）曳引轮绳槽形状和材质：良好的绳槽形状能使钢丝绳在绳槽上有良好的接触，使钢丝绳产生最小的外部和内部压力，从而延长使用寿命。另外，钢丝绳的压力与钢丝绳和绳槽的弹性模量有关，如绳轮采用较软的材料，则钢丝绳具有较长的寿命。但应注意的是，在外部钢丝绳应力降低的情况下，磨损将转向钢丝绳的内部。

（4）腐蚀：在不良的环境中，内部和外部的腐蚀会使钢丝绳的寿命显著降低、横截面减小，进而使钢丝绳磨损加剧。特别要注意的是，麻质填料解体或水和尘埃渗透到钢丝绳内部而引起的腐蚀，对钢丝绳寿命影响更大。

2. 钢丝绳报废标准

国家标准规定出现下列情况之一时，悬挂钢丝绳和补偿钢丝绳应当报废：

（1）出现部分压扁、笼状畸变、绳芯挤出和扭结、弯折，如图 3-19 所示；

（2）断丝分散出现在整条钢丝绳上，任何一个捻距内单股的断丝数大于 4 根，或者断丝集中在钢丝绳某一部位或一股，一个捻距内断丝总数大于 12 根（对于股数为 6 的钢丝绳）或者大于 16 根（对于股数为 8 的钢丝绳），磨损后的钢丝绳直径小于钢丝绳公称直径的 90%。

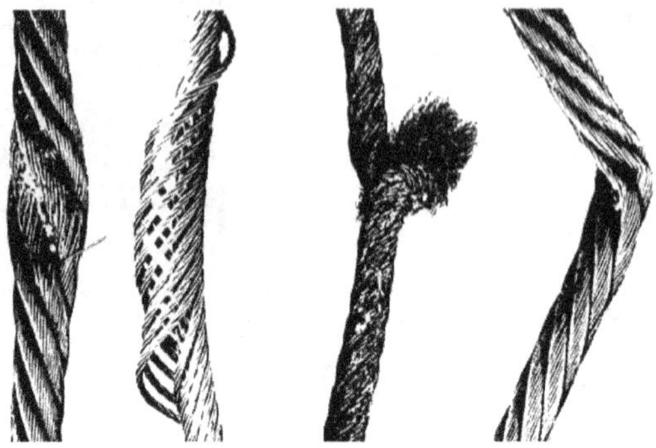

（a）　（b）　（c）　（d）

图 3-19　钢丝绳形变

（a）部分压扁　（b）笼状畸变　（c）绳芯挤出、扭结　（d）弯折

本章习题

1. 什么叫曳引比？
2. 电梯曳引轮的包角是如何定义的？
3. 曳引力是如何定义的？
4. 电梯的安全部件有哪些？
5. 电梯是如何运行的？

第 4 章 电梯电气系统

4.1 电梯电力拖动

4.1.1 电梯电力拖动系统的特点

1. 电梯电力拖动系统的种类及特点

电梯电力拖动系统对电梯的启动加速、稳速运行、制动减速起着控制作用。拖动系统的优劣直接影响电梯的启动和制动加速度、平层精度、乘坐舒适性等。在 19 世纪中期以前直流拖动是电梯的唯一拖动方式,到 20 世纪初交流电力拖动才开始在电梯上得到应用。目前用于电梯的电力拖动系统主要有以下几类。

1)交流变极调速系统

交流感应电动机的转速与其极对数成反比,其要获得两种或三种转速,变速最简单的方法就是改变电动机定子绕组的极对数,即可改变电动机的同步转速。

交流变极调速系统大多采用开环方式控制,线路比较简单、造价较低,因此被广泛用在电梯上,但由于乘坐舒适性较差,故一般只用于额定速度不大于 1 m/s 的货梯。

2)交流调压调速系统

由于大规模集成电路和计算机技术的发展,交流调压调速系统在电梯中得到广泛应用。该系统采用可控硅闭路调速,其制动减速可采用涡流制动、能耗制动、反接制动等方式,使所控制的电梯乘坐舒适性好,平层准确度高,明显优于交流变极调速系统,故多用于速度 2.0 m/s 以下的电梯。但随着调速技术和电子器件的发展,其有被变频变压调速系统替代的趋势。

3)变频变压调速系统

变频变压调速系统通过改变异步电动机供电电源的频率调节电动机的同步转速,也就是通过改变施加于电动机进线端的电压和电源频率调节电动机转速。目前,交流可变电压可变频率(VVVF)控制技术得到迅速发展,利用矢量变换控制的变频变压调速系统的电梯速度可达 12.5 m/s,其调速性能已达到直流电动机的水平,且具有节能、效率高、驱动控制设备体积小、质量轻和乘坐舒适性好等优点,目前已在很大范围内替代了直流拖动系统。

4)直流拖动系统

直流电动机具有调速性能好、调速范围大的特点,因此具有速度快、舒适感好、平层准确度高的优点。

电梯上常用的直流拖动系统有两种：一种是发电机组构成的可控硅励磁发电机 - 电动机系统；另一种是可控硅直接供电的可控硅 - 电动机系统。前者是通过调节发电机的励磁来改变电机的输出电压；后者是用三相可控硅整流器把交流电变成可控的直流电，供给直流电动机，这样可省去发电机组、节省能源、降低造价，且结构紧凑。但随着变频变压调速系统的发展，目前电梯已很少使用直流拖动系统。

2. 电梯电力拖动的特点

曳引电梯因其负载和运行的特点，与其他提升机械相比，在电力拖动方面具有下列特点。

1）四象限运行

虽然电梯与其他提升机械的负载都属位能负载，但一般提升机械的负载力矩方向是恒定的，都是负载的重力产生的。但在曳引电梯中，负载力矩的方向随着轿厢负荷的不同而变化，它是由轿厢侧与对重侧的重力差决定的。

图 4-1 是电梯电力拖动的四象限运行示意图。其中，曲线 1 和 2 是异步电动机的自然机械特性曲线，而虚线 L 和 L' 是负载特性曲线。当曳引拖动电梯重载（轿厢侧重量超过对重侧重量）上行时，电动机处于电动状态，拖动力矩与负载力矩均为正值，电动机工作在第Ⅰ象限的 A 点。当电梯轻载（轿厢侧重量小于对重侧重量）上行时，由于负载力矩为负值即曲线 L'，电动机处于上行方向的再生状态，工作在第Ⅱ象限的 B 点。当电梯轻载下行时，由于电动力矩和负载力矩均为负值，电动机处于电动状态，工作在第Ⅲ象限的 C 点。当电梯载重下行时，由于负载力矩为正值，电动机处于下行方向的再生状态，工作在第Ⅳ象限的 D 点。

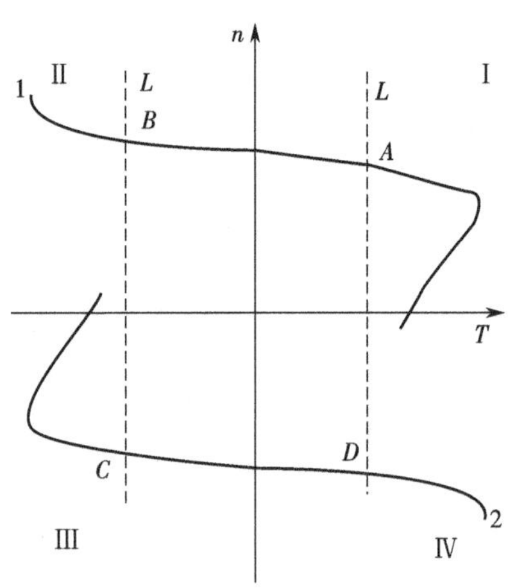

图 4-1　四象限运行示意图

2)运行速度高

一般用途的提升机械的提升速度为 0.1~0.4 m/s,而电梯速度大都在 0.5 m/s 以上,一般都在 1~2 m/s,最高的可超过 13 m/s。

3)速度控制要求高

电梯属于输送人员的提升设备,在考虑人的安全和乘坐舒适性的基础上也要讲究效率,故规定电梯的加速度不能大于 1.5 m/s^2 且不能小于 0.48~0.65 m/s^2。

在直流驱动和交流调压调速、变频调速中均由速度给定电路提供一个较理想的运行速度曲线,通过反馈的拖动装置的速度调节,使电梯实时跟踪给定的曲线。若在加速、减速段中加速度变化的部位跟踪精度不高或各曲线段过渡不平滑,都会影响乘坐的舒适性。

4)定位精度高

一般提升机械如起重机的定位精度要求都不高,当要求较精确的定位如安装工件时,需要在工作人员的指挥和操作人员的控制下才能达到。而电梯在平层停靠时依靠自动操作,定位精度都在 15 mm 左右,变压变频调速电梯的定位精度可控制在 5 mm 以内。

4.1.2　电梯电力拖动系统的供电与主机控制

1. 供电

电梯是民用建筑中功率较大的设备,而且由于工作的特点对供电的质量要求较高。电梯电源应是专用电源,由配电间直接送到机房,电源的电压波动范围应不超过 ±7%,而且照明电源应和主电源分开。

电梯的供电应采用 TN-S 系统,在有困难时可以采用 TN-C-S 系统,而且应有重复接地。

为检修时满足使用活动工作灯具等需要,应有符合安全电压要求的电源装置向轿顶、底坑某处的插头供电,并应有应急电源在发生停电或故障时供照明和报警装置使用。

2. 主开关

在机房中每台电梯都应单独装设一个能切断该台电梯电路的主开关。该开关额定容量应稍大于所有电路的总容量,并具有切断电梯正常使用情况下最大电流的能力。

主开关应具有稳定的断开和闭合位置,若以刀闸为主开关,则手把向下的位置应是断开位置。主开关的断开位置最好能锁住,以防误操作造成事故。主开关应安装在从机房,若几台电梯共用机房,各台电梯的主开关必须有明显易识别的与曳引机对应的标记。主开关若装在电气柜内,则电气柜不应上锁,应能随时打开。

主开关不能切断下列供电电路:机房、滑轮间、轿厢和井道(含底坑)的照明;机房、轿顶和底坑的照明和插座以及通风和报警装置。

电梯轿厢和井道的照明和插座,应取自建筑的照明电路或从主开关外侧引入,并有各自单独的电源开关盒保护装置，开关应安装在相应的主开关附近。

3. 配线与布线

电梯用的导线、电缆应符合《额定电压 450/750 V 及以下橡皮绝缘电缆》(GB/T 5013—2008)和《额定电压 450/750 V 以下聚氯乙烯绝缘电缆》(GB/T 5023—2008)。其中，聚氯乙烯绝缘电缆能用于除电梯驱动主机动力电路以外的全部线路。导线的截面应由安全载流量和机械强度决定，但门安全电路的导线截面面积不得小于 0.75 mm²。

除按上述标准固定布线用护套电缆和重型电缆可在机房、井道墙上明敷外，其他电线电缆都应安装在线槽和线管中。线槽和线管应用不可燃材料制成，并有足够的强度。铁制线槽在机房地面敷设时，其壁厚不得小于 1.5 mm。不易受损的分支线路可以用软管保护，但软管长度不应超过 2 m。

电缆管在安装时应用卡子固定，固定点间距不应大于 3 m。线管的管口应设护口，与线槽连接处应用锁紧螺帽锁紧，其内部电线的填充率应不大于 40%。金属软管与箱、罩或设备的连接处应用专用接头，安装时应固定，尤其端头必须固定牢固，固定点的间距不应大于 1 m。

电线槽应接口严密，槽盖齐全平整，在并列安装时应注意使槽盖能方便开启。线槽的转角和进出口应无毛刺，各个槽体间应有电气连接。在线槽或线管配线时，电线应尽量避免有中间接头，在必须有接头时应采用冷压端子等方法可靠压接并做好绝缘处理。在线槽的进出口和转弯部位或电缆受力部位应加绝缘衬垫，垂直部分应可靠固定。电线槽内的电线充填截面应不大于线槽内截面面积的 60%，并应留有备用线，且动力线和控制线应分开敷设。

在电线安装时，接线端子应置于柜内或盒内，电线电缆的内护层和护套应进入设备连线装置的壳体，以确保导线绝缘和防护的连续性。

电梯随行电缆安装前必须先自由悬吊消除扭曲，敷设的长度应在轿厢完全压缩缓冲器后，略有余量，但不拖地。设置井道中间电缆固定架时，固定架应设在提升高度的 1/2 以上 1.5 m 处。

随行电缆两端及不运动部分应可靠固定，圆电缆应绑扎在轿底和井道的电缆架上，如图 4-2 和图 4-3 所示；扁电缆可重叠安装，重叠数不宜超过 3 根，每根间应有 30~50 mm 的活动间距。扁电缆固定应使用形插座与卡子，如图 4-4 所示。扁平随行电缆的安装，如图 4-5 所示。

制动器在动力电源或控制电源失电时，都应无延迟的自行制动。切断制动器电源的电流至少应用两个独立的电气装置(接触器)实现，即对制动器线圈应由两个独立的串联触头控制。当电梯停止时，若其中一个接触器的主触电未打开，则最迟到下一次运行方向改变时，能防止电梯再启动。这两个接触器可以是专门设立的，也可以利用切断驱动主机电流的装置。

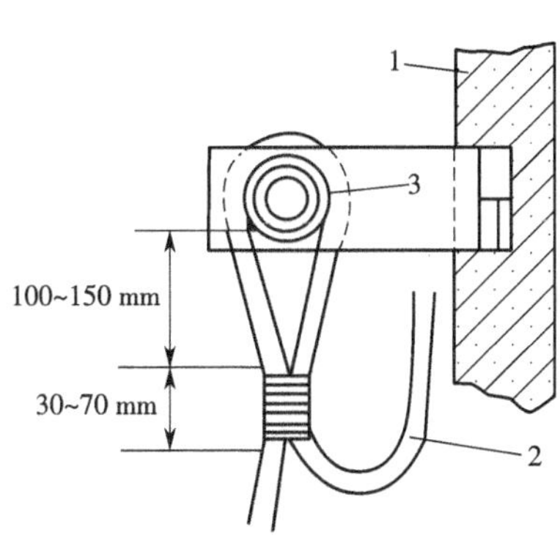

图 4-2 井道内随行电缆绑扎

1—井道壁；2—随行电缆；3—电缆架钢管

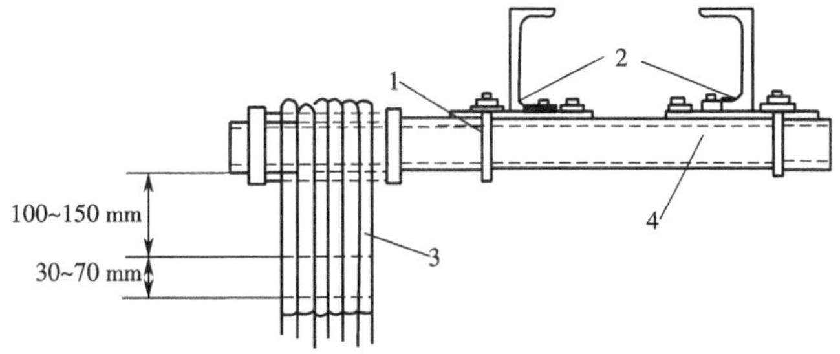

图 4-3 轿底随行电缆绑扎

1—轿底电缆架；2—电梯底梁；3—随行电缆；4—电缆架钢管

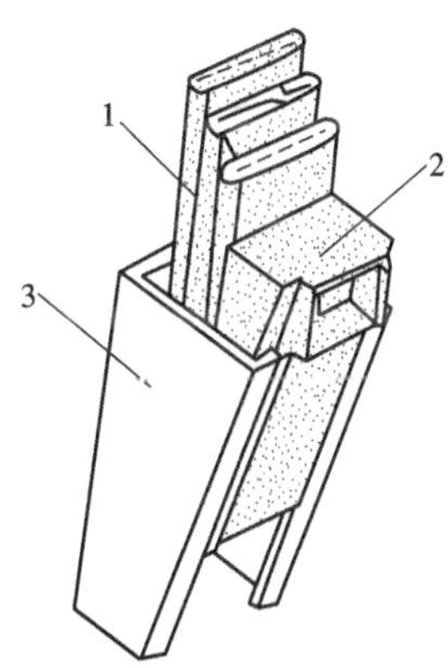

图 4-4 扁电缆固定

1—扁电缆；2—形卡；3—形插座

由外电源直接供电的驱动主机，必须用两个独立的接触器切断电源，使主机停止运行。这两个接触器的主触点应串联在电源电路中。在电梯停止时，若有一个接触器的主触点未打开，则最迟到下一次运行方向改变时，必须防止电梯再运行。

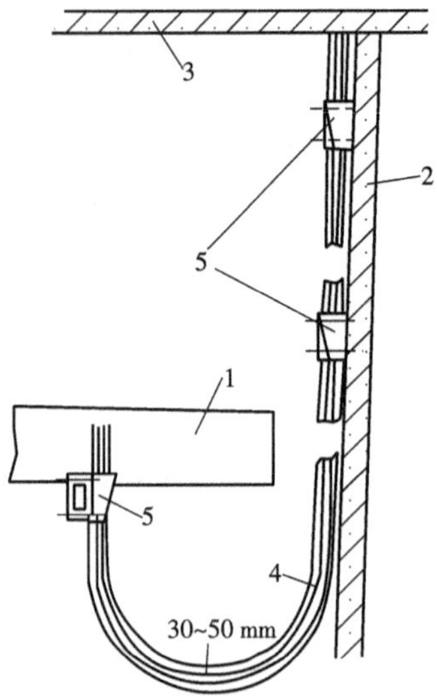

图 4-5 扁平随行电缆安装

1—轿厢底梁;2—井道壁;3—机房地板;4—扁平电缆;5—形插座

当驱动主机由静态元件供电和控制时,可以采用上述用两个独立接触器切断主机电源的方法,也可以由一个能切断各相电流的接触器和一个用来阻断静态元件中电流的控制装置及每次停车时检验阻断情况的监控装置共同组成的系统来切断主机电流。

接触器应在电梯每次改变运行方向前释放,如果此时接触器主触点未断开,电梯应停止再运行。在正常停车时,如果阻断装置未能有效阻断静态元件输出的电流,监控装置应使接触器释放,防止电梯再运行。

4.2 交流变极调速系统

变极调速就是改变交流感应电动机定子绕组的磁场极数,以改变磁场同步转速来达到调速的目的。

由电机学原理可知,三相异步电动机的转速可由下式计算:

$$n = 60f/p(1-s) \tag{4-1}$$

式中 n——电动机转速(r/min);

f——电源的频率(Hz);

p——定子绕组的磁极对数;

s——转差率。

从式(4-1)可以看出,改变磁极对数 p 就可以改变转速。电梯变极调速用的交流异步电动机有单速、双速和三速。其中使用最多的是双速,单速仅用于速度较低的杂物梯;双速电机的磁极数一般为 4 极 /16 极和 6 极 /24 极,也有少数 4 极 /24 极和 6 极 /36 极;三速电机的磁极数一般为 6 极 /8 极 /24 极,比双速多一个 8 极绕组,用于制动减速时的附加制动,三速电机主要用于载重量大的电梯。

电机极数少的绕组称为快速绕组,极数多的绕组称为慢速绕组。变极调速是一种有级调速,调速范围不大,因为过多地增加电机的极数,就会显著地增大电机的外形尺寸。

图 4-6 所示是交流双速电梯的主拖动系统线路。从图中可以看出,三相交流感应电动机定子内具有两个不同磁极对数的绕组(分别为 6 极和 24 极),快速绕组(6 极)作为启动和稳速之用,而慢速绕组作为制动减速和慢速平层停车之用。为了限制启动电流,以减小对电网电压波动的影响,在启动时一般按时间原则串联电阻、电抗进行一级加速或二级加速;减速制动是在慢速绕组中按时间原则进行二级或三级减速再发生电制动减速,以慢速绕组(24 极)进行低速稳定运行直至平层停车。

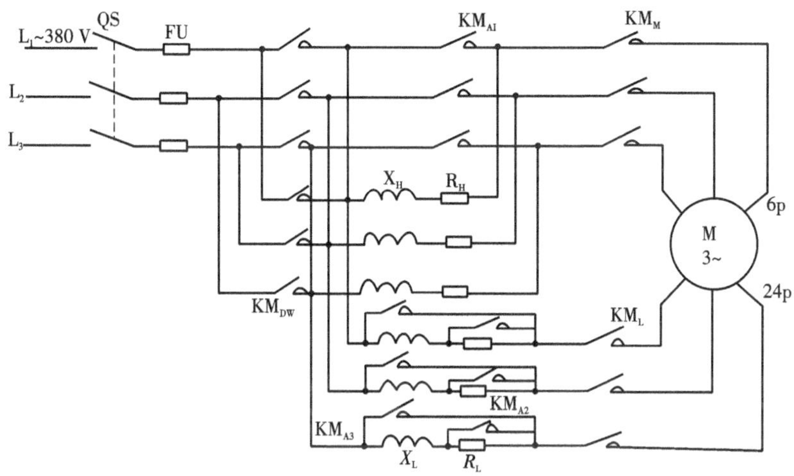

图 4-6　交流双速电梯的主拖动系统线路

QS—隔离开关;FU—熔断器;KM—接触器;*X*—电抗器;*R*—电阻;
L1、L2、L3—电源;M—三相异步电动机;6p—极;24p—24 极

4.3　交流调压调速系统

交流调压调速系统是通过改变电机定子电压来实现调速的。双速电梯采用串电抗启动,变极减速平层,一般启制动加速度大、运行不平稳。若用可控硅取代电阻电抗,从而控制启制动电压,并采用速度反馈实现系统闭环控制,在运行中不断检查电梯运行速度与理想速度曲线的吻合程度,就可以达到启动舒适、运行平稳的目的,这就是交流调压调速系统的基本原理。

典型的交流调压(ACVV)电梯拖动系统如图 4-7 所示。该系统适用于额定载重量为 1 000 kg、额定速度为 1.25~2 m/s 的交流调速电梯。其由以下各部分组成。

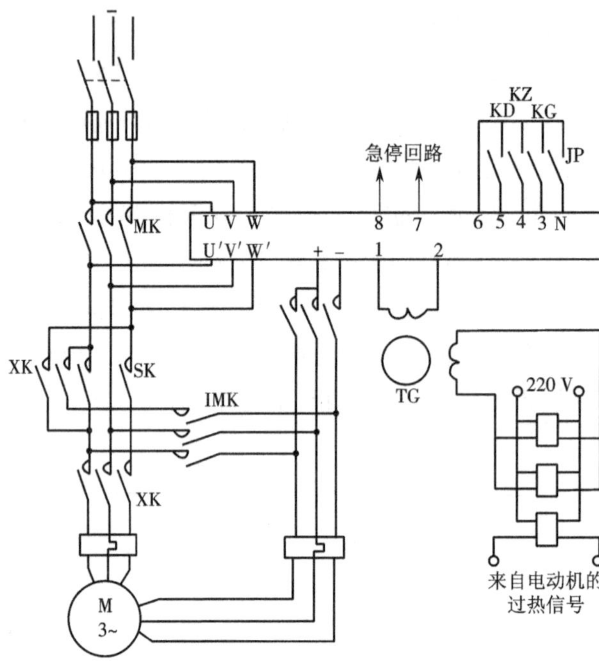

图 4-7 典型的交流调压(ACVV)电梯拖动系统

1. 交流曳引电动机

交流调压调速电梯专用双绕组双速曳引电动机,额定电压为 380 V,频率为 50 Hz,极数为 4 极 /16 极,额定功率为 18.5 kW/3.9 kW,额定电流为 40 A/20 A,额定转速为 1 380 r/min/325 r/min,对电动机进行双重热保护。当电动机温度上升到 60 ℃左右时,启动风机对电动机进行强制通风冷却。冷却风机额定电压为 220 V,频率为 50 Hz,极数为 4 极,额定功率为 0.22 kW,额定电流为 1.55 A,额定转速为 1 350 r/min。当温度超过 155 ℃时,通过电动机内部热敏电阻控制热保护继电器,迫使电梯到最近层站停靠开门。待电动机冷却后,重新启动,电梯继续运行。

2. 速度调节装置

速度调节装置(也称调速器)是在引进技术基础上国产化的电梯速度控制装置,如 TSD-10 调速器。调速器是电梯调速系统的关键控制部件,它由许多电路环节组成,其中速度调节器、速度给定曲线发生电路和可控硅触发电路是构成调速器的核心部分。该调速器具有以下功能。

(1)输入 380 V 三相交流电压,其输出为 0~380 V 连续可调三相电源电压,可控制的电动机最大功率为 20 kW。

(2)能给出三种连续可调的给定电压,其中低速给定电压为 0~3 V,对应电动机转速为 0~500 r/min,用于平层低速爬行;中速给定电压为 3~6 V,对应电动机转速为 500~1 000 r/min,用于单层稳速运行;高速给定电压为 6~9 V,对应电动机转速为

1 000~1 500 r/min，用于多层稳速运行；还能给出等于 1/2 低速给定电压的再平层给定电压，以便提高平层准确度，一般平层准确度可以达到 ±4~5 mm；给定电压的上升时间和下降时间可在 0.4~3.5 s 连续可调。

（3）能给出介于高速和中速之间的所谓计算速度，用于特殊楼层的运行以及短距离顺向截车运行，以便提高运行效率。

（4）能给出可调给定增量电压，其作用时间为几十毫秒，用于减小由机械传动系统的静摩擦力以及位能性负载的反向驱动在启动瞬间所造成的冲击。

（5）具有较为齐全的保护功能，如断相和错相保护、给定与反馈信号差值保护、超速和欠速保护等。

3. 测速发电机

测速发电机（TG）是一个双绕组永磁式直流发电机，额定输出电压为 120 V，额定电流为 90 mA，额定转速为 2 000 r/min，输出灵敏度为 2×0.06 V/r。测速发电机与曳引机同轴刚性或软性连接。其中，一个输出信号接至调速器的 1、2 端，作为闭环控制的速度反馈信号；另一个输出信号接至速度继电器 JVR 和 JVP，作为速度监测信号。

4. 速度继电器

用于速度检测的速度继电器包括高速超速保护继电器（JVR）和低速平层速度检测继电器（JVP），均接收测速发电机的一组输出信号。高速保护继电器的速度整定范围为 1 000~2 000 r/min，一般整定在 1 500 r/min。当电动机转速高于整定值时，高速保护继电器释放，控制急停回路，实现高速超速保护。

低速平层检测继电器的速度整定范围为 100~400 r/min，一般整定在 150 r/min。当电动机转速低于整定值时，高速保护继电器吸合，通过其他电路环节的配合，完成平层和再平层。

4.4 交流变压变频调速系统

随着电力电子技术和微电子技术的发展，交流电动机的调速技术取得了巨大的进展。各种交流调速技术在工业领域得到广泛应用的同时，电梯的交流调速系统也日趋完善。除前述的变极调速、交流调压调速外，交流变压变频调速也是电梯的理想调速方法。

交流变压变频调速（VVVF）电梯的速度调节平滑，能获得十分良好的乘坐舒适性，能明显降低电动机的启动电流。与其他类型交流调速系统相比，其性能更好，运行效率更高，可以节能 30%~50%。VVVF 调速技术已被用于快速、高速和超高速电梯。

由式（4-1）可知，若连续改变电源频率 f，亦可平滑地改变电动机的同步转速 n。而三相异步电动机定子每相感应电动势有效值 E 为

$$E=4.44fNK\Phi_{\mathrm{m}} \tag{4-2}$$

式中　N——定子每相绕组串联匝数；

K——基波绕组系数；

Φ_m——磁极气隙磁通量。

由式（4-2）可见，在 E 一定时，若电源频率 f 发生变化，则必然引起磁通 Φ_m 变化。若 Φ_m 减小，电动机铁芯就没被充分利用；若 Φ_m 增大，则会使铁芯饱和，从而使励磁电流过大，这样会使电动机效率降低，严重时会使电动机绕组过热，甚至损坏电动机。因此，在电动机运行时，希望磁通 Φ_m 保持恒定不变。于是，在改变 f 的同时，必须改变 E，即必须保证

$$E/f=\text{常数} \tag{4-2}$$

采用恒定的电动势频率比的协调控制方式，就可以保证磁通 Φ_m 恒定不变。在电机转差率很小时，电机转矩与转差率近似成正比，即这段机械特性基本为直线。绕组中的感应电动势 E 是难以直接控制的，但在 E 较高时，可以忽略定子绕组漏磁阻抗压降，因此可认为定子每相电压 $U \approx E$。若以电源角频率 ω 表示频率，则得 $U_1/\omega_1=$ 常数，这便是目前广泛采用的恒压频比控制方式。

4.5 直流拖动系统

直流电动机具有调速性能好、调速范围大的特点。早期电梯都是采取发电机 - 电动机形式的直流拖动。但其缺点是结构体积大、能耗大、维护工作量大、造价高，目前已被淘汰。但由大功率整流装置直接向直流曳引电动机供电的直流拖动系统，由于直流电动机的调速优势，仍在高速电梯上得到应用。

4.5.1 直流拖动原理

图 4-8 所示是直流电动机的原理图，根据工作原理可列出以下电动势平衡方程：

$$E_a=U_a-I_a(R_a+R_t) \tag{4-3}$$

$$E_a=C_e\Phi n \tag{4-4}$$

直流电动机的转速可由下式计算：

$$n=[U_a-I_a(R_a+R_t)]/C_e\Phi \tag{4-5}$$

式中　E_a——电动机感应电动势（V）；

U_a——外加电压（V）；

I_a——电枢电流（A）；

R_a——电枢电阻（Ω）；

R_t——调整电阻（Ω）；

n——转速（r/min）；

C_e——电势常数（V·min）；

Φ——励磁磁通（Wb）。

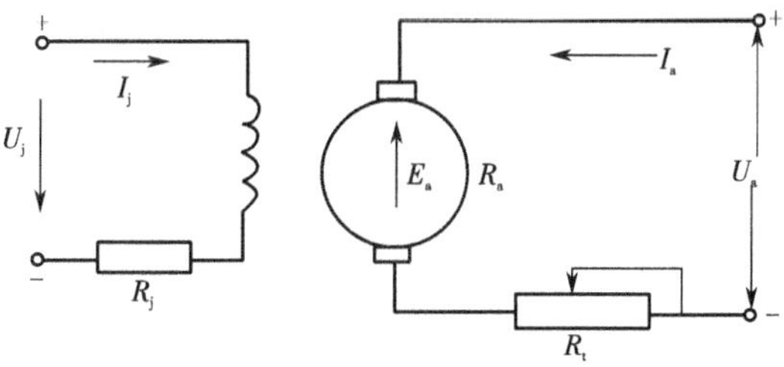

图 4-8　直流电动机电路图

从式（4-5）可以看出，直流电动机的转速与外加电压成正比，所以一般采用改变端电压的方法进行调速。直流电动机在不同电压时的特性曲线是平行的，而且比较平直，即在同一电压下负载变化时，其转速变化不大。

直流拖动一般有两种形式：一种是可控硅励磁的发电机 - 电动机拖动系统（图 4-9），由励磁装置控制发电机，通过改变其输出电压调节直流电动机的转速，这种系统由于笨重、复杂、能耗高，已停止生产和使用；另一种是由可控硅直接供电的拖动系统（图 4-10），这种系统目前一般在速度大于 4 m/s 的高速无齿轮曳引电梯上应用。

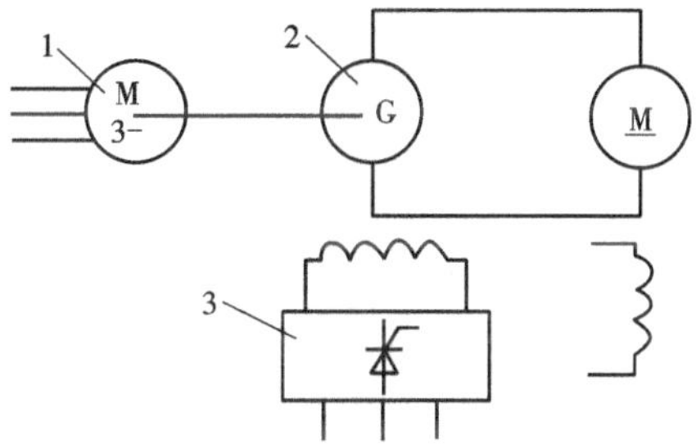

图 4-9　可控硅励磁的发电机 - 电动机拖动系统

1—原动机；2—直流发电机；3—可控硅整流器

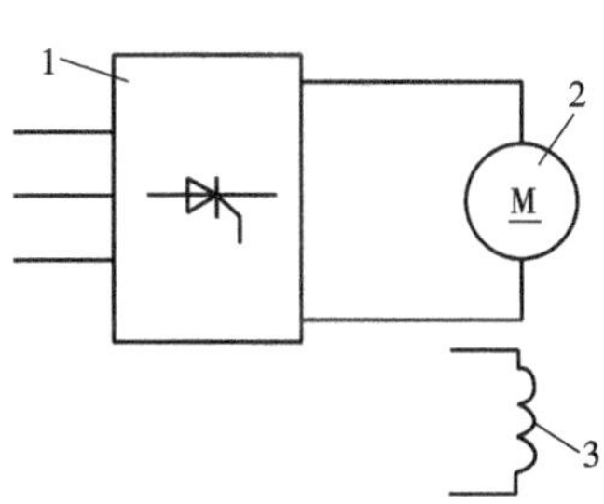

图 4-10　可控硅直接供电的电动机拖动系统

1—可控硅整流器；2—直流发电机；3—励磁

4.5.2 可控硅直接供电的直流驱动系统

用可控硅取代发电机组直接向直流曳引机供电的驱动系统，控制方便、质量轻、维修容易，可节能 30% 左右。

图 4-11 所示是一种由可控硅直接供电的直流高速电梯拖动系统原理图，它主要由两组可控硅取代传统驱动系统中的直流发电机组。两组可控硅可以进行相位控制，处于整流或逆变状态。当控制电路对给定的速度指令信号与速度反馈信号、电流反馈信号进行比较运算后，就可决定两组可控硅整流装置中哪一组应该投入运行，并根据运算结果控制可控硅整流装置的输出电压，即曳引电动机的电枢电压。于是，电梯便跟随速度指令信号运行。

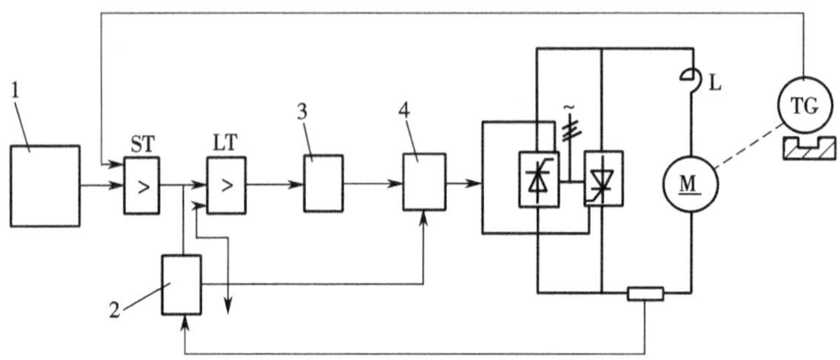

图 4-11 可控硅直接供电的直流高速电梯拖动系统原理图

1—整流给定发生器；2—逻辑控制；3—移相控制；4—逻辑选择

常用的可控整流电路是将电源变压器接成三角形 - 星形，副边有中心抽头。正反向可控硅分别把电源变压器三相的正半波或三相的负半波换成直流电，正向或反向加于直流电机的电枢端，使电机正转或反转。而电枢端电压大小变化，则由控制电路送出的脉冲相位移动决定。

随着半导体技术的迅猛发展，大规模集成元件的诞生和可控硅整流元件的反向耐压提高，这种驱动系统已取代发电机 - 电动机直流驱动系统。

本章习题

1. 什么是安全系数？
2. 什么是电梯系统的抱闸？有何作用？
3. 什么是电梯的随行电缆？
4. 电梯电力拖动的种类有哪些？
5. 交流调压（ACVV）拖动系统有哪些组成？

第 5 章　电梯安全保护装置

电梯是频繁使用的载人的垂直运输工具，必须具有足够的安全性。电梯的安全，首先体现在对人员的保护，同时也要对电梯本身和所载货物以及安装电梯的建筑物进行保护。为了确保电梯运行中的安全，在设计时设置了多种机械、电气安全装置，如图 5-1 所示。

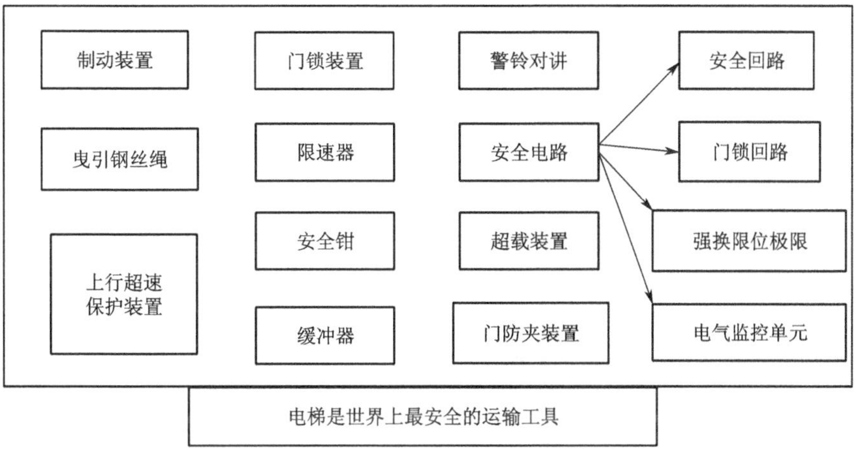

图 5-1　电梯安全装置

超速保护装置，包括限速器、安全钳；超越行程的保护装置，包括强迫减速开关、终端限位开关，终端极限开关分别达到强迫减速、切断方向控制电路、切断动力输出（电源）的三级保护；冲顶（蹲底）保护装置，包括缓冲器；门安全保护装置，包括层门门锁与轿门电气连锁及门防夹装置；轿厢超载保护装置及各种装置的状态检测保护装置（如限速器断绳开关），确保功能上电梯正常工作；电气安全保护系统，包括供电系统保护、电机过载过流装置及报警装置等。这些装置共同组成了电梯安全保护系统，以防止任何不安全的情况发生。同时，电梯的维护和使用必须随时注意，随时检查安全保护装置的状态是否正常有效，很多事故就是由于未能发现、检查到电梯状态不良和未能及时维护检修及不正确使用电梯造成的。所以，必须了解掌握电梯的工作原理，以便及时发现隐患，并正确合理地使用电梯。

5.1　防超越行程的保护

为防止电梯由于控制方面的故障而导致轿厢超越顶层或底层端站继续运行，必须设置保护装置，以防止发生严重后果和结构损坏。

防止越程的保护装置一般是由设在井道内上下端站附近的强迫换速开关、限位开关和极限开关组成。这些开关或碰轮都安装在固定于导轨的支架上，由安装在轿厢上的打板（撞弓）触动而动作。图 5-2 所示是目前广泛使用的电气开关或极限开关的安装示意图。强迫换速开关、限位开关和极限开关均为电气开关，尤其是限位开关和极限开关必须符合电气安全触点要求。

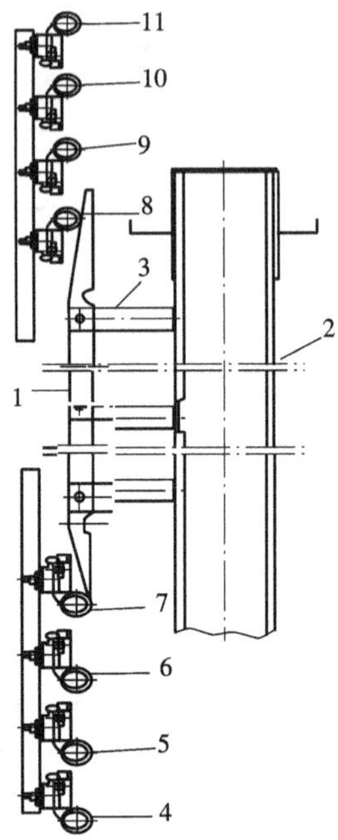

图 5-2 越程限位示意图

1—撞弓；2—立（侧）梁；3—连接板；4—下极限开关；5—下限位开关；
6——级下强迫换速开关；7—二级下强迫换速开关；8—二级上强迫换速开关；
9——级上强迫换速开关；10—上限位开关；11—上极限开关

5.1.1 强迫换速开关

强迫换速开关是防止越程的第一道关，一般设在端站正常换速开关之后。当开关撞动时，轿厢立即强制转为低速运行。在速度比较高的电梯中，需设几个强迫换速开关，分别用于短行程和长行程的强迫换速。

5.1.2 限位开关

限位开关是防止越程的第二道关，当轿厢在端站没有停层而触动限位开关时，立即切断方向控制电路使电梯停止运行。但此时仅仅是防止向危险方向运行，电梯仍能向安全方向运行。

5.1.3　极限开关

极限开关是防止越程的第三道关。当限位开关动作后，电梯仍不能停止运行，则触动极限开关切断电路，使驱动主机迅速停止运转。当交流调压调速电梯和变频调速电梯的极限开关动作后，就能使驱动主机迅速停止运转，对单速或双速电梯应切断主电路或主接触器线圈电路，极限开关动作应能防止电梯在两个方向的运行，而且不经过专职人员调整，电梯不能自动恢复运行。

极限开关安装的位置应尽量接近端站，但必须确保与限位开关不联动，而且必须在对重（或轿厢）接触缓冲器之前动作，并在缓冲器被压缩期间保持极限开关的保护作用。

限位开关和极限开关必须符合电气安全触点要求，不能使用普通的行程开关和磁开关、干簧管开关等传感装置。

防越程保护开关都是由安装在轿厢上的打板（撞弓）触动的，打板必须保证有足够的长度，在轿厢整个越程的范围内都能压住开关，而且开关的控制电路要保证开关被压住（断开）时，电路始终不能接通。

防越程保护装置只能防止在运行中由于控制故障造成的越程，若是由于曳引绳打滑、制动器失效或制动力不足造成轿厢越程，上述保护装置是无能为力的。

5.2　限速器和安全钳

正常运行的轿厢，一般发生坠落事故的可能性极小，但也不能完全排除这种可能性。电梯发生坠落事故的一般常见原因可能有以下几种：

（1）曳引钢丝绳因各种原因全部折断；

（2）蜗轮蜗杆的轮齿、轴、键、销折断；

（3）曳引轮绳槽严重磨损，造成当量摩擦系数急剧下降，而平衡失调，轿厢又超载，造成钢丝绳和曳引轮打滑；

（4）轿厢超载严重，平衡失调，制动器失灵；

（5）因某些特殊原因，如平衡对重偏轻、轿厢自重偏轻，造成钢丝绳对曳引轮压力严重减小，致使轿厢侧或对重侧平衡失调，使钢丝绳在曳引轮上打滑。

只要发生以上五种情况中的一种，就可能发生轿厢（或对重）急速坠落的严重事故。因此，按照国家有关规定，无论是乘客、载货还是医用电梯等，都应装置限速器和安全钳。

在电梯的安全保护系统中，提供的综合安全保障包括限速器、安全钳和缓冲器。当电梯在运行中无论何种原因致使轿厢发生超速甚至坠落的危险状况，而所有其他安全保护装置均未起作用的情况，安全则靠限速器、安全钳（在轿厢运行中起作用）和缓冲器的作用使轿厢停住。所以，限速器和安全钳是防止电梯超速和失控的保护装置。

限速器是速度反应和操作安全钳的装置，当轿厢运行速度达到限定值时（一般为额定速度的 115% 以上),能发出电信号并产生机械动作,以引起安全钳工作的安全装置,所以限速器在电梯超速并在超速达到临界值时起检测及操纵作用。

安全钳是由于限速器的作用而引起动作,迫使轿厢或对重装置制停在导轨上,同时切断电梯和动力电源的安全装置。安全钳是在限速器操纵下强制使轿厢停住的执行装置。

限速器通常安装在电梯机房或隔音层的地面,它的平面位置一般在轿厢的左后角或右前角处,无机房时安装在井道的上部。

如图 5-3 所示,限速器绳的张紧轮安装在井道底坑,限速器绳绕经限速器轮和张紧轮形成一个全封闭的环路,其两端通过绳头连接架安装在轿厢架上操纵安全钳的杠杆系统。张紧轮的重量使限速器绳保持张紧,并在限速器轮槽和限速器绳之间形成摩擦力。轿厢上、下运行时,同步地带动限速器绳运动,从而带动限速器轮转动。

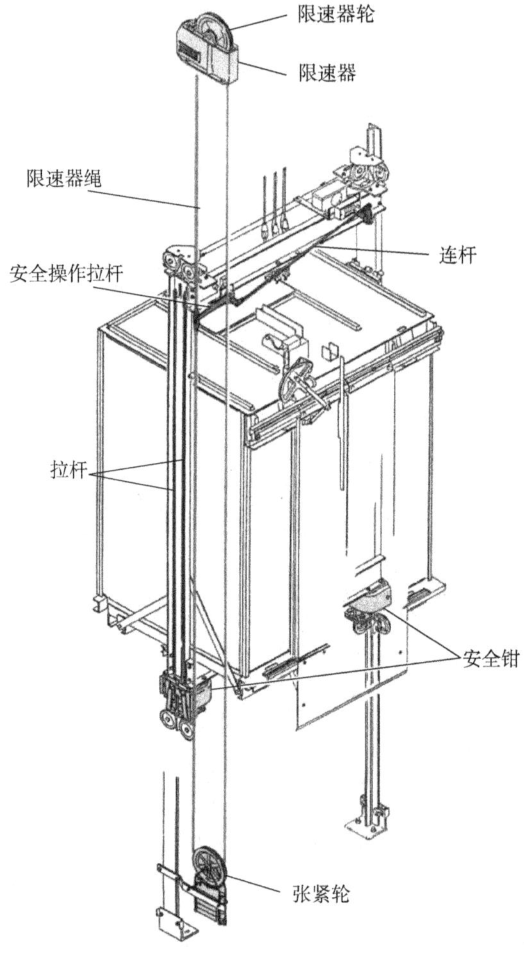

图 5-3　限速装置示意图

根据电梯安全规程的规定，任何曳引电梯的轿厢都必须设有安全钳装置，并且规定此安全钳装置必须由限速器操纵，禁止使用电气、液压或气压装置操作安全钳。当电梯底坑的下方有人通行或有能进入的过道或空间时，则对重也可设有限速器和安全钳装置。

安全钳装置装设在轿厢架或对重架上，由操纵机构和制停机构两部分组成。操纵机构是一组连杆系统，限速器通过此连杆系统操纵安全钳起作用。制停机构也称为安全钳嘴，其作用是使轿厢或对重制停，一般夹持在导轨上。

限速器与安全钳联动系统如图 5-4 所示。

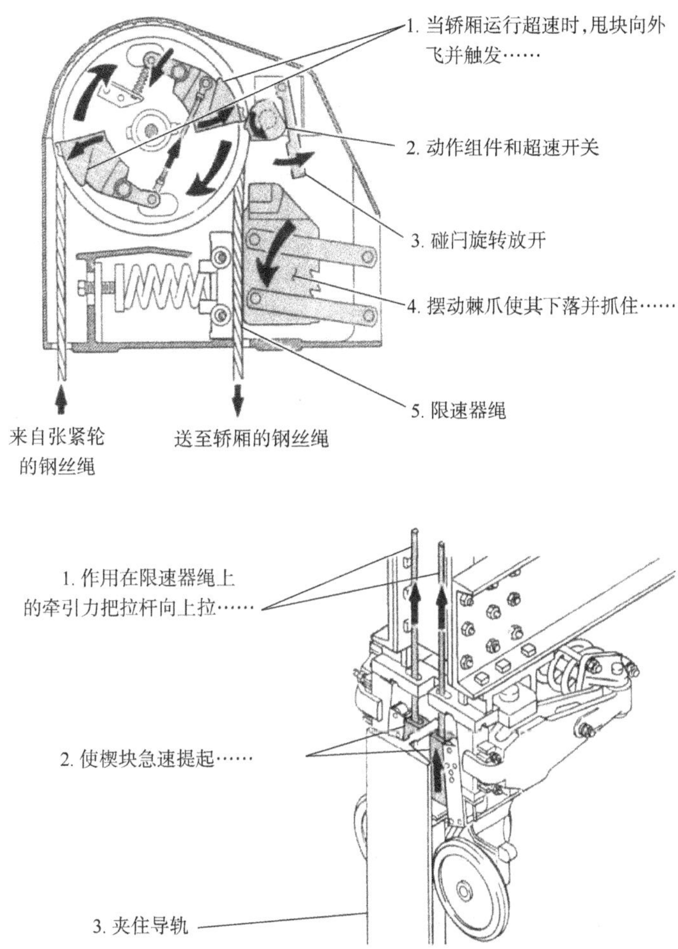

图 5-4　限速器与安全钳联动系统

5.2.1　限速器

限速器按动作原理可分为摆锤式和离心式两种，其中离心式限速器较为常用。

（1）如图 5-5 所示摆锤式限速器，轿厢在运行时，通过限速器绳头拉动限速器绳，使限速器绳轮与连在一起的凸轮和控制轮转动，从而使摆锤上下摆动。转动速度越大，摆锤的摆动幅度越大。当轿厢运行超速时，由于摆锤摆动幅度加大，触动超速开关，切断电梯安全电路，使电梯停止运行。若电梯向下运行，超速开关动作后没有停止而继续超速运动，当速度超过额定速度的 115% 以后，因摆锤摆动幅度的进一步加大，棘爪卡入制动轮中，使制动轮和连在一起的限速器绳轮停止转动，由限速器绳头和联动机构拉动安全钳，使轿厢制停。摆锤式限速器一般用于速度较低的电梯。

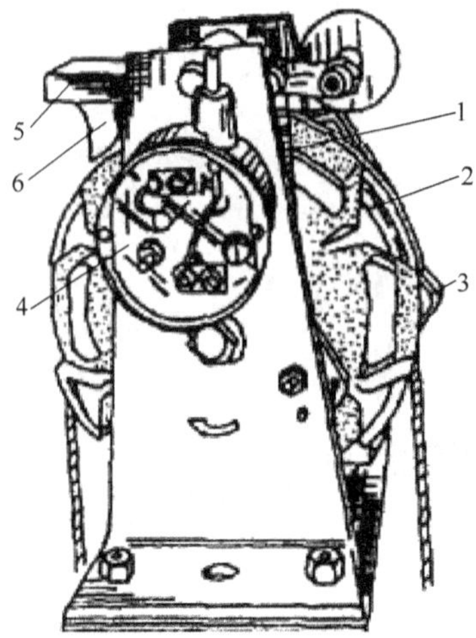

图 5-5 摆锤式限速器

1—调节弹簧；2—制动轮；3—凸轮；4—超速开关；5—摆杆；6—棘爪

（2）如图 5-6 所示离心式带夹绳钳的限速器，当轿厢运行时，限速器绳带动限速器绳轮旋转，通过拉簧使同轴的离心甩块旋转并向外甩开；当电梯超速时，甩块首先将开关打板打动，使电气触点断开，切断安全电路；当电梯下行时，若电梯还在继续超速，由于甩块的进一步甩开将夹绳打板打动，使正常时被夹绳打板卡住的夹绳钳块掉下卡住限速器绳，卡绳的力量可由弹簧进行调节。

（3）如图 5-7 所示离心式有压绳装置的限速器，当电梯超速时，首先由甩块上的一个螺栓打动安全开关；当电梯继续超速时，甩块进一步甩开，触动棘爪卡在制动轮上，制动轮拉动触杆，通过压杆将压块压在限速器绳轮的钢丝绳上，使绳轮和限速器绳被刹住，压块的压紧力由弹簧调节。

（4）如图 5-8 所示无机房双向上摆锤式限速器，由于无机房，限速器安装在井道内，试验和复位都需要特殊的设计，除与普通限速器的设计原理一样外，又增加了复位和试验两组电磁回路。

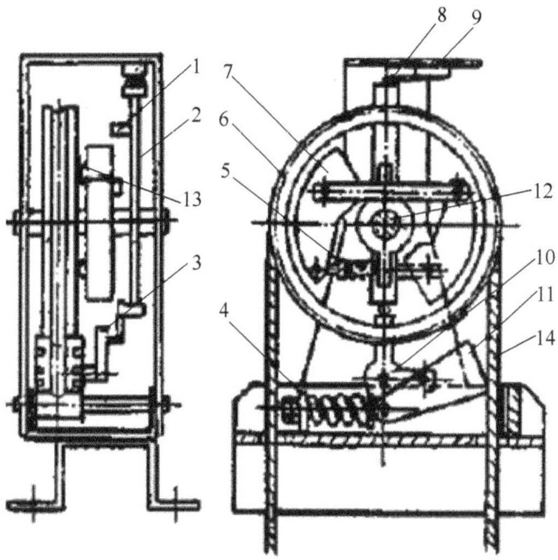

图 5-6 离心式带夹绳钳的限速器

1—开关打板碰铁；2—开关打板；3—夹绳打板碰铁；4—夹绳钳弹簧；5—离心甩块弹簧；6—限速器绳轮；7—离心甩块；8—电开关触头；9—电开关；10—夹绳打板；11—夹绳钳；12—轮轴；13—拉簧；14—限速器绳

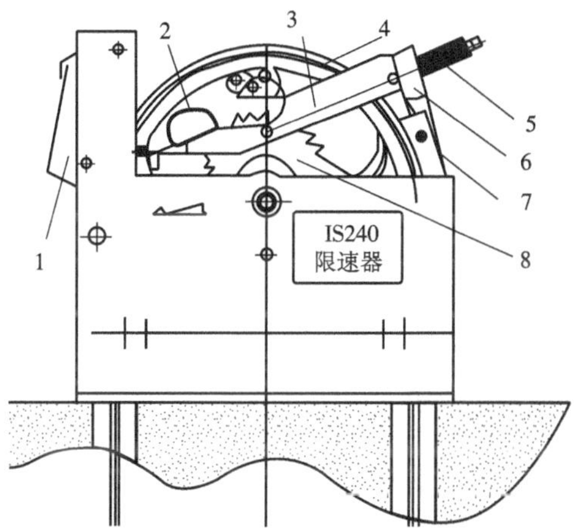

图 5-7 离心式有压绳装置的限速器

1—电气开关；2—甩块；3—触杆；4—绳轮；5—弹簧；6—压杆；7—压块；8—棘轮

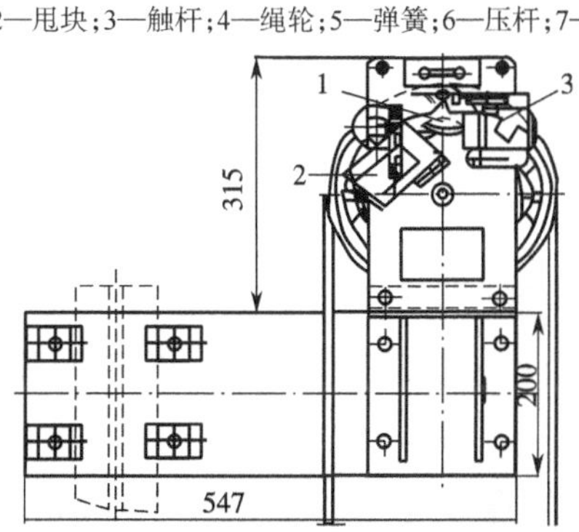

图 5-8 无机房双向上摆锤式限速器

1—打杆触头；2—复位电磁回路；3—试验电磁回路

如图 5-9 所示复位电磁回路,其中安全回路电气开关有两对触点,黑色线连接至电梯的安全回路,可控制限速器上下行的超速;黄色线通过一个常开的点动开关接入电磁回路,此常开开关一般用带钥匙的自动复位开关装置在控制柜内;当限速器动作时,通过打杆触头将开关打掉,复位开关时将钥匙开关转到复位位置,电磁回路通电后,将安全开关复位接通。

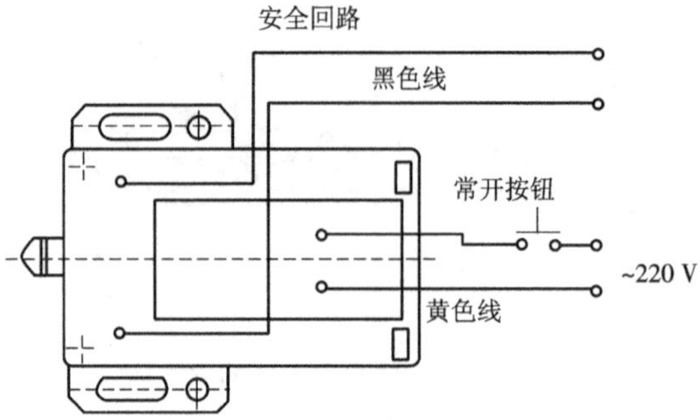

图 5-9 复位电磁回路

如图 5-10 所示试验电磁回路,其中电磁回路也是通过一个常开的点动开关实现的,此开关也是用带钥匙的开关装置在控制柜内;在电梯试验时,电梯检修运行中将此钥匙开关转到试验位置,电磁回路通电带动内部的一个触头,通过打杆触头使限速器动作。

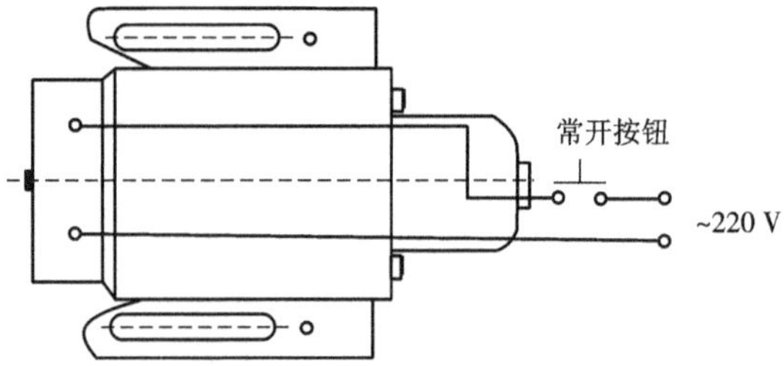

图 5-10 试验电磁回路

限速器的动作速度应不小于 115% 的额定速度,但应小于下列值:

(1)配合楔块式瞬时式安全钳的为 0.8 m/s;

(2)配合不可脱落滚柱式瞬时式安全钳的为 1.0 m/s;

(3)配合额定速度小于或等于 1 m/s 的渐进式安全钳的为 1.5 m/s;

(4)配合速度大于 1 m/s 的渐进式安全钳的为 $1.25v+0.25/v$(v 为额定速度)。

对于载重量大、额定速度低的电梯,应专门设计限速器,并用接近下限的动作速度;若对重也设安全钳,则对重限速器的动作速度应大于轿厢限速器的动作速度,但不得超过 10%。

限速器绳应选柔性良好的钢丝绳,其绳径不小于 6 mm,安全系数不小于 8。限速器绳由安装于底坑的张紧装置予以张紧,张紧装置的重量应使正常运行时钢丝绳在限速器绳轮的槽内不打滑，且悬挂的限速器绳不摆动。张紧装置应有上下活动的导向装置。限速器绳轮和张紧轮的节圆直径应不小于所有限速器绳直径的30倍。为了防止限速器绳断裂或过度松弛而使张紧装置丧失作用，在张紧装置上应有电气安全触点，当发生上述情况时能切断安全电路使电梯停止运行。

限速器动作时，限速器对限速器绳的最大制动力应不小于300 N，同时应不小于安全钳动作所需提拉力的2倍。若达不到这个要求，很可能会发生限速器在限速器绳轮上打滑提不动安全钳，而轿厢继续超速向下运动。为了提高制动力，没有夹绳、压绳装置的限速器绳轮应采用V形绳槽，且绳槽应进行硬化处理。

限速器必须有非自动复位的电气安全装置，在轿厢上行或下行达到动作速度以前或同时，使电梯主机停止运转。

限速器上调节甩块或摆锤动作幅度（也是限速器动作速度）的弹簧，在调整后必须有防止螺帽松动的措施，并予以铅封，压绳机构、电气触点触动机构等调整后，也要有防止松动的措施和明显的封记。

限速器上的铭牌应标明使用的工作速度和整定的动作速度，最好还应标明限速器绳的最大张力。

5.2.2　安全钳

安全钳装置包括安全钳本体、安全钳提拉联动机构和电气安全触点，如图5-11所示。

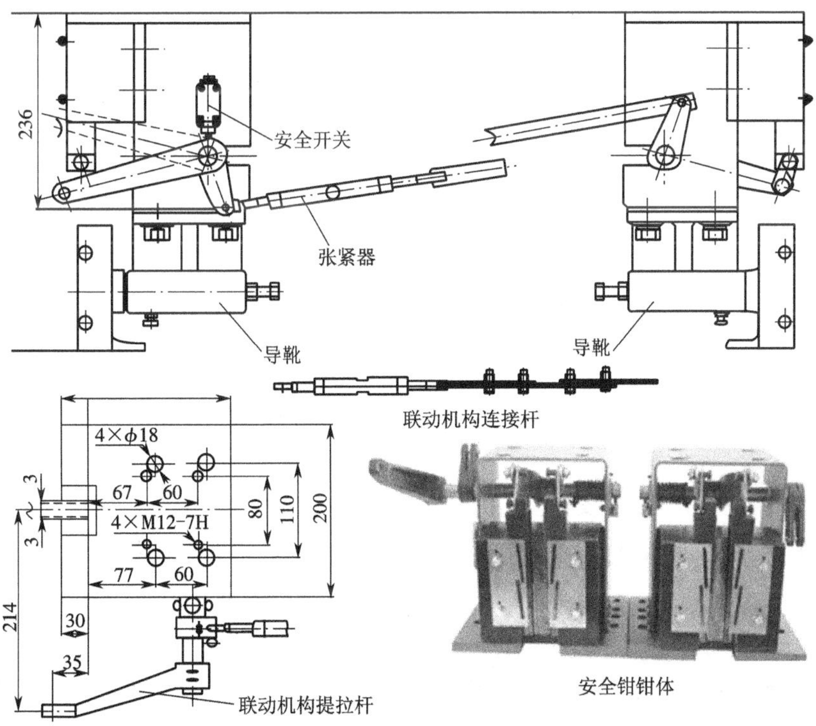

图5-11　安全钳装置

安全钳及其操纵机构一般均安装在轿厢架上。安全钳座装设在轿厢架下梁内，楔块在安全钳动作时夹紧导轨使轿厢制停。

安全钳按结构和工作原理可分为瞬时式安全钳和渐进式安全钳。

1. 瞬时式安全钳

瞬时式安全钳的动作元件有楔块、滚柱，其工作特点是制停距离短，基本是瞬时制停，动作时轿厢承受很大冲击，导轨表面也会受到损伤（安全钳复位后需对导轨表面进行处理）。

滚柱式瞬时式安全钳的制停时间约为 0.1 s，而双楔块式瞬时式安全钳的制停时间最少只有 0.01 s 左右，整个制停距离只有几毫米至几十毫米，轿厢的最大制停减速度一般为（5~10）g（其中 g 为重力加速度）。所以，相关国家标准规定瞬时式安全钳只能用于额定速度不大于 0.63 m/s 的电梯。

目前使用最广泛的楔块式瞬间式安全钳如图 5-12 所示，其钳体一般由铸钢制成，安装在轿厢的下梁上，每根导轨由两个楔形钳块（动作元件）夹持，也有只用一个楔块单边动作的，安全钳楔块一旦被拉起与导轨接触，使楔块自锁，则安全钳的动作就与限速器无关，且在轿厢继续下行时使楔块越来越紧。

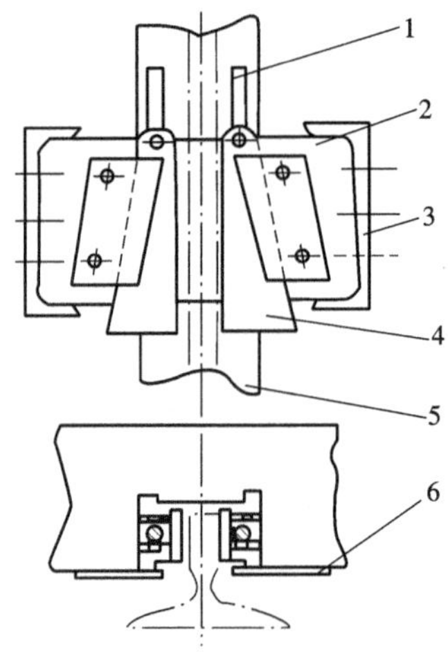

图 5-12　楔块式瞬时式安全钳示意图

1—提拉杆；2—安全钳座；3—下梁；4—楔（钳）块；5—导轨；6—导向盖板

2. 渐进式安全钳

渐进式安全钳与瞬时式安全钳在结构上的主要区别在于动作元件是弹性夹持的，在动作时动作元件靠弹性夹持力夹紧在导轨上滑动，依靠与导轨的摩擦消耗轿厢的动能和势能。相关国家标准要求轿厢制停的平均减速度为（0.2~1.0）g，所以安全钳动作时轿厢必须有一定的制停距离。

额定速度大于 0.63 m/s 或轿厢装设数套安全钳装置，都应采用渐进式安全钳。若对重安全钳速度大于 1.0 m/s，也应采用渐进式安全钳。

（1）夹钳式渐进式安全钳结构如图 5-13 所示，其动作元件为两个楔块，但其与导轨接触的表面没有加工成花纹而是开了一些槽，背面有滚轮组，以减少楔块与钳座的摩擦。当限速器动作楔块被拉起夹在导轨上，由于轿厢仍在下行，楔块就继续在钳座的斜槽内上滑，同时将钳座向两边挤开；当上滑到限位停止时，楔块的夹紧力达到预定的最大值，形成一个不变的制动力，使轿厢的动能与势能消耗在楔块与导轨的摩擦上，轿厢以较低的减速度平滑制动。其最大的夹持力由安全钳尾部的弹簧调定。

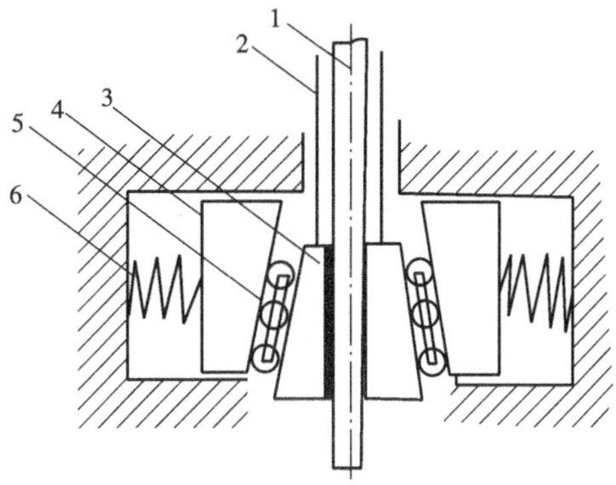

图 5-13 夹钳式渐进式安全钳示意图

1—导轨；2—拉杆；3—楔块；4—钳座；5—滚珠；6—弹簧

（2）一种比较轻巧的单面动作渐进式安全钳如图 5-14 所示，其限速器动作时通过提位联动机构将活动钳块上提，其与导轨接触并沿斜面滑槽上滑，导轨被夹在活动钳块与静钳块之间。其最大的夹紧力由碟形弹簧决定。

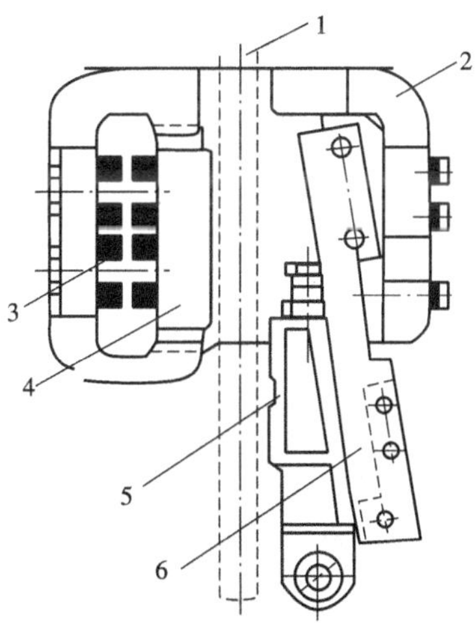

图 5-14 单面动作渐进式安全钳

1—导轨；2—钳体；3—碟形弹簧；4—静钳块；5—活动钳块；6—滑槽

当电梯曳引钢丝绳为两根时，应设保护装置，当其中一根断裂或过度松弛时，安全触点动作使电梯停止运行，这也是防止发生断绳轿厢坠落的保护装置。

5.3 防人员剪切和坠落的保护和要求

在电梯事故中,人员被运动的轿厢剪切或坠入井道的事故所占比例较大,而且这些事故后果都十分严重,所以防止人员剪切和坠落的保护是十分重要的。

防人员剪切和坠落的保护主要由门、门锁和门的电气安全触点联合承担,相关国家标准的要求如下:

(1)当轿门和层门中任一扇门未关好或门锁啮合 7 mm 以上时,电梯不能启动;

(2)当电梯运行时,轿门和层门中任一门扇被打开,电梯应立即停止运行;

(3)当轿厢不在层站时,在站层门外不能将层门打开;

(4)紧急开锁的钥匙只能交给一个负责人员,有紧急情况才能由专职人员使用,轿门、层门必须按规定装设验证门紧闭状态的电气安全触点并保持有效,门关闭后门扇之间、门与周边结构之间的缝隙不得大于规定值,尤其层门滑轮下的挡轮要经常调整,以防中分门下部的缝隙过大。

门锁必须符合安全规范要求,并经型式试验验证合格,锁紧元件的强度和啮合深度必须保证。

电气安全触点必须符合安全规范要求,绝不能使用普通电气开关,接线和安装必须可靠,而且要防止由于电气干扰而误动作。

在电梯操作中,严禁开门"应急"运行。在一些电梯中,为了方便检修,常设有开门运行的"应急"运行功能,有的设专门的应紧运行开关,有的采用检修状态下按开门按钮实现开门运行。《电梯制造与安装安全规范》(GB/T 7588—2020)规定,只有在进行平层和再平层及采取特殊措施的载货电梯,轿厢可在不关门的情况下短距离移动,其他情况包括检修运行均不能开门运行。

装有停电应急装置和故障应急装置的电梯,在轿厢层门未关好或被开启的情况下,应不能自动投入应急运行而移动轿厢。

5.4 缓冲装置

当电梯由于控制失灵、曳引力不足或制动失灵等发生轿厢或对重蹲底时,缓冲器将吸收轿厢或对重的动能,提供最后的保护,以保证人员和电梯结构的安全。

缓冲器可分为蓄能型缓冲器和耗能型缓冲器。前者主要以弹簧和聚氨酯材料等为缓冲元件,后者主要是油压缓冲器。

当电梯额定速度很低时(如小于 0.4 m/s),轿厢或对重底下的缓冲器也可以使用实体式缓冲块来代替,其可用橡胶、木材或其他具有适当弹性的材料制成。但使用实体式缓冲器也应有足够的强度,能承受具有额定载荷的轿厢(或对重),并以限速器动作时的规定下降速度冲击而无损坏。

5.4.1 弹簧缓冲器

弹簧缓冲器一般由缓冲橡皮、缓冲座、弹簧、弹簧座等组成，用地脚螺栓固定在底坑基座上，如图 5-15 所示。为了适应大吨位轿厢，压缩弹簧可由组合弹簧叠合而成。行程高度较大的弹簧缓冲器，为了增强弹簧的稳定性，在弹簧下部设导套或在弹簧中部设导向杆。

弹簧缓冲器是一种蓄能型缓冲器，在其受到冲击后，将轿厢或对重的动能和势能转化为弹簧的弹性变形能（弹性势能）。由于弹簧的反力作用，使轿厢或对重得到缓冲、减速。但当弹簧压缩到极限位置后，弹簧要释放缓冲过程中的弹性变形，以使轿厢反弹上升，撞击速度越大，反弹速度越大，并反复进行，直到弹力消失、能量耗尽，电梯才完全静止。

由于弹簧缓冲器在缓冲后存在回弹现象，即存在缓冲不平稳的缺点，所以弹簧缓冲器仅适用于低速电梯。

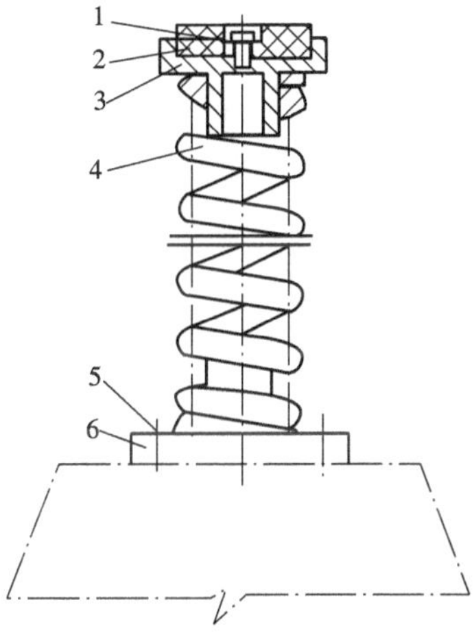

图 5-15 弹簧缓冲器

1—螺钉及垫圈；2—缓冲橡皮；3—缓冲座；4—压缩弹簧；5—地脚螺栓；6—底座

5.4.2 油压缓冲器

常用的油压缓冲器结构如图 5-16 所示（该图为半剖视立面图）。当油压缓冲器受到轿厢或对重的冲击时，柱塞向下运动并压缩缸体内的油，油通过环形节流孔喷向柱塞腔。当油通过环形节流孔时，由于流动截面面积突然减小，就会形成涡流，使液体内的质点相互撞击、摩擦，将动能转化为热能并散发掉，从而消耗电梯的动能，使轿厢或对重逐渐缓慢地停下来。

油压缓冲器是一种耗能型缓冲器。它是利用液体流动的阻尼作用，缓冲轿厢或对重的冲击。当轿厢或对重离开缓冲器时,柱塞在复位弹簧的作用下向上复位,油重新流回油缸,恢复正常状态。

由于油压缓冲器是以消耗能量的方式实现缓冲的,因此其没有回弹作用。同时,由于变量棒的作用,柱塞在下压时,环形节流孔的截面面积逐步变小,使电梯的缓冲接近匀速运行。因而,油压缓冲器具有缓冲平稳的优点。在使用条件相同的情况下,油压缓冲器所需的行程可以比弹簧缓冲器减少一半,所以油压缓冲器适用于各种电梯。

复位弹簧在柱塞全伸长位置时,应具有一定的预压缩力,在全压缩时,反力不大于 1 500 N,并应保证缓冲器受压缩后柱塞完全复位的时间不大于 120 s。为了保证柱塞完全复位的状态,耗能型缓冲器上必须有电气安全开关。安全开关在柱塞开始向下运动时即被触动切断电梯的安全电路,直到柱塞开始向上完全复位时开关才接通。

缓冲器油的黏度与缓冲器能承受的工作载荷有直接关系,一般要求采用有较低凝固点和较高黏度指标的高速机械油。在实际应用中,不同载重量的电梯可以使用相同的油压缓冲器,而采用不同的缓冲器油,其中黏度较大的油用于载重量较大的电梯。

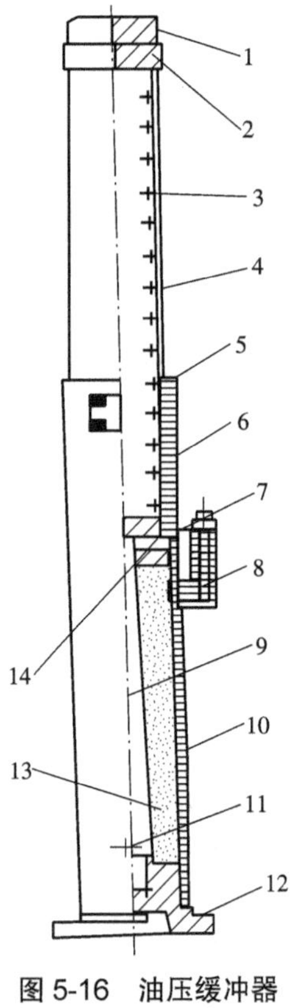

图 5-16 油压缓冲器

1—橡胶垫;2—压盖;3—复位弹簧;4—柱塞;5—密封盖;6—油缸套;7—弹簧托;8—注油弯管;9—变量棒;10—缸体;11—放油孔;12—油缸座;13—油;14—环形节流孔

5.5　缓冲器的安装

缓冲器一般安装在底坑的缓冲器座上，若底坑下是人能进入的空间，在对重侧不设安全钳时，对重缓冲器的支座应一直延伸到底坑下的坚实地面上。

电梯轿厢底下梁碰板、对重架底碰板至缓冲器顶面的距离称为缓冲距离，如图 5-17 所示。其中，S_1 和 S_2 对蓄能型缓冲器应为 200~350 mm，对耗能型缓冲器应为 150~400 mm。

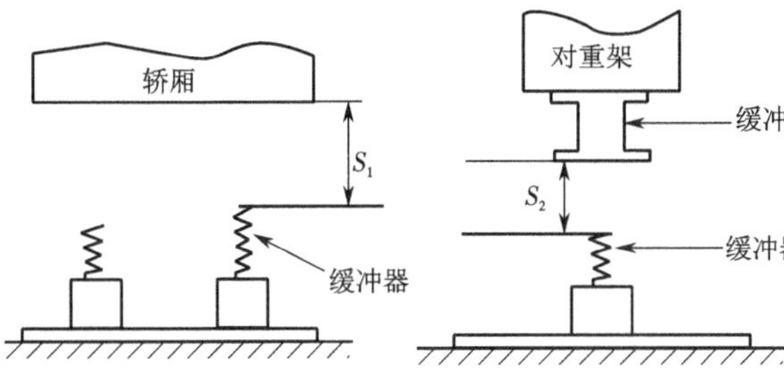

图 5-17　缓冲距离

油压缓冲器的柱塞铅垂度偏差应不大于 0.5%。缓冲器中心与轿厢和对重相应碰板中心的偏差应不超过 20 mm。同一基础上安装的两个缓冲器的顶面高差应不超过 2 mm。

5.6　报警和救援装置

电梯发生人员被困在轿厢内时，通过报警或通信装置应能将情况及时通知管理人员，并通过救援装置将人员安全救出轿厢。

5.6.1　报警装置

电梯必须安装应急照明和报警装置，并由应急电源供电。底层站的电梯一般是安设警铃，警铃安装在轿顶或井道内，操作警铃的按钮应设在轿厢内操纵箱的醒目处，其上有黄色的报警标志。警铃的声音要急促响亮，不与其他声响混淆。

提升高度大于 30 m 的电梯，轿厢内与机房或值班室应有对讲装置，并由操纵箱面板上的按钮控制。目前，大部分对讲装置接在机房，而机房又大多无人看守，这样在紧急情况时管理人员不能及时知晓。所以，对于机房无人值守的电梯，对讲装置必须接到管理部门的值班室。

除警铃和对讲装置外，轿厢内也可设内部直线报警电话或与电话网连接的电话。此时，轿厢内必须有清楚易懂的使用说明，告诉乘员如何使用和应拨的号码。

轿厢内的应急照明必须有适当的亮度，在紧急情况下，能看清报警装置和有关的文字说明。

5.6.2 救援装置

电梯困人的救援以往主要采用自救的方法,即轿厢内的操纵人员从上部安全窗爬上轿顶将层门打开。随着电梯的发展,无人员操纵的电梯广泛使用,再采用自救的方法不但十分危险而且几乎不可能。对于作为公共交通工具的电梯,其乘客十分复杂,电梯故障时乘客不可能从安全窗爬出,就是爬上了轿顶也打不开层门,反而会发生其他的事故。因此,现在的电梯从设计上就决定了救援必须从外部进行。

救援装置包括曳引机的紧急手动操作装置和层门的人工开锁装置。在有层站而不设门时还可在轿顶设安全窗,当两层站地坎距离超过 11 m 时还应设井道安全门,若与井道相邻电梯轿厢间的水平距离不大于 0.75 m 也可设轿厢安全门。

机房内的紧急人工操作装置,应放在拿取方便的地方,盘车手轮应漆成黄色,开闸扳手应漆成红色。为使操作时知道轿厢的位置,机房内必须有层站指示。最简单的方法就是在曳引绳上用油漆做上标记,同时将标记对应的层站写在机房操作地点的附近。

若轿顶设有安全窗,安全窗的尺寸应不小于 0.35 m×0.5 m,强度应不低于轿壁的强度。窗应向外开启,但开启后不得超过轿厢的边缘。窗应有锁,在轿厢内要用三角钥匙才能开启,在轿外则不用钥匙也能打开。窗开启后不用钥匙也能将其半闭和锁住,窗上应设验证锁紧状态的电气安全触点,当窗打开或未锁紧时,触点断开,切断安全电路,使电梯停止运行或不能启动。

井道安全门的位置应保证其至上下层站地坎的距离不大于 11 m;门的高度不小于 1.8 m、宽度不小于 0.35 m,门的强度不低于轿壁的强度;门不得向井道内开启,门上应有锁和电气安全触点,其要求与安全窗一样。

现在的一些电梯安装了电动的停电(故障)应急装置,在停电或电梯故障时自动接入。停电(故障)应急装置动作时,以蓄电池为电源向电机送入低频交流电(一般为 5 Hz),并通过制动器释放。在判断负载力矩后,按力矩小的方向避速,将轿厢移动至最近的层站,自动开门将人放出。应急装置在停电、中途停梯、冲顶蹲底和限速器及安全钳动作时均能自动接入,但若门未关或门的安全电路发生故障则不能自动接入而移动轿厢。

5.7 停止开关和检修运行装置

5.7.1 停止开关

停止开关一般称急停开关,按要求在轿顶、底坑和滑轮间必须装设停止开关。电梯的停止开关应符合电气安全触点的要求，应是双稳态非自动复位的开关，误动作不能使其释放。停止开关要求是红色的，并标有“停止”和“运行”的位置；若是刀闸式或拨杆式开关，应以把手或拨杆朝下为停止位置。

轿顶的停止开关应面向轿门，离轿门距离不大于 1 m。底坑的停止开关应安装在进入底坑可立即触及的地方。当底坑较深时，可以在下底坑时梯子旁和底坑下部各设一个串联的停止开关，最好是能联动操作的开关。在开始下底坑时，即可将上部开关处于停止位置，到底坑后也可用操作装置消除停止状态或重新将开关处于停止位置。轿厢装有无孔门时，轿厢内严禁装设停止开关。

5.7.2　检修运行装置

检修运行是为便于检修和维护而设置的运行状态，由安装在轿顶或其他地方的检修运行装置进行控制。

检修运行时，应取消正常运行的各种自动操作，如取消轿内和层站的召唤，取消门的自动操作。此时，轿厢的运行依靠持续按压方向操作按钮操纵，轿厢的运行速度不得超过 0.63 m/s，门的开关也由持续按压开关门按钮控制。检修运行时，所有的安全装置如限位开关和极限开关、门的电气安全触点和其他电气安全开关以及限速器、安全钳均有效，所以检修运行时不能开着门走梯。

检修运行装置包括运行状态转换开关、操纵运行方向按钮和停止开关。该装置也可以与能防止误动作的特殊开关一起从轿顶控制门机构的动作。

检修转换开关应是符合电气安全触点要求的双稳态开关，有防误操作的措施，开关的检修和正常运行位置有标识，若有刀闸或拨杆开关，则向下应是检修运行状态。轿厢内的检修开关应用钥匙动作，或设在有锁的控制盒中。

检修运行的方向按钮应有防误动作的保护，并标明方向。有的电梯为防误动作设三个按钮，操纵时方向按钮必须与中间的按钮同时按下才有效。

当轿顶以外的部位如机房、轿厢内也有检修运行装置时，必须保证轿顶的检修开关“优先”，即当轿顶检修开关处于检修运行位置时，其他地方的检修运行装置全部失效。

5.8　消防功能

发生火灾时，井道往往是烟气和火焰蔓延的通道，而且一般层门在 70 ℃以上时不能正常工作。为了乘客的安全，在火灾发生时必须使所有电梯停止应答召唤信号，直接返回撤离层站，即具有火灾自动返基站功能。

自动返基站的控制，可以在基站处设消防开关，火灾时将其接通，或由集中监控室发出指令，也可由火灾检测装置在测到层门外温度超过 70 ℃时自动向电梯发出指令，使电梯迫降，返基站后不可在火灾中继续使用。此类电梯仅具有“消防功能”，即消防迫降停梯功能。

消防员用电梯（一般称消防电梯），除具有火灾自动返基站功能外，还可供消防员和抢救人员使用。

消防电梯的布置应能在火灾时避免暴露于高温的火焰下，并避免消防用水流入井道。一般电梯层站宜与楼梯平台相邻并包含楼梯平台，层站外有防火门将层站隔离，层站内还有防火门将楼梯平台隔离，这样在电梯不能使用时，消防员还可利用楼梯通道返回。

消防电梯的额定载重量不应小于 630 kg，入口宽度不得小于 0.8 m，运行速度应按全程运行时间不大于 60 s 确定，电梯应是单独井道，并能停靠所有层站。

消防员操作功能应取消所有的自动运行和自动门的功能。消防员操作时，外呼全部失效，轿厢内选层一次只能选一个层站，门的开关由持续按压开关门按钮控制。有的电梯在开门时只要停止按压开关门按钮门会立即关闭，在关门时停止按压开关门按钮门会重新开启，这种控制方式更为合理。

5.9 其他安全保护装置

电梯安全保护系统中配备的安全保护装置一般由机械安全保护装置和电气安全保护装置两大部分组成。机械安全保护装置主要有限速器、安全钳、缓冲器、制动器、层门门锁、轿门安全触板、轿顶安全窗、轿顶防护栏杆、护脚板等。但是有一些机械安全保护装置往往需要与电气部分的功能配合和连锁，才能实现其动作和功效的可靠性，如层门的机械门锁必须和电气开关连接在一起的连锁装置。

除前面已经介绍的限速器、安全钳、缓冲器、终端限位保护装置外，还有其他有关的安全保护装置，具体列举如下。

5.9.1 层门门锁的安全装置

乘客进入电梯轿厢，首先接触到的就是电梯层门（厅门），正常情况下，只要电梯的轿厢未到位（未到达本层站），本层站的层门都是紧紧关闭的，只有轿厢到位（到达本层站）后，层门随着轿厢的门打开后才能跟着打开，因此层门门锁的安全装置可靠性十分重要，直接关系到乘客进入电梯的安全性。

5.9.2 门保护装置

乘客进入层门后就立即经过轿厢门而进入轿厢，但由于乘客进出轿厢的速度不同，有时会发生人被轿门夹住，电梯上设置的门保护装置就是为了防止轿厢在关门过程中夹伤乘客或夹住物品。

5.9.3　轿厢超载保护装置

乘客从层门、轿门进入轿厢后，轿厢里的乘客人数（或货物）所达到的载重量如果超过电梯的额定载重量，就可能造成电梯超载后所产生的不安全后果或超载失控，造成电梯超速降落的事故。

超载保护装置的作用是当轿厢超过额定负载时，发出警告信号，并使轿厢不能启动运行，避免意外事故的发生。

超载保护装置有电子称重式（轿底）、位置开关式（轿底、绳头）等。

5.9.4　轿厢顶部安全窗

安全窗是设在轿厢顶部的一个窗口。安全窗打开时，使限位开关的常开触点断开，切断控制电路，此时电梯不能运行。当轿厢因故障停在建筑两层中间时，司机可通过安全窗从轿顶以安全措施找到层门。安装人员在安装时以及维修人员在处理故障时也可利用安全窗。当出入安全窗时，还必须先将电梯急停开关按下（如果有的话）或用钥匙将控制电源切断，以防人员出入安全窗口时因电梯突然启动而造成人身伤害事故。安全起见，安装和维修最好不要从安全窗出入，更不要让乘客从安全窗出入。由于安全窗较小，且离地面有 2 m 多高，上下很不方便；停电时，轿顶上很黑，又有各种装置，易发生人身伤害事故。有的电梯不设安全窗，可以用紧急钥匙打开相应的层门上下轿顶。

5.9.5　轿顶护栏

轿顶护栏是电梯维修人员在轿顶作业时的安全保护栏，可以防止维修人员不慎坠落井道。就实践经验来看，设置护栏时应注意使护栏外围与井道内的其他设施（特别是对重）保持一定的安全距离，做到既可防止人员从轿顶坠落，又避免因扶、倚护栏造成人身伤害事故。在维修人员安全工作守则中可以写入“站在行驶中的轿顶上时，应站稳扶牢，不倚、靠护栏”和“与轿厢相对运动的对重及井道内其他设施保持安全距离”字样，以提醒维修人员重视安全。

5.9.6　底坑对重侧防护栅

为防止人员进入底坑对重下侧而发生危险，在底坑对重侧两导轨间应设防护栅，防护栅高度在 1.7 m 以上，且距地 0.5 m 装设，宽度不小于对重导轨两外侧的间距，防护网空格或穿孔尺寸，无论水平方向还是垂直方向测量，均不得大于 75 mm。

5.9.7　轿厢护脚板

轿厢不平层，当轿厢地面（地坎）的位置高于层站地面时，会使轿厢与层门地坎之间产生间隙，这个间隙会使乘客的脚踏入井道，发生人身伤害事故。因此，国家标准规定每一个轿厢地坎上均需装设护脚板，其宽度是层站入口处的整个净宽。护脚板的垂直部分的高度应不小于 0.75 m，垂直部分以下部分成斜面向下延伸，斜面与水平面的夹角大于 60°，该斜面在水平面上的投影深度不小于 20 mm。护脚板用 2 mm 厚铁板制成，装于轿厢地坎下侧且用扁铁支承，以加强机械强度。

5.9.8 制动器扳手与盘车手轮

当电梯运行当中遇到突然停电造成电梯停止运行时，而电梯又没有停电自动运行设备，且轿厢又停在两层门之间，乘客无法走出轿厢，就需要由维修人员到机房用制动器扳手和盘车手轮等工具人工操纵使轿厢就近停靠，以便疏导乘客。制动器扳手的式样，因电梯抱闸装置的不同而不同，其作用都是使制动器的抱闸脱开。盘车手轮是用来转动电动机主轴的轮状工具（有的电梯装有惯性轮，亦可操纵电动机转动）。操作时首先应切断电源，并由两人操作，其中一人操作制动器扳手，另一人操作盘车手轮，两人需配合好，以免因制动器的抱闸被打开而未能把住手轮致使电梯因对重的重量而造成轿厢快速行驶；一人打开抱闸，另一人慢速转动手轮使轿厢向上移动，当轿厢移到接近平层位置时即可。制动器扳手和盘车手轮平时应放在明显位置，并应涂以红漆。

5.9.9 超速保护开关

在速度大于 1 m/s 的电梯限速器上都设有超速保护开关，在限速器的机械动作之前，此开关就得动作，切断控制回路，使电梯停止运行。有的限速器上安装两个超速保护开关，第一个开关动作使电梯自动减速，第二个开关动作才切断控制回路。对速度不大于 1 m/s 的电梯，其限速器上的电气安全开关最迟在限速器达到其动作速度时起作用。

5.9.10 曳引电动机的过载保护

电梯使用的电动机容量一般比较大，从几千瓦至十几千瓦。为了防止电动机过载后被烧毁，可设置热继电器过载保护装置。电梯电路中常采用的 JRO 系列热继电器是一种双金属片热继电器。两只热继电器的热元件分别接在曳引电动机快速和慢速的主电路中，当电动机过载超过一定时间，即电动机的电流大于额定电流，热继电器中的双金属片经过一定时间后变形，从而断开串接在安全保护回路中的接点，保护电动机不因长期过载而烧毁。

现在也有将热敏电阻埋藏在电动机的绕组中，即当电动机过载发热引起阻值变化时，经放大器放大使微型继电器吸合，断开其接在安全回路中的触头，从而切断控制回路，强令电梯停止运行。

5.9.11 电梯控制系统中的短路保护

一般短路保护是由不同容量的熔断器完成的。熔断器是利用低熔点、高电阻金属不能承受过大电流的特点，使它熔断，切断电源，从而对电气设备起到保护作用。

5.9.12 供电系统相序和断（缺）相保护

当供电系统因某种原因造成三相动力线的相序与原相序有所不同，有可能使电梯原定的运行方向变为相反的方向，而给电梯运行造成极大的危险，且电动机在电源缺相下不正常运转会导致电动机烧损。

电梯电气线路中采用相序继电器，当线路错相或断相时，相序继电器会切断控制电路，使电梯不能运行。

但是，近几年由于电力电子器件和交流传动技术的发展，电梯的主驱动系统应用可控硅直接供电给直流电动机，以及以大功率器件 IGBT（功率模块）为主体的交 - 直 - 交变频技术在交流调速电梯系统（VVVF）中的应用，使电梯系统的工作与电源相序无关。

5.9.13 主电路方向接触器连锁装置

1. 电气连锁装置

交流双速电梯运行方向的改变是通过主电路的两个方向接触器改变供电相序实现的。如果两个接触器同时吸合，则会造成电气线路的短路。为防止短路故障，在方向接触器上设置电气连锁，即上方向接触器的控制回路是经过下方向接触器的辅助常闭接点来完成的。下方向接触器的控制电路受到上方向接触器辅助常闭接点控制。只有下方向接触器处于失电状态时，上方向接触器才能吸合，而下方向接触器的吸合必须是上方向接触器处于失电状态，这样上、下方向接触器形成电气连锁。

2. 机械连锁装置

为防止上、下方向接触器电气连锁失灵，造成短路事故，在上、下方向接触器之间，设有机械互锁装置。当上方向接触器吸合时，由于机械作用，限制住下方向接触器的机械部分不能动作，使接触器接点不能闭合；当下方向接触器吸合时，上方向接触器接点也不能闭合，从而达到机械连锁的目的。

5.9.14 电气设备的接地保护

我国供电系统过去一般采用中性点直接接地的三相四线制，从安全防护方面考虑，电梯的电气设备应采用接零保护。在中性点接地系统中，当一相接地时，接地电流成为很大的单相短路电流，保护设备能准确而迅速地动作并切断电流，保障人身和设备安全。接零保护的同时，地线还要在规定的地点采取重复接地。重复接地是将地线的一点或多点通过接地体与大地再次连接。在电梯安全供电情况下，还存在一定的问题，有的引入电源为三相四线，到电梯机房后，将零线与保护地线混合使用；有的用敷设的金属管外皮作为零线，这些都是很危险的，容易造成触电或损坏电气设备，应采用三相五线制的 TN-S 系统，直接将保护地线引入机房，如图 5-18 所示。如果采用三相四线制供电的接零保护的 TN-C-S 系统（图 5-19），严禁电梯电气设备单独接地，电源进入机房后保护地线与中性线应始终分开，该分离点（*A* 点）的接地电阻值不应大于 4 Ω。

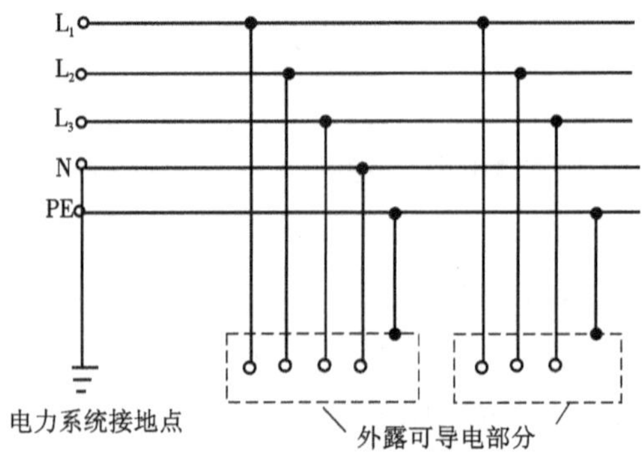

图 5-18　TN-S 系统

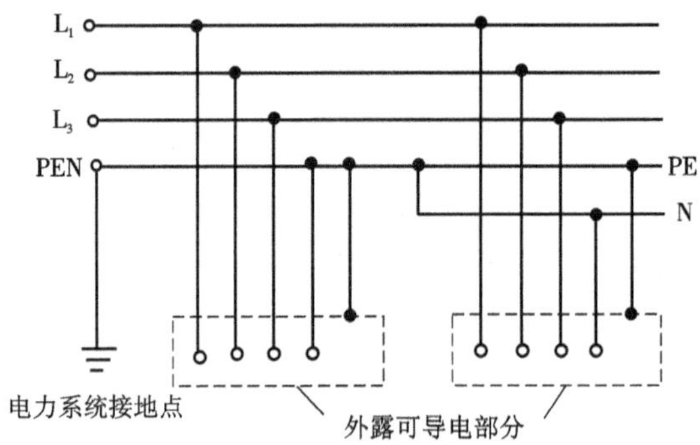

图 5-19　TN-C-S 系统

电梯电气设备，如电动机、控制柜、接线盒、布线管、布线槽等外露的金属外壳部分，均应进行保护接地。

保护接地线应采用导线截面面积不小于 4 mm² 的有绝缘层的铜线。线槽或金属管应相互连成一体并接地，连接可采用金属焊接，在跨接管路线槽时可用直径 4~6 mm 的铁丝或钢筋，采用金属焊接方式焊牢。

当使用螺栓压接保护地线时，应使用直径 8 mm 的螺栓，并加平垫圈和弹簧垫圈压紧，接地线应为黄绿双色。当采用随行电缆芯线做保护地线时，不得少于 2 根。

在电梯采用的三相四线制供电线路的零线上不准装设保险丝，以防人身和设备的安全受到损害。各种用电设备的接地电阻应不大于 4 Ω。电梯生产厂家有特殊抗干扰要求的，按照厂家要求安装。对接地电阻应定期检测，动力电路和安全装置电路的电阻不小于 0.5 MΩ，照明、信号等其他电路的电阻不小于 0.25 MΩ。

5.9.15　电梯急停开关

急停开关也称安全开关，是串接在电梯控制线路中的一种不能自动复位的手动开关，当遇到紧急情况或在轿顶、底坑、机房等处检修电梯时，为防止电梯的启动、运行，将急停开关关闭，切断控制电源以保证安全。

急停开关分别设置在轿顶操纵盒上、底坑内和机房控制柜壁上及滑轮间，有的电梯轿厢操作盘（箱）上也设有此开关。

急停开关应有明显的标志，按钮应为红色，旁边标以“通”“断”或“停止”字样，扳动开关，向上为接通，向下为断开，旁边也应用红色标明“停止”位置。

5.9.16　可切断电梯电源的主开关

每台电梯在机房中都应装设一个能切断该电梯电源的主开关，并具有切断电梯正常行驶的最大电流的能力。如机房内有多台电梯，还应对各个主开关进行相应的编号。注意，主开关切断电源时不包括轿厢内、轿顶、机房和井道的照明、通风以及必须设置的电源插座等的供电电路。

5.9.17　轿厢意外移动保护装置

1. 导致轿厢意外移动的原因

引起电梯轿厢意外移动的原因主要有：

（1）制动器方面的原因，如制动器调整不当、部件老化或者制动轮上面有油污等原因都会造成轿厢的意外移动；

（2）曳引机方面的原因，如曳引轮的制造缺陷、曳引绳的选配错误、曳引轮轴的断裂或是曳引机蜗轮断齿和连接蜗轮套筒法兰破裂等原因；

（3）电气控制系统的故障，如轿门和层门门锁装置失效、控制电路失效、电磁干扰等引起轿厢的意外移动；

（4）人为原因，如维护保养人员短接层门、轿门门锁装置等都有可能引起轿厢的意外移动。

电梯轿厢意外移动引起的挤压、剪切等伤害应该引起整个电梯行业的足够重视，而轿厢意外移动保护装置的目的就是防止乘客在进出电梯轿厢时受到轿厢意外移动引起的伤害。

2. 轿厢意外移动保护装置的设置

电梯轿厢意外移动保护装置应包含预防性装置和挽救性装置两个方面，即在层门没有被锁住并且电梯轿门没有关闭的情况下，防止电梯发生意外移动，或者制止已发生移动的轿厢，使移动停止（滚筒、链条、曳引轮和悬挂绳的失效除外）。

3. 轿厢意外移动保护装置的组成

电梯轿厢意外移动保护装置是由检测子系统、制动子系统和自检测子系统组成。检测子系统是一种发出动作信号的装置，其功能是能够检测到轿厢是否存在意外移动的风险和倾向以及是否已经发生意外移动。而制动子系统的功能是如果已经发生移动，制停轿厢，并使其保持停止状态以防止溜车。

根据电梯型式试验规则，电梯轿厢意外移动保护装置通常可以整个系统进行型式试验，也可以各个子系统分开进行型式试验，但是各个子系统组合的适配性需要得到型式试验机构的审查认可。

检测子系统主要包括检测轿厢意外移动的变换器或者传感器、对检测到的信号进行逻辑处理和运算的电路等，目前常见的检测传感器主要有以下几种：

（1）安装在轿厢上的位置信号开关，如磁感应式接近开关、光电式平层开关、多路光电开关等；

（2）通过限速器检测，如可检测意外移动的离心式限速器等；

（3）使用绝对值编码器或者井道位置感应器检测，如井道绝对位置传感器。

常见的制停部件主要有以下几种：

（1）作用于轿厢或者对重，如轿厢（对重）安全钳、双向安全钳、夹轨器等；

（2）作用于悬挂绳或者补偿绳系统上，如钢丝绳制动器；

（3）作用于曳引轮或者只有两个支承的曳引轮轴上，如永磁同步曳引机的块式制动器、盘式制动器、钳盘式制动器等。

自检测子系统应当符合电梯强制性标准中修改单的规定。在现场测试中，应模拟自检控子系统的故障、自监视子系统的运行顺序和输出情况，来判断是否正确。此外，现场检测还需特别注意自检测子系统存在人为关闭的可能。

4. 制动部件的触发方式

制动部件的触发方式主要有电气触发和机械触发。其中，依靠电气触发的主要有夹轨器、钢丝绳制动器、曳引机制动器等；而依靠机械触发的主要有双向安全钳、对重侧安全钳、夹轨器、钢丝绳制动器等。

5.9.18 现场检验的内容和要求

现行的相关电梯检验规则要求现场检验的内容和要求包括：

（1）轿厢在井道上部空载，然后按照型式试验证书所给出的试验速度让电梯上行并且触发制停部件，仅使用制停部件能够使电梯停止，此时记录电梯轿厢所移动的距离，并且对照型式试验证书所给出的范围判断是否合格；

（2）如果电梯采用内部冗余的制动器作为制停部件，制动部件提起或者释放失效，或者制动力不足，应关闭层门和电梯轿门，并且能够防止电梯正常启动。

上述试验必须由施工人员或维保人员进行,检查结果应由检验人员观察和确认。

本章习题

1. 电梯超载可以运行吗?
2. 电梯有哪些防超越行程的保护?
3. 常见的缓冲装置有哪些?
4. 防人员剪切和坠落的保护和要求有哪些?
5. 限速器和安全钳有什么作用?

第 6 章 自动扶梯与自动人行道

自动扶梯是电梯的一个分支,也是一种垂直运输机械。它是用电力驱动,在一定方向上(上行或下行)能够大量、连续输送乘客的开放式运输机械,具有结构紧凑、安全可靠、舒适美观、安装维修简便等特点。自动扶梯在客流大量集中的场所,如百货商场、购物中心、火车站、地铁站、机场、码头、人行过街天桥等处,得到广泛的应用。

6.1 概述

自动扶梯一般都是斜置的,与水平面有一个角度。自动扶梯可以向一个方向行走,也可以根据时间、人流等需要,由管理人员控制行走方向,如图 6-1 所示。

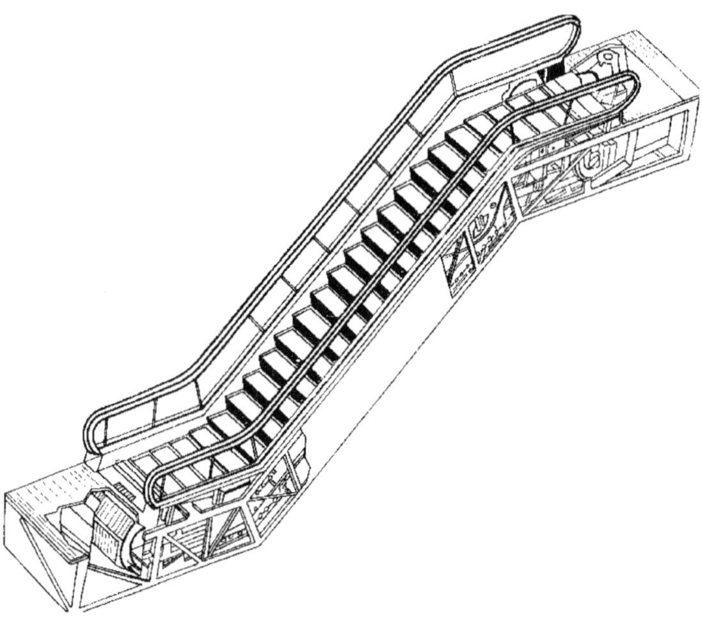

图 6-1 自动扶梯示意图

另一种与自动扶梯十分类似的行人运输工具是自动人行道,两者的区别主要是自动人行道是没有梯级的,多数只会在平地上行走,或是稍微倾斜。

自动扶梯的基本布置方式有单台扶梯布置、双台扶梯布置和双台扶梯交叉布置,如图 6-2 所示。

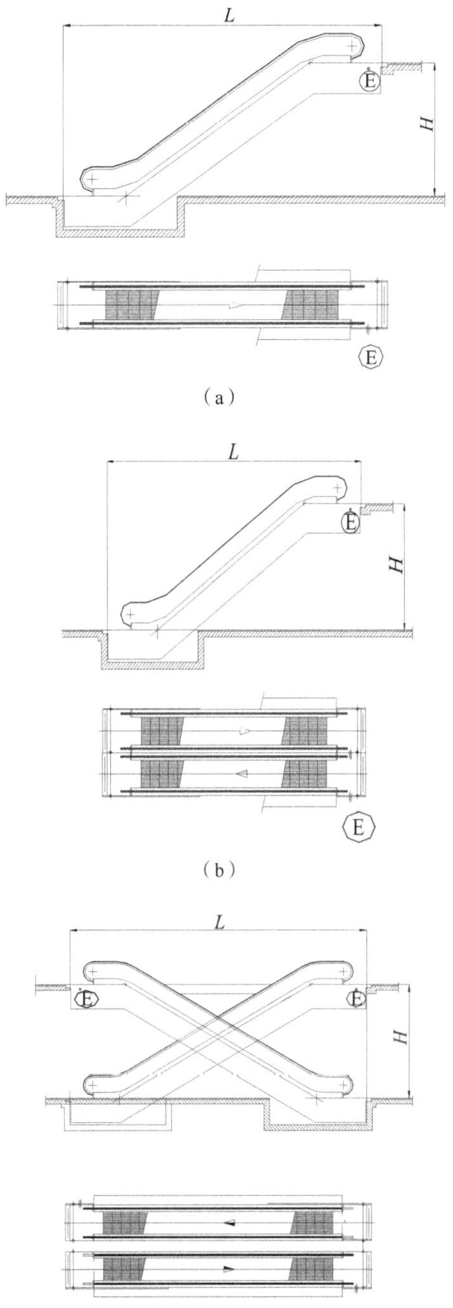

图 6-2 自动扶梯布置示意图

(a)单台扶梯布置 (b)双台扶梯布置 (c)双台扶梯交叉布置

6.1.1 自动扶梯的分类

(1)按使用场合和受载情况可分为轻型和重型两类,根据输送能力以每小时运送乘客的数量划分，输送能力和不同的梯级宽度、抬升高度和倾斜角度有关，地铁和候车站等人流量大的场所，多使用重载自动扶梯。

（2）按提升高度可分为以下三类：

①小提升高度自动扶梯，提升高度在 6 m 以下；

②中提升高度自动扶梯，提升高度在 6~20 m；

③大提升高度自动扶梯，提升高度在 20 m 以上。

（3）按使用空间可分为室内和室外。

（4）按驱动方式可分为端部驱动和中间驱动。端部驱动的自动扶梯一般为链条式（驱动梯级的元件为链条）自动扶梯，中间驱动的自动扶梯一般是齿条式（驱动梯级的元件为齿条）自动扶梯。由于链条驱动式结构简单、制造成本较低，所以目前国内大多数自动扶梯采用链条驱动式结构。齿条驱动的自动扶梯，国内用得比较少。

（5）按自动扶梯的装饰可分为透明无支承、全透明有支承、半透明或不透明有支承。

①全透明式指扶手护壁板采用全透明的玻璃制作的自动扶梯，护壁板采用玻璃的又可进一步分为曲面玻璃式和平面玻璃式。全透明的玻璃护壁板具有一定的强度，其厚度不应小于 6 mm，且有较好的装饰效果，所以护壁板采用平板全透明玻璃制作的自动扶梯占绝大多数。

②不透明式指扶手护壁板采用不透明的金属或其他材料制作的自动扶梯。由于扶手带支架固定在护壁板的上部，扶手带在扶手支架导轨上做循环运动，因此不透明式的稳定性优于全透明式，主要用于地铁、车站、码头等人流集中且高度较大的自动扶梯。

③半透明式指扶手护壁板为半透明的，如采用半透明玻璃等材料的扶手护壁板。

（6）按运行频率可分为等速运转和变频运转等。

6.1.2 自动扶梯的主要参数

1. 提升高度（H）

提升高度是指使用自动扶梯的建筑物上、下楼层间的高度。对于倾斜角为 35° 的自动扶梯，其提升高度不应超过 6 m。

2. 梯级宽度

梯级宽度的公称尺寸通常有 600 mm、800 mm 和 1 000 mm 三种。

3. 倾斜角（α）

倾斜角是指梯级运行方向与水平面构成的最大角度，通常自动扶梯的倾斜角有 30° 和 35° 两种。

4. 额定速度

额定速度是指自动扶梯在空载情况下的运行速度，是制造商设计确定并实际运行的速度，通常为 0.5 m/s、0.65 m/s 和 0.75 m/s。自动扶梯倾斜角 α 小于 30° 时，其额定速度不应超过 0.75 m/s；自动扶梯倾斜角 α 大于 30°，但不大于 35° 时，其额定速度不应超过 0.5 m/s。

5. 梯阶水平段（L）

梯阶水平段是指扶梯进出口处梯阶保持水平运行的距离（mm）。当额定速度小于或等于 0.5 m/s 时，梯阶水平段大于或等于 800 mm；当额定速度小于或等于 0.65 m/s 时，梯阶水平段大于或等于 1 200 mm；当额定速度小于或等于 0.75 m/s 时，梯阶水平段大于或等于 1 600 mm。

自动扶梯是一种连续输送机械，虽不像电梯那样能够使人上升几十层楼，但很适用于提供短距离运输，这缘于自动扶梯的高负载率。电梯满员后，必须等它到达指定楼层并返回后其他人才能上电梯；而自动扶梯，只要有一个人到达上层，就会为其他人腾出位置。

与间歇工作的电梯相比，自动扶梯具有如下优点：

（1）输送能力大，每小时可输送 4 500~13 500 人；

（2）能连续运送人员；

（3）当停电时或重要零件损坏停车时，可以暂作普通扶梯，供人员上下；

（4）不需井道，在建筑上不需附加构筑。

但自动扶梯也有速度慢、造价较高等缺点。

6.1.3 自动扶梯与自动人行道常用术语

1. 功能及参数术语

（1）倾斜角：梯级、踏板或胶带运行方向与水平面构成的最大角度。

（2）提升高度：自动扶梯或自动人行道进出口两楼层板之间的垂直距离。

（3）额定速度：自动扶梯或自动人行道设计所规定的速度。

（4）理论输送能力：自动扶梯或自动人行道在每小时内理论上能够输送的人数。

（5）名义宽度：对于自动扶梯或自动人行道设定的一个理论上的宽度值，一般指自动扶梯梯级或自动人行道踏板安装后横向测量的踏面长度。

（6）变速运行：自动扶梯或自动人行道在无乘客时以预设的低速运行，在有乘客时自动加速到额定速度运行的方式。

（7）自动启动：自动扶梯或自动人行道在无乘客时停止运行，在有乘客时自动启动运行的方式。

2. 零部件术语

（1）扶手装置：在自动扶梯或自动人行道两侧，对乘客起安全防护作用，也便于乘客站立扶握的部件。

（2）扶手带：位于扶手装置的顶面，与梯级、踏板或胶带同步运行，供乘客扶握的带状部件。

（3）扶手带入口保护装置：在扶手带入口处，当有手指或其他异物被夹入时，能使自动扶梯或自动人行道停止运行的电气装置。

（4）护壁板（护栏板）：在扶手带下方，装在内侧盖板与外侧盖板之间的装饰护板。

（5）围裙板：与梯级、踏板或胶带两侧相邻的金属围板。

（6）内侧盖板：在护壁板内侧，连接围裙板和护壁板的金属板。

（7）外侧盖板：在护壁板外侧、外装饰板上方，连接装饰板和护壁板的金属板。

（8）外装饰板：从外侧盖板起，将自动扶梯或自动人行道桁架封闭起来的装饰板。

（9）桁架（机架）：架设在建筑结构上，支承梯级、踏板、胶带以及运行机构等部件的金属结构件。

（10）中心支承（中间支承）：在自动扶梯两端支承之间，设置在桁架底部的支承物。

（11）梯级：在自动扶梯桁架上循环运行，供乘客站立的部件。

（12）梯级踏板：带有与运行方向相同齿槽的梯级水平部分。

（13）梯级踢板：带有齿槽的梯级上竖立的弧形部分。

（14）梯级导轨：供梯级滚轮运行的导轨。

（15）踏板：循环运行在自动人行道桁架上，供乘客站立的板状部件。

（16）胶带：循环运行在自动人行道桁架上，供乘客站立的胶带状部件。

（17）梳齿板：位于运行的梯级或踏板出入口，为方便乘客上下过渡，与梯级或踏板相啮合的部件。

（18）楼层板：设置在自动扶梯或自动人行道出入口，与梳齿板连接的金属板。

（19）驱动主机（驱动装置）：驱动自动扶梯或自动人行道运行的装置。

（20）梳齿板安全装置：当梯级、踏板或胶带与梳齿板啮合处卡入异物时，能使自动扶梯或自动人行道停止运行的电气装置。

（21）驱动链保护装置：当梯级驱动链或踏板驱动链断裂或过于松弛时，能使自动扶梯或自动人行道停止运行的电气装置。

（22）附加制动器：当自动扶梯提升高度超过一定值时，或在公共交通用自动扶梯或自动人行道上，增设的一种制动器。

（23）主驱动链保护装置：当主驱动链断裂时，能使自动扶梯或自动人行道停止运行的电气装置。

（24）超速保护装置：当自动扶梯或自动人行道运行速度超过限定值时，能使自动扶梯或自动人行道停止运行的装置。

（25）非操纵逆转保护装置：当在自动扶梯或自动人行道运行中非人为地改变其运行方向时，能使自动扶梯或自动人行道停止运行的装置。

（26）手动盘车装置（盘车手轮）：靠人力使驱动装置转动的专用手轮。

（27）检修控制装置：利用检修插座，在检修自动扶梯或自动人行道时的手动控制装置。

（28）围裙板安全装置：当梯级、踏板或胶带与围裙板之间有异物夹住时，能使自动扶梯或自动人行道停止运行的电气装置。

（29）扶手带断带保护装置：当扶手带断裂时，能使自动扶梯或自动人行道停止运行的电气装置。

（30）梯级、踏板塌陷保护装置：当梯级或踏板任何部位断裂下陷时，能使自动扶梯或自动人行道停止运行的电气装置。

6.2 自动扶梯基本结构

自动扶梯由桁架、驱动装置、张紧装置、导轨系统、梯阶、梯阶链或齿条、扶栏、扶手带以及各种安全保护装置等组成。

6.2.1 桁架

桁架是自动扶梯的基础部件，扶梯所有的零部件都将装配在这一金属结构的桁架中。目前，绝大多数普通型扶梯桁架是以角钢等型钢作为主要材料制成的公共交通型扶梯桁架，以各种规格的方形管与矩形管为主要材料焊制而成，如图 6-3 所示。

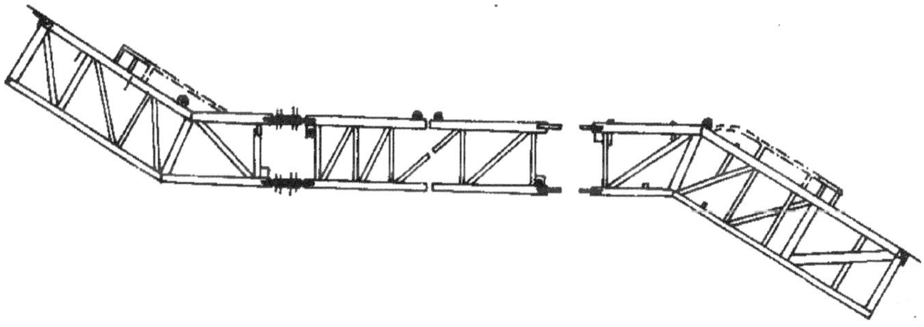

图 6-3　扶梯桁架

对于桁架结构设计，既可采用整体焊接桁架，也可采用分体焊接 - 装配桁架。

分体桁架一般由上平台（上部桁架）、中间桁架与下平台（下部桁架）三部分组成。其中，上平台与下平台相对而言是标准的，只是由于额定速度不同而涉及梯阶水平段不同，影响到上平台与下平台的直线段长度；中间桁架的长度可根据提升高度而变化。

为保证自动扶梯处于良好工作状态，桁架必须具有足够的刚度，其允许挠度一般为扶梯上下支承点间距的 1/1 000。必要时，扶梯桁架应设中间支承，其不仅起支承作用，而且可随桁架的膨胀和收缩自行调节。

6.2.2 驱动装置

自动扶梯的驱动方式可分为端部驱动和中间驱动。端部驱动的自动扶梯一般为链条式(驱动梯级的元件为链条)自动扶梯,中间驱动的自动扶梯一般是齿条式(驱动梯级的元件为齿条)自动扶梯。

端部驱动形式结构工艺成熟、维修方便、应用广泛。中间驱动形式结构紧凑、能耗低,特别是提升高度大时,可以进行多级驱动。由于其驱动装置装在有载梯级的下面,振动与噪声的影响较大。下面仅对常用的端部驱动装置进行介绍,如图 6-4 所示。

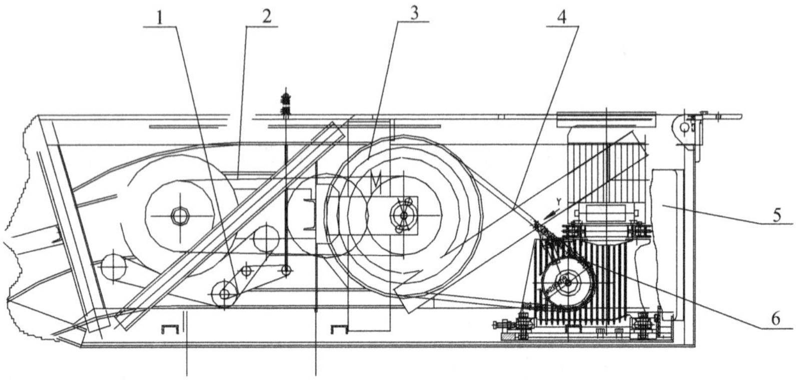

图 6-4 端部驱动自动扶梯上部结构

1—扶手带张紧装置;2—扶手驱动链;3—主轴;4—驱动链;5—控制柜;6—驱动机构

自动扶梯上部结构为主体结构,控制柜安装在上机房,以软线连接,控制柜后设计有滑轨,维修时柜体可以自由提出机房。驱动机构通过驱动链带动主轴转动,主轴上装有扶手驱动链轮和梯级链轮,扶手带张紧装置使扶手带在摩擦轮上有足够的压力,以便于驱动自动扶梯。同时,主轴上的梯级链轮带动梯级链条及固定于其上的梯级,使梯级沿梯级导轨系统循环运转。

驱动机构一般由电动机、减速器、制动器等组成,如图 6-5 所示。通电后,制动器电磁铁得电,推动压缩弹簧,将制动臂打开,电动机开始运转,通过减速器中的蜗杆蜗轮、链轮和传动链,将动力传递给主轴上的梯级链轮。整个结构非常紧凑,可整体安装在上机房内,维修非常方便。小提升高度自动扶梯采用内机房,提升高度相当大或有特殊要求时自动扶梯需要采用外机房,也就是将驱动装置装在自动扶梯金属结构外建筑物的基础上。

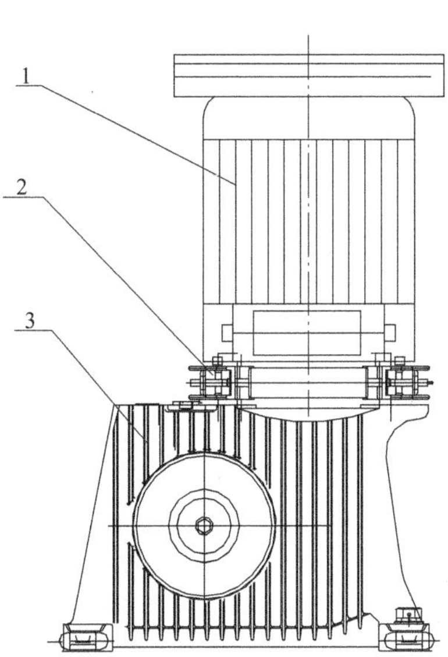

图 6-5　自动扶梯驱动机构

1—电动机;2—制动器;3—减速器

驱动装置的传动比一般为 1∶46~1∶84。端部驱动装置常使用蜗轮蜗杆减速器,如图 6-6 所示驱动机组采用立式蜗轮减速器和双块式制动器,也有采用带式制动器的。蜗轮减速器具有运转平稳、噪声小及体积小等优点,但蜗轮减速器的效率较低,能量消耗增加。

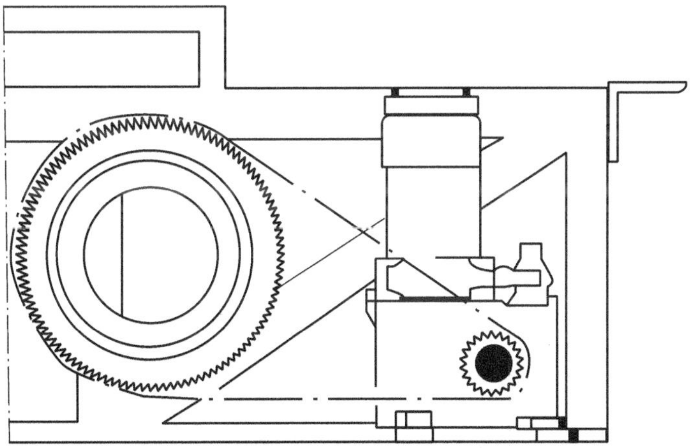

图 6-6　端部驱动装置

对于链条传动,由于链条在链轮旋转过程中不断与链轮啮合和脱开,其间产生摩擦,而出现能量损耗、链条磨损,致使链轮的齿距增加、链条伸长,从而使链条不在理想的节圆直径上,而在比节圆直径大的直径上运行,这样就会出现链条在链轮上“爬高”的现象。在极端情况下,传动链条在链轮的顶圆直径上运动,会出现链条在轮齿上跳跃的现象。因此,要经常根据实际情况调整链条的长度,严重磨损时应更换链条,防止上述状况发生。

具体调整方法是拧松固定主机的螺栓，通过调节螺杆的转动使主机位置变化，从而实现主驱动链的张紧，如图 6-7 所示。

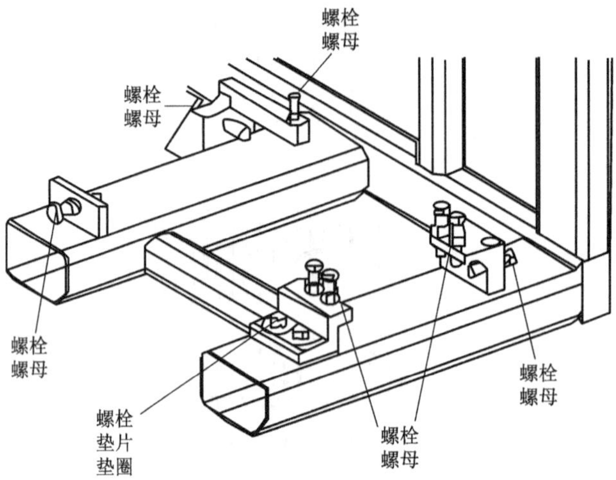

图 6-7 主驱动链张紧度调整

1. 电动机

驱动机构中的电动机一般采用深槽或者双鼠笼异步电动机，具有较大的启动转矩，为降低启动电流，一般采用星形 - 三角形启动，无须调速。现在也有采用交流变频调速启动，主要是为了节能。

2. 制动器

自动扶梯上的制动器有三种：工作制动器、辅助制动器、紧急制动器。

1）工作制动器

工作制动器主要用于扶梯停止运行时提供制动力，安装于减速器的高速轴上。工作制动器一般有带式制动器和块式制动器两种形式（均为常闭式），工作制动器可能在扶梯运行中发生故障时动作，实现紧急制动。

紧急制动时的减速度关系到乘客的安全，因此对动作时的减速度有一定要求；减速度的大小与扶梯运行的质量（空载或满载）有关，而减速度的大小则反映在制停的距离上，相关标准规定如下。

在空载和有载情况下，自动扶梯下行时的制停距离：

（1）当 v=0.5 m/s 时，制停距离为 0.2~1.0 m；

（2）当 v=0.65 m/s 时，制停距离为 0.3~1.3 m；

（3）当 v=0.75 m/s 时，制停距离为 0.35~1.5 m。

其中，制停距离的下限对应于空载质量，上限对应于满载质量（所谓“满载”指在 2/3 梯级上站满人，每人按 60 kg；梯级宽 600 mm 每级站 1 人，800 mm 每两级站 3 人，1 000 mm 每级站 2 人）。

2）辅助制动器

辅助制动器与工作制动器有相同的作用，即停梯时起保险作用，尤其在满载下行时辅助工作制动器（在用户要求时才配置）。

3）紧急制动器（附加制动器）

紧急制动器用于传动链突然出现断裂时，使驱动主轴制停，所以紧急制动器应装在驱动主轴上，一般安装在驱动链轮上。紧急制动器（附加制动器）必须是机械式的（常见有盘式、块式）。

紧急制动器动作的条件：

（1）运行速度超过额定速度的 1.4 倍时；

（2）梯级出现非操作的反向运行时（传动链断裂）。

有以下情况之一时，必须安装紧急制动器：

（1）工作制动器与梯级之间不是非摩擦的传动时；

（2）工作制动器不是采用机 - 电式制动器时；

（3）提升高度超过 6 m 时；

（4）属公共交通型的自动扶梯。

3. 传动环节

传动环节有非摩擦传动和摩擦传动两种。非摩擦传动有多排链传动、双排链传动、齿轮传动；摩擦传动有三角皮带传动（不得使用平皮带）。

4. 驱动主轴

驱动主轴是驱动的枢纽，在轴上装有一对梯级驱动链轮、传动链轮和扶手带驱动轮，在梯级驱动链轮上装有紧急制动器。主驱动轴采用 16Mn 材料制造，具有足够的强度和刚度，各种链轮在轴上可靠固定，轴上焊接部位应做探伤检查。

6.2.3　梯路

梯路是自动扶梯的输送线路，主要包括梯级与梯级链、导轨和上下转向臂。

1. 梯路组成

梯路由上分支和下分支组成。上分支为工作分支，由倾斜直线段、上下曲线段、上下水平段、上下圆弧段组成；下分支为非工作分支，如图 6-8 所示。

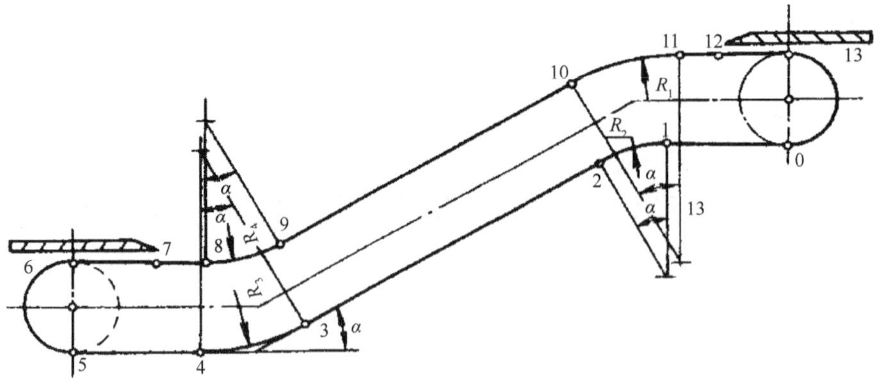

图 6-8　梯路组成

2. 梯级

梯级是供乘客站立的特殊结构形式的四轮小车，各梯级的主轮轮轴与梯级链活套在一起，这样可以做到梯级在上分支保持水平，在下分支进行翻转。

由于梯级数量多，又是运动部件，因此自动扶梯性能和质量的好坏在很大程度上取决于梯级的质量和性能。

梯级是自动扶梯的主要承载部件，有整体式和组装式两种，如图 6-9 和图 6-10 所示。整体式梯级由铝合金整体压铸而成，精度高、自重轻、加工速度高，正在逐渐取代组装式梯级。梯级的宽度一般为 580~1 100 mm，高度不大于 240 mm。

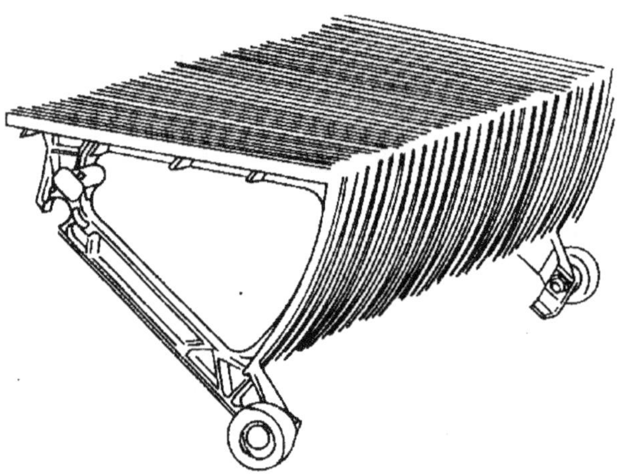

图 6-9　整体式梯级

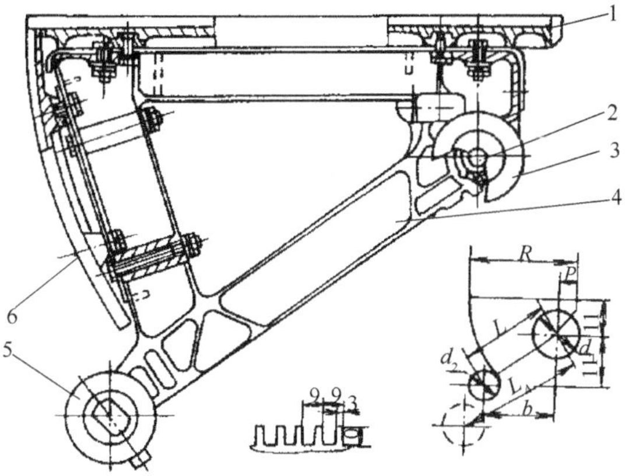

图 6-10 组装式梯级

1—踏板；2—主轴；3—主轮；4—支架；5—辅轮；6—踢板

梯级的踏板面与踢板面做成齿槽，相互啮合。主轮是梯级的主要承载部件，辅轮是梯级的后端两轮。主轮和辅轮之间的距离称为基距，其可分为短、中、长三种。主轮和辅轮的磨损与变形是影响自动扶梯运行质量的主要因素之一。

3. 梯级驱动链（梯级链、驱动链、牵引链）

梯级驱动链是自动扶梯最重要的驱动部件，一般为套筒滚子链，如图 6-11 所示。梯级链必须具有足够的强度，每条链的安全系数不小于 5。梯级链必须有足够的尺寸精度，同区段两根梯级链的长度偏差 ≤0.04，梯级两侧同一区段的两根梯级链长度公差应进行选配。梯级链的节距有 67.7 mm、100 mm、101.6 mm、135 mm、200 mm 等多种。梯级链的主要失效形式是磨损和断裂。

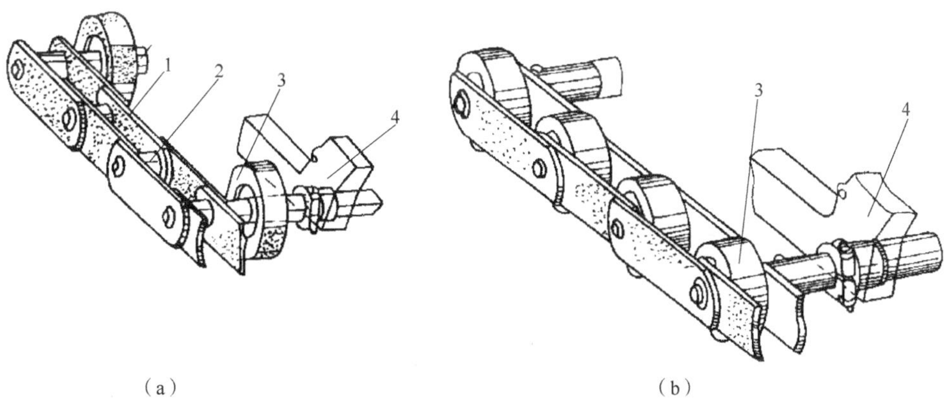

图 6-11 梯级驱动链

（a）主轮置于牵引链条内侧 （b）主轮置于牵引链条两链片之间

1—链片；2—套筒；3—主轮；4—梯级支架

4. 导轨

自动扶梯上的导轨分为导轨、反轨和侧轨。

导轨分为主轮导轨和辅轮导轨，它是梯级主轮与辅轮运行的受载导轨。

反轨分为主轮反轨和辅轮反轨，反轨在主轮、辅轮的上方，防止主轮、辅轮上跳。

侧轨也叫主轮防偏侧轨，其作用是防止梯级跑偏，保证梯级顺利通过梳齿板；要求侧轨与主轮侧面的间隙，在水平段 ≤0.5 mm，其他区段 ≤1 mm。

5. 转向臂

转向臂是主、辅导轨及反轨相衔接的地方，位于上下机房内，如图 6-12 所示。

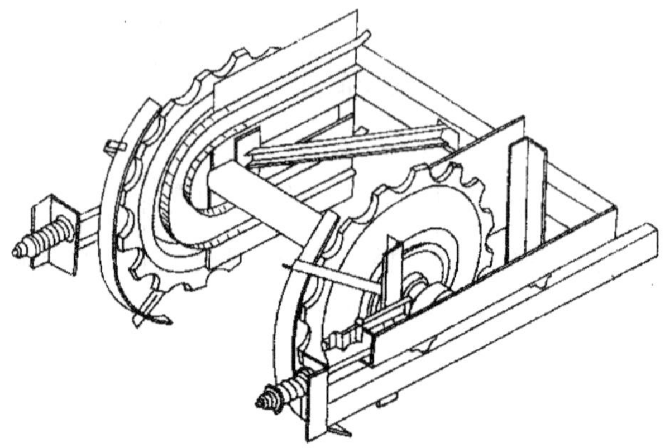

图 6-12 转向臂

6.2.4 张紧装置

自动扶梯的张紧装置一般位于自动扶梯的下部结构（也称下机房），如图 6-13 所示。

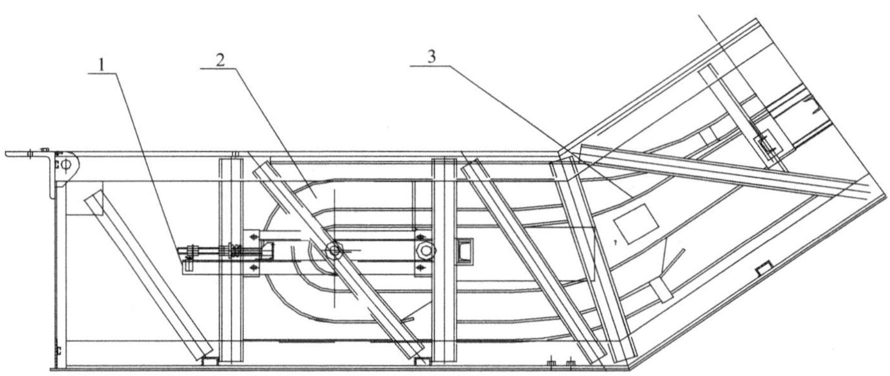

图 6-13 自动扶梯下部结构

1—张紧站开关；2—梯级链张紧站；3—下弯轨

张紧站开关用于检测张紧站的张紧情况；梯级链靠压缩弹簧张紧，当梯级链条有伸长变形或事故状态时，开关挡板向前或向后移动，开关发生动作，安全回路断开，使扶梯停止下来。梯级链张紧站（小车），安装维修时可以调节，链条的张紧由弹簧保证，并可用螺母调节其张紧力。

6.2.5　扶手装置

1. 扶手装置的作用

（1）人员站立位置的防护栏。

（2）保持人体上身的速度与梯级的速度一致。

2. 扶手带的运行

依靠摩擦传动，扶手带的运行有直线压带式和圆弧压带式两种。扶手带的运行速度相对于梯级、踏板，允许差为0~2%。扶手带运行速度快于梯级运行速度的要求是为了防止乘客在手握扶手时，因为扶手带的速度滞后于梯级或踏板的速度，而造成人体后仰发生意外，且人向后摔的伤害远大于往前摔的伤害。

3. 扶手带断带保护装置

扶手带的破断载荷应不小于25 kN，否则应设断带保护装置。

6.2.6　安全保护装置

当自动扶梯或自动人行道发生可能造成事故的不安全状态时，就要靠安全保护装置或触点使自动扶梯或人行道停止运行。按标准必须设置以下安全装置，如图6-14所示。

1. 超速保护装置

超速保护装置安装于主机高速轴上（电动机飞轮），其在电梯运行速度超过1.2倍额定速度时动作，如图6-15所示。

2. 梯级链异常保护装置

梯级链异常保护装置安装于下端站的转向盘后端。梯级链因磨损而过分伸长时，梯级链张紧装置后移，以使梯级链保持足够的张紧力，当后移距离超过设定值时，安全开关动作，使电梯停止运行。

3. 梳齿异物保护装置

梳齿异物保护装置由梳齿板、梳齿和安全开关组成，安装于上、下端站前沿盖板的前端，如图6-16所示。

梳齿异物保护装置的作用：

（1）梳齿与踏板面有齿槽啮合，消除连续的缝隙，防止发生剪切；

（2）有异物随梯级卷入梳齿时，推动梳齿板后移，使安全开关动作，电梯停止。

4. 梯级塌陷保护装置

梯级塌陷保护装置安装于上、下梳齿前，由撞杆与安全开关组成，如图6-17所示。

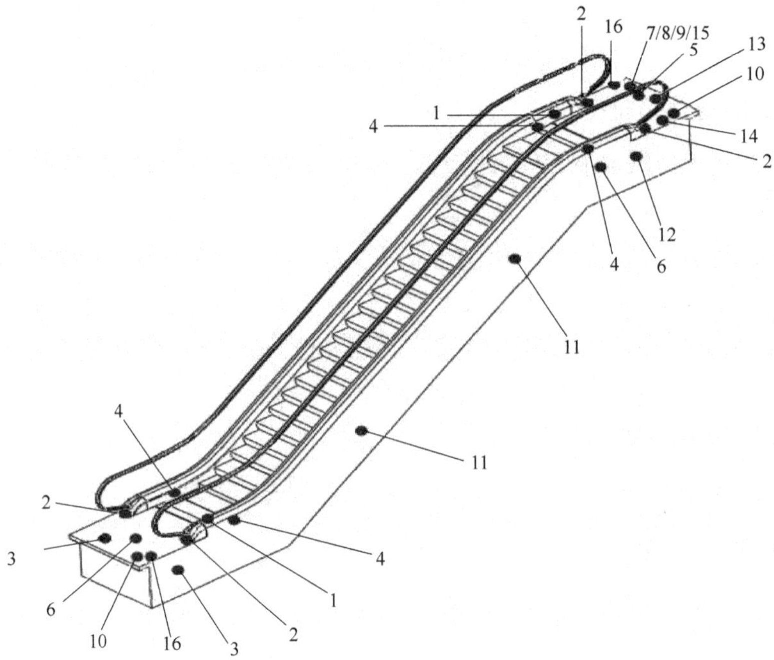

图 6-14　安全保护装置

1—急停开关与钥匙启动开关；2—扶手入口安全装置；3—梯级链条断裂保护装置；4—梳齿板安全装置；5—主断路器；6—梯级丢失保护装置；7—防逆转装置（电气装置，位于电机上）；8—电机过热保护；9—工作制动器（闸瓦式，集成在主机上）；10—检修插座；11—梯级断裂安全装置；12—辅助制动器（提升高度 >6 m）；13—接地；14—错相继电器（在控制器内，选配）；15—超速限速装置（集成在主机上）；16—前沿板打开保护开关

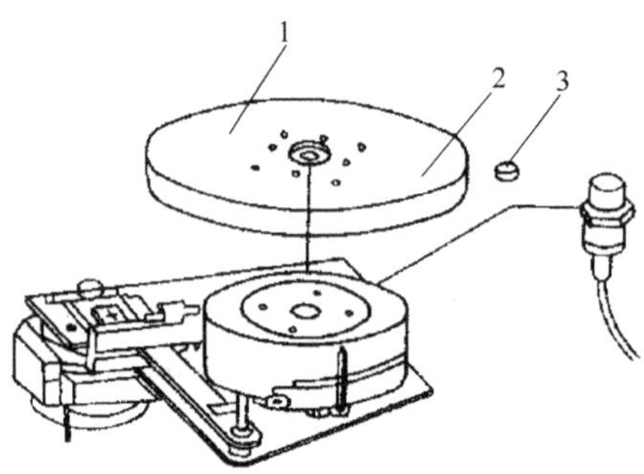

图 6-15　超速保护装置

1—飞轮；2—制动轮；3—磁块

梯级塌陷保护装置的作用：当梯级出现塌陷等损坏时，电梯运行中可能撞击梳齿板，造成设备的损坏，因此必须在损坏的梯级到达梳齿前使电梯停止运行。

5. 围裙板异物保护装置

围裙板异物保护装置如图 6-18 所示。

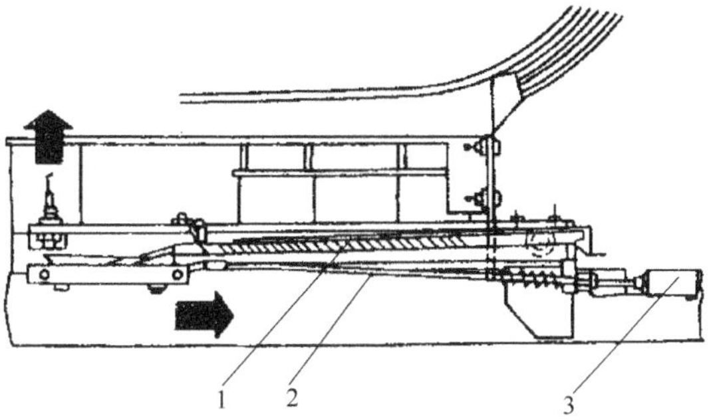

图 6-16　梳齿异物保护装置

1—梳齿板；2—拉杆；3—安全开关

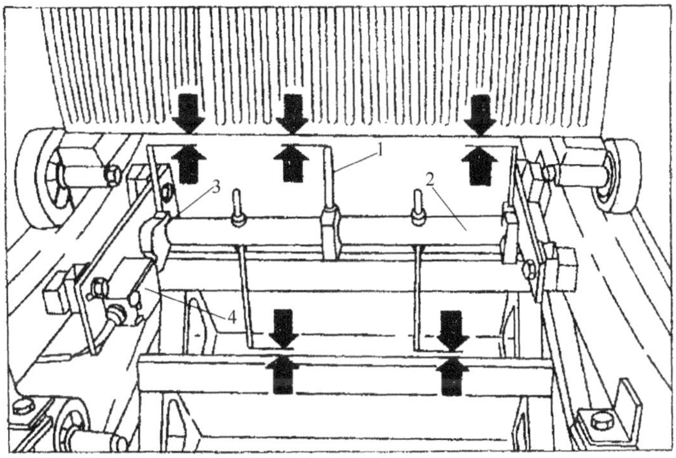

图 6-17　梯级塌陷保护装置

1—检测杆；2—轴；3—凹块；4—安全开关

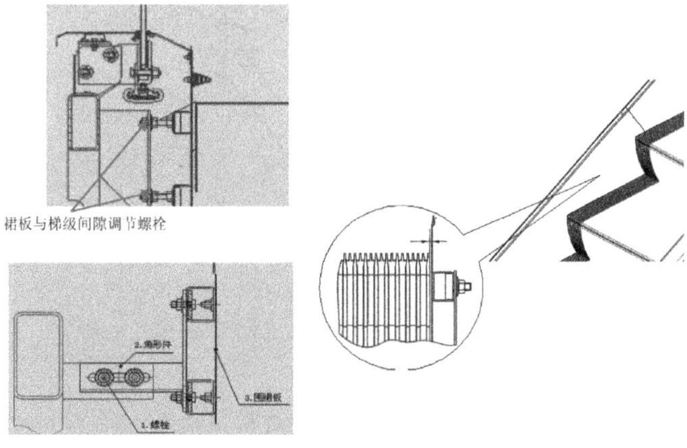

图 6-18　围裙板异物保护装置

围裙板异物保护装置的作用:

(1)防止异物进入梯级与围裙板之间的间隙,对人员造成伤害;

(2)防止梯级跑偏与梳齿错位,造成设备的损坏。

在上、下水平段围裙板的背面装有安全开关,当围裙板凹陷变形时,可使安全开关动作。

6. 扶手带入口异物保护装置

扶手带入口异物保护装置在扶手带的上、下入口处设有安全开关,如图 6-19 所示。

图 6-19 扶手带入口异物保护装置

1—扶手带;2—毛刷;3—板;4—安全开关

扶手带入口异物保护装置的作用:在有异物随扶手带卷入入口时,使安全开关动作。

7. 扶手带断带保护装置

扶手带断带保护装置如图 6-20 所示。

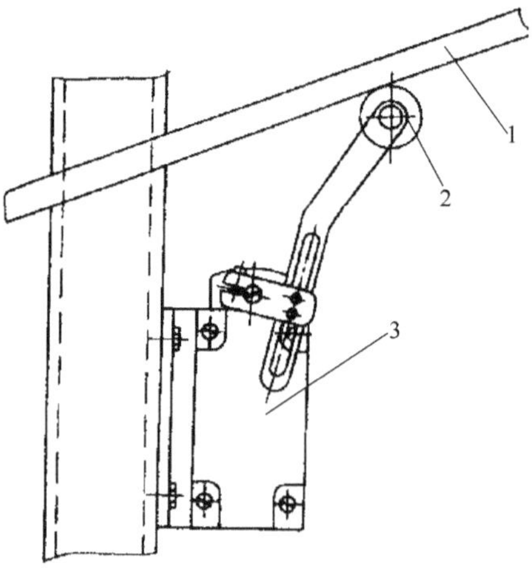

图 6-20 扶手带断带保护装置

1—扶手带;2—滚轮;3—安全开关

扶手带断带保护装置的作用:自动扶梯在运行中若出现扶手带断裂,使扶梯停止运行,避免造成严重事故。所以,要求扶手带的破断载荷应不小于 25 kN,否则应设置断带保护装置,并感测扶手带的张紧。

扶手带断带保护装置工作的主要特点是敞开式,所以间隙处异物的卷入是造成人身伤害和设备损坏的主要危险。其实,自动扶梯就是一条链条式的循环传送带,属于强制式的驱动,一旦出现卡阻可能造成设备的损坏。

8. 其他安全保护装置

其他安全保护装置可根据用户需要加装。

具体来说,自动扶梯是由梯路(变形的板式输送机)和两旁的扶手(变形的带式输送机)组成。其主要部件有梯级、牵引链条及链轮、导轨系统、主传动系统(包括电动机、减速装置、制动器及中间传动环节等)、驱动主轴、梯路张紧装置、扶手系统、梳齿板、扶梯骨架和电气系统等。梯级在乘客入口处做水平运动(方便乘客登梯),以后逐渐形成阶梯;在接近出口处阶梯逐渐消失,梯级再度做水平运动。这些运动都是由梯级主轮、辅轮分别沿不同的梯级导轨行走实现的,如图 6-21 所示。

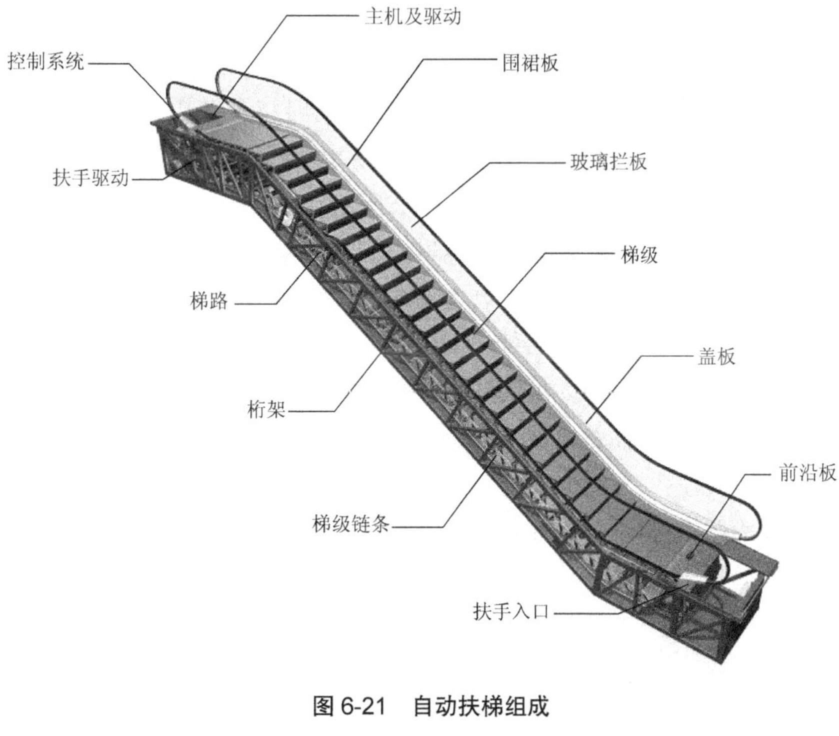

图 6-21　自动扶梯组成

根据自动扶梯的结构,可知其一般会发生的事故可分为以下几种:

(1)坠落,占事故的 15%;

(2)运行中发生的逆转,占事故的 9%;

(3)与物体发生碰撞、剪切,占事故的15%;
(4)机械部件之间的间隙产生挤压,占事故的43%;
(5)跌倒,占事故的9%;
(6)管理不善造成的其他事故,占事故的9%。

6.3 自动人行道

自动人行道是近年来为解决特定场所的交通问题而设计的,20世纪60年代国外才相继投入使用。我国目前主要安装在机场和一些大型商场和超市中,以解决大量人员尤其是携带物件的人员的交通问题。自动人行道的倾角为0~12°,以前推荐可至15°,但考虑到安全要求现只允许使用到12°。

自动人行道的输送长度在水平或微斜时可达500 m,输送速度一般为0.5 m/s,最高不超过0.75 m/s。

自动人行道对安全装置的要求与自动扶梯一样,也是很高的。自动人行道一般有踏步式、带式和双线式三种结构。

6.3.1 踏步式结构

将自动扶梯的倾角从30°减小到12°直至0°,同时将自动扶梯所用的特种形式小车——梯级改为普通平板式小车——踏步,使各踏步间不形成阶梯形状,而形成一个平坦的路面,就成为踏步式自动人行道,如图6-22所示。自动人行道两侧均装有与自动扶梯相同的扶手装置。踏步车轮没有主轮与辅轮之分,因而踏步在驱动端与张紧端转向时不需要使用作为辅轮转向轨道的转向臂,使结构大大简化,结构高度降低,这是自动人行道的一大特点。由于自动人行道表面是平坦的路面,所以儿童车辆、食品车辆等可以无须照顾地放置在其上面。踏步铰接在两根牵引链条上,踏步节距为400 mm。由于自动人行道面不需要形成阶梯,因而轨道系统得到简化。踏步式自动人行道的驱动装置、扶手装置均可与自动扶梯通用。自动人行道长度在不断增加,长度达1 000 m的正在设计中。为改善链条的受力状态,自动扶梯多级驱动装置在自动人行道中也可以应用。

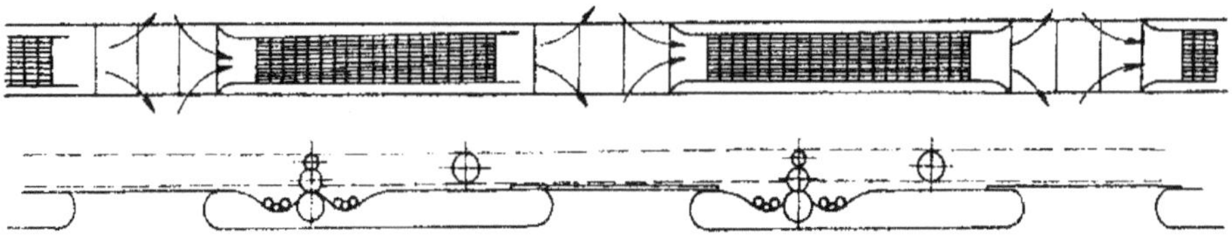

图6-22 踏步式自动人行道俯视图

6.3.2　带式结构

带式自动人行道的原始结构就是工业企业常用的带式输送机，如图 6-23 所示。这种带式输送机在使用中已经受到亿万次考验，它并不需要绝对的平稳。而对于带式自动人行道，从安全的角度和心理学的基础出发，必须使乘客感觉站在上面如站在地面上一样，因而必须平稳和安全。

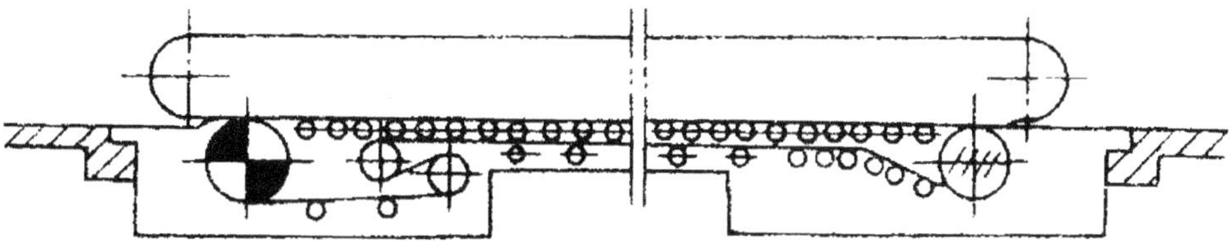

图 6-23　带式自动人行道简图

带式自动人行道最重要的部件是输送带，它由冷拉、淬火的高强度钢带制成。这种钢带必须精确制造，且应平整。在钢带的外面覆以橡胶层，橡胶覆面也是钢带的一种保护层，以防钢带产生机械损伤，并抵御潮湿。橡胶覆面具有小槽，使输送带能进出梳齿板，保证乘客安全上下。即使在较大的负载下，这种橡胶覆面的钢带仍能足够平稳而安全地运行，从而使乘客感到安全、舒适。

钢带可以使用滑动支承，也可以使用托辊。如果使用滑动支承，钢带的另一面不要覆盖橡胶。如果使用托辊，钢带的另一面也应覆盖橡胶，托辊间距一般较小。

带式自动人行道的长度一般为 300~350 m，当自动人行道长度为 10~12 m 时，可采用滑动支承。

6.3.3　双线式结构

双线式自动人行道是使用一根销轴垂直放置的牵引链条构成一个水平闭合轮廓的输送系统，而不同于踏步式结构的链条所构成的垂直闭合轮廓系统。牵引链条两分支即构成两台运行方向相反的自动人行道。一系列踏步的一侧装在该牵引链条上，踏步的另一侧的车轮自由地运行于它的轨道上。

在以上三种结构中，踏步式自动人行道是我国目前使用最多的自动人行道。

6.4 自动扶梯和自动人行道的控制与电气控制系统

6.4.1 自动扶梯和自动人行道的控制

1. 启动和投入使用

(1)开关启动:应只能由指定人员才能操作一个或数个开关来实现。开关应为钥匙操作或拆卸手柄开关或可锁护盖式防误操作开关,开关的位置应能在操作前看到整个自动扶梯或自动人行道,开关应有明显的运行方向标记。

(2)自动启动:利用光束、触点踩踏、感应等方法启动,必须在使用者走入梳齿相交线之前启动。由光束控制时,光束应设在梳齿相交线前至少 1.3 m 处;由触点踩踏控制时,触点应设在梳齿相交线前至少 1.8 m 处。

自动启动的运行方向应预先确定,并有明显、清晰可见的标记。

2. 正常停止运行

所有停止运行装置应通过直接切断主电流,使自动扶梯或自动人行道停止运行。

(1)开关操作:应与启动是同一开关,在操作前应保证自动扶梯或自动人行道上无乘客。

(2)自动操作:必须保证在最后一位启动自动启动装置的乘客已离开自动扶梯或自动人行道才能自动停止运行,一般为预期乘客输送时间再加 10 s。

3. 紧急停止运行

(1)人工操作紧急停止运行:在自动扶梯或自动人行道的出入口附近明显而且易于接近的位置应设置红色的紧急停止装置。紧急停止装置应符合安全触点的要求,并能防止误动作释放。对提升高度超过 12 m 的自动扶梯和使用区段长度超过 40 m 的自动人行道应增设附加急停装置,并保证急停装置之间的距离对自动扶梯不超过 15 m,对自动人行道不超过 40 m。

(2)自动(故障)紧急停止运行:在下列情况下,自动扶梯或自动人行道应自动停止运行。

①电气故障:无控制电压、电路接地、过载。

②不安全运行状态:超速和非操纵的运行方向逆转;直接驱动梯级、踏板的元件断裂或过分伸长;驱动装置与转向装置间距缩短;梳齿板处有异物卡住;无中间出口的多台连续自动扶梯或自动人行道中有一台停止运行;扶手带入口有异物卡住;梯级或踏板凹陷,不能保证在出入口与梳齿板啮合;公共交通型的自动扶梯或自动人行道扶手带断裂等。

发生电气故障时,通过接触器、空气断路器、热继电器等的保护功能可使自动扶梯或自动人行道停止运行。发生不安全运行状态时,通过安全触点或安全电路切断主电流可使自动扶梯或自动人行道停止运行。

4. 重新启动

自动扶梯或自动人行道停止运行后,必须重新启动。紧急停止运行后,应先检查并消除故障,再对非自动复位的安全装置进行复位,才能再行启动。能自动启动的自动扶梯或自动人行道在人工操作急停装置后,若有监控装置能确认在运行区域内已无人和物,则在有使用者进入控制区时,仍可自动启动。

5. 转换运行方向

自动扶梯或自动人行道不能在运行中转换方向,只有当自动扶梯或自动人行道处于停车状态,并符合启动条件时,才能进行转换运行方向的操作。

6. 检修控制

自动扶梯或自动人行道应设置便携式手动操作的检修控制装置,其电缆长度至少应为 3 m。

在各驱动站和转向站内至少应装设一个供便携式检修控制装置使用的检修插座。检修插座的设置位置,应能使检修控制装置在自动扶梯或自动人行道的任何位置操纵。

检修控制装置的操作装置应能防止误动作,并包括一个停止开关。检修操作时,应用手持续按压操作装置才能保持自动扶梯或人行道的运转,开关上应有明显的运行方向标记。

使用检修控制装置时,其他启动装置均不起作用,安全开关和安全电路仍有效。当同时连接一个以上的检修控制装置时,都不应起作用。

6.4.2 电气控制系统

自动扶梯控制系统是根据自动扶梯的性能要求进行设计的。其控制系统能对电动机的启动、停止、正转、反转及星形 - 三角形变换或变频运行进行全面控制和管理,对运行中发生的短路、欠电压、过载、梯级异常、梯级下沉、驱动链断、传动链断等多种故障实施高速并行处理;当一路或几路发生故障时,能进行声光报警,及时切断控制电路电源和主电路电源,使自动扶梯迅速制动并准确停车。

自动扶梯的控制系统一般由主电路、控制电路和安全电路组成。

1. 主电路

如图 6-24 所示,外电路三相电线 380VL01、L02、L03 输入电源,闭合主开关 QM1,再闭合主开关 QM2,表明此时电源接通。当电流通过热继电器 KMP 时,若主电路电流在规定范围内,则控制电路中热继电器 KMP 的常闭辅助触点不断开,所以变频器 GF 通电,运行接触器 KMD1、KMD2 的主触点吸合,电源输入到主电动机,主电动机开始运行。

2. 控制电路

如图 6-25 所示,闭合自动断路器 QF1,电源接通。当相序继电器 KP 检查相序正确时,它在控制电路中的常开辅助触点闭合。将双向开关 SA1 打到上行(下行)位置,旋动钥匙 ST1,制动电动机接触器 KM5 控制线圈通电,主电路 KM5 的主触点吸合,制动电动机 M2 启动,使闸瓦松开制动轮,拖动电动机 M1 处于自由状态,为 M1 启动做好准备。当启动持续到一定时间时, KM5 所带的空气延时接触器 KT1 的常闭触点断开,所以接触器 KM4 的控制线圈断电,KM4 主电路中的主触点断开,它在控制回路中的常开触点也断开,常闭辅助触点则闭合,接触器 KM3 控制线圈通电,主电路中 KM3 的主触点闭合,控制回路中 KM3 的常闭辅助触点断开,拖动电动机 M1 按照要求运行。

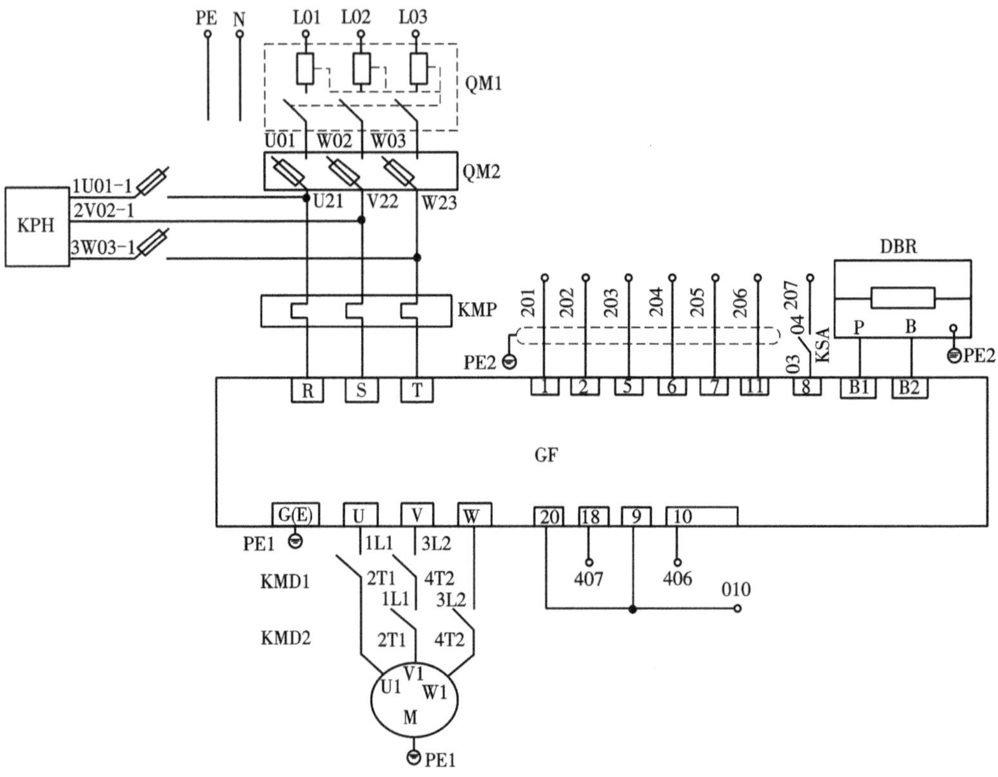

图 6-24 主电路

3. 安全电路

如图 6-27 所示是一种常见的安全回路原理图,从 3B 端子开始,串联所有安全开关触点,至停止按钮 DH1-T、DH2-T,至抱闸触点 KBF、上检修插头 PBL-T、下检修插头 PBL-B,至继电器控制回路接触器 SK 或维修操作继电器触点 SRE,至维修操作继电器触点 SRE,至维修操作继电器线圈,直到 AC110 V 的 0 V,形成一个串联回路,其中任何一个触点或者开关断开,整个回路就会断开失电,切断整个控制回路,自动扶梯停止运行。

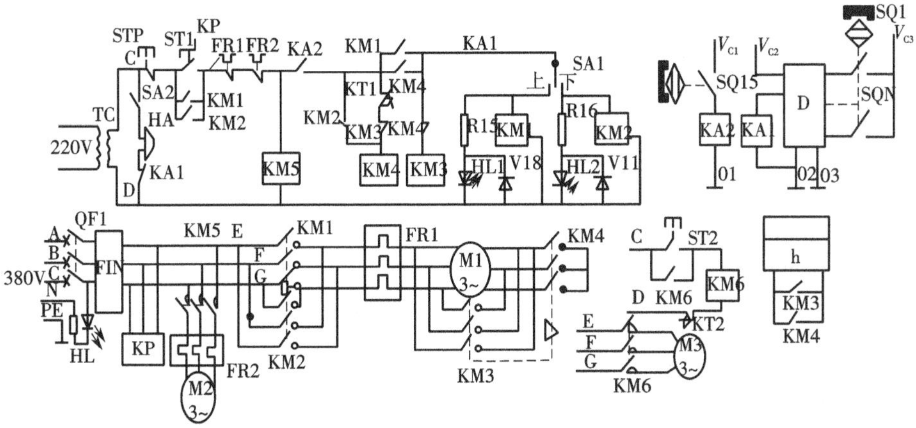

图 6-25 控制电路

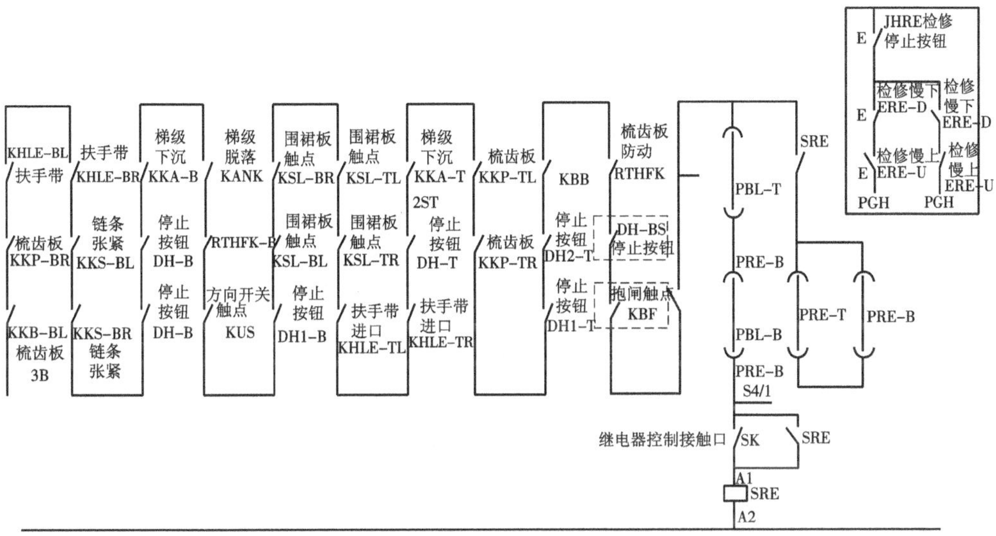

图 6-26 安全电路原理图

本章习题

1. 自动扶梯的分类有哪些?
2. 自动扶梯的主要参数有哪些?
3. 自动扶梯的基本结构有哪些?

第 7 章 电梯物联网

随着我国高层建筑的快速发展,对电梯安全性能和控制系统的要求越来越高,从而要求其相应的安全监视系统更先进、更可靠,且更容易与互联网实现对接,从而实现电梯远程联网和监管的目的。

7.1 电梯物联网

电梯物联网是为了解决目前电梯安全问题而提出的概念,数据采集部分、数据传输部分、中心处理部分以及应用软件共同构成了完整的电梯物联网监控系统。采集仪采集电梯运行数据进行分析并上传到互联网监控中心,结合平台应用软件,从而实现各相关单位对电梯实时有效的监管维护。

7.2 基本模块

物联网系统平台:智能电梯物联网管理平台,包括监控中心端、电脑端、手机客户端。

物联网设备:物联网电梯前端智能设备,包括电梯运行实时监测、电梯轿厢视频监控、应急救援双向通话、电梯运行指数显示屏等硬件设备。

业务功能:系统的各个应用功能模块与电梯前端设备相对应,包括电梯运行管理模块、电梯监控管理模块、电梯应急救援模块。

权限分级管理:不同权限分级管理,不越权,隐私保密,管理细分,处置迅速。

7.3 基本功能

语音识别自动警报:具有自动识别语音并警报的功能,如乘梯人喊出救命、停梯、困人、故障、关人、110 等求救关键词,将自动向后台与手机端发送警报信息。

风险预警、事故警报:通过运行监测与维保记录进行判断,对电梯进行风险分析,以提醒消息推送进行预警,并可在遇到安全事故或电梯故障的情况下,自动向后台发送报警信息。

安全可视化:打开后台与 APP 随时可见电梯运行实时状态和轿厢影像视频,并可通过网络通信进行音视频双向通话。

过程可监控、信息可追溯:维护保养全程实时监督与管理以及电梯运行全流程记录,随时查阅电梯维护保养情况，并可倒查电梯故障监测数据进行分析。

7.4 电梯安全管理数字化赋能、智慧高效应急救援

通过物联网设备装置，发生设备故障、事故或紧急情况求救语音识别立即启动应急救援机制，自动向后台与手机端发送警报信息，紧急语音视频通话安抚，派单处置，快速施救，并可在平台实时跟踪救援进度、记录救援信息，实现高效救援。

7.5 电梯安全实时监测

通过智能终端设备，对电梯运行次数、状态信息、故障信息、舒适度指标等数据进行采集与统计分析，直观体现电梯各部分参数，更好地诊断电梯状况，结合按需维保，保证电梯安全。

7.6 智能透明电梯维保

对整个维护保养过程进行全程信息化管理与监管，维保单位通过电梯故障监测数据分析情况，自行通过平台选择符合按需维保的电梯，并进行自定义保养。其中包括维保电梯分配、维保计划、维保套餐配置、预防性维修、维保质量评价管理、维保记录档案、维保单审批、维保预警等。

本章习题

1. 电梯物联网是什么？
2. 电梯物联网有哪些基本模块？

第 8 章　电梯事故处理与预防

8.1　事故调查与处理

8.1.1　事故性质

特种设备事故是由特种设备的不安全状态或者相关人员的不安全行为导致的事故。特种设备的不安全状态主要是指特种设备本体、安全保护装置失效和损坏；相关人员的不安全行为主要是指行为人违章指挥、违章操作或者操作失误。

特种设备事故是指在特种设备制造、安装、改造、维修、使用（含移动式压力容器、气瓶充装）、检验检测活动发生过程中发生的事故。下列三种原因导致的事故不属于特种设备事故，而属于特种设备灾害事故：

（1）自然灾害、战争等不可抗力引发的事故；

（2）人为破坏或者利用特种设备实施违法犯罪、恐怖活动或者自杀引发的事故；

（3）特种设备作业人员、检验检测人员因劳动保护措施缺失或者不当而发生坠落、中毒、窒息等情形引发的事故。

因交通事故、火灾事故引发的与电梯相关的事故，由质量技术监督部门配合有关部门进行调查处理。经调查，该事故的发生与电梯本身或者相关作业人员无关的，不作为电梯事故。

特种设备事故可分为特别重大事故、重大事故、较大事故、一般事故。电梯轿厢滞留人员 2 h 以上属于一般事故。

特种设备事故按性质可分为责任事故、非责任事故和刑事犯罪案件。责任事故是指本可以预见、抵御和避免的事故，但由于人的原因，没有采取预防措施或者预防措施不力造成的事故；非责任事故是指不能预测、不可抵御的自然灾害或者由于当前科学技术水平限制无法达到而造成的无法预测或者无法避免的事故；刑事犯罪案件是指人为破坏或者利用特种设备等实施违法犯罪、恐怖活动或者自杀引发的事故。

8.1.2　事故报告

1. 事故报告的方式

事故报告的方式分为逐级上报、直接报告、异地报告、统计报告和举报等。

发生事故后，现场有关人员应当立即向事故发生单位负责人报告；事故发生单位负责人接到报告后，应当于 1 h 内向事故发生地县级以上人民政府负责特种设备安全监督管理的部门和有关部门报告。县级以上人民政府负责特种设备安全监督管理的部门接到事故报告后，应当尽快核实情况，立即向本级人民政府报告，并按照规定逐级上报，每级上报的时间不得超过 2 h。必要时，负责特种设备安全监督管理的部门可以越级上报事故情况。对特别重大事故、重大事故，国务院负责特种设备安全监督管理的部门应当立即报告国务院并通报国务院安全生产监督管理部门等有关部门。

省级特种设备安全监督管理部门应于每季度的第 1 个月 15 日之前，将所辖区上季度事故汇总表报国务院特种设备安全监督管理部门，每年 1 月 15 日之前将所辖区上年度事故汇总表报国务院特种设备安全监督管理部门。

各级特种设备安全监督管理部门应设立事故举报电话并向社会公布，及时受理有关事故的情况、意见和建议。

事故发生后，与事故相关的单位和人员不得迟报、谎报或者瞒报事故情况，不得隐匿、毁灭有关证据或者故意破坏事故现场。事故发生单位和业主还应报告公安（110）、消防（119）、医院（120）等，以获得紧急救助。

2. 事故报告的内容

事故报告必须及时、如实，只有及时上报事故情况，才能及时组织救援，减少人员伤亡和财产损失；只有如实客观上报事故发生的真实情况和完整情况，才能按照国家有关规定进行事故调查，并追究责任。事故报告应包括以下内容：

（1）事故发生的时间、地点、单位概况以及特种设备种类；

（2）事故发生初步情况，包括事故简要经过、现场破坏情况、已经造成或者可能造成的伤亡和涉险人数、初步估计的直接经济损失、初步确定的事故等级、初步判断的事故原因；

（3）已经采取的措施；

（4）报告人姓名、联系电话；

（5）其他有必要报告的情况。

8.2 事故现场的应急处置

发生事故后，事故发生单位应当按照应急预案采取措施，组织抢救，防止事故扩大，减少人员伤亡和财产损失。

事故发生地人民政府接到事故报告后，应当依法启动应急预案，采取应急处置措施，组织应急救援。

事故发生后，有关单位和人员应当妥善保护事故现场以及相关证据，任何单位和个人不得破坏事故现场、毁灭相关证据。

因抢救人员、防止事故扩大以及疏通交通等原因,需要移动事故现场物件的,应当做出标志,绘制现场简图并做书面记录,妥善保存现场重要痕迹、物证;有条件的,应当现场制作视听资料。

事故发生地公安机关根据事故的情况,对涉嫌犯罪的,应当依法立案侦查,采取强制措施和侦查措施;犯罪嫌疑人逃匿的,公安机关应当迅速追捕归案。

8.3 事故调查与处理

8.3.1 事故调查工作组应遵循的工作原则

事故调查工作应当按照《特种设备安全法》和其他有关法律,以及有关行政法规进行,必须坚持依法、独立、公正的原则。

(1)"依法"主要是指依照《特种设备安全法》和其他有关法律,以及有关行政法规、《特种设备事故报告和调查处理规定》和《特种设备事故调查处理导则》等。

(2)"独立"主要是强调事故调查不应受政府、负责特种设备安全监督管理的部门及有关部门或事故可能涉及责任方的干预,避免事故调查工作偏离科学、公正的轨道。

(3)"公正"主要是强调不偏不倚,对事故发生责任可能涉及的电梯设计、制造、安装、使用、维修、改造、检验等单位均能依法平等对待。

8.3.2 事故调查组的组成和职责

事故的类别不同,组织事故调查的方式不同,负责部门也不同。

特种设备发生特别重大事故,由国务院或者国务院授权有关部门组织事故调查组进行调查;发生重大事故,由国务院负责特种设备安全监督管理的部门会同有关部门组织事故调查组进行调查;发生较大事故,由省、自治区、直辖市人民政府负责特种设备安全监督管理的部门会同有关部门组织事故调查组进行调查;发生一般事故,由设区的市级人民政府负责特种设备安全监督管理的部门会同有关部门组织事故调查组进行调查。

事故调查组成员应当具有特种设备事故调查所需要的知识和专长,与事故发生单位及相关人员不存在任何利害关系。事故调查组组长由负责事故调查的质量技术监督部门负责人担任。必要时,事故调查组可以聘请有关专家参与事故调查;所聘请的专家应当具备 5 年以上特种设备安全监督管理、生产、检验检测或者科研教学工作经验。

事故调查组应当履行下列职责:

(1)查清事故发生前的特种设备状况;

(2)查明事故经过、人员伤亡、特种设备损坏、经济损失情况以及其他后果;

(3)分析事故原因;

(4)认定事故性质和事故责任；

(5)提出对事故责任者的处理建议；

(6)提出防范事故发生和整改措施的建议；

(7)提交事故调查报告。

8.3.3　事故调查组的权利及当事人的责任与义务

事故调查组有权向有关单位和人员了解事故的有关情况，并要求其提供相关文件、资料，有关单位和个人不得拒绝。事故发生单位的负责人和有关人员在事故调查期间不得擅离职守，并应当随时接受事故调查组的询问，如实提供有关情况。事故调查中发现涉嫌犯罪的，事故调查组应当及时将有关材料或者其复印件移交司法机关处理。事故调查中需要进行技术鉴定的，事故调查组应当委托具有国家规定资质的单位进行技术鉴定，必要时调查组可以直接组织专家进行技术鉴定。

事故调查组在调查过程中，可以委托有能力的单位进行技术检验或者技术鉴定。接受委托的单位完成技术检验或者技术鉴定工作后，应当出具技术检验或者技术鉴定报告书，并对其负责。

8.3.4　事故处理

组织事故调查的部门应当将事故调查报告报本级人民政府，并报上一级人民政府负责特种设备安全监督管理的部门备案。有关部门和单位应当依照法律、行政法规的规定，追究事故责任单位和人员的责任。

事故责任单位应当依法落实整改措施，预防同类事故发生。事故造成损害的，事故责任单位应当依法承担赔偿责任。

本章习题

1. 事故调查组应遵循的工作原则有哪些？
2. 事故调查组由哪些成员组成？其职责是什么？

第 9 章 电梯应急救援与演练

系统安全理论认为没有任何一种事物是绝对安全的,任何事物中都潜伏着危险因素,通常所说的安全或危险只不过是一种主观的判断。电梯也是这样,由于自然或人为、技术等原因,电梯事故或故障不可避免,当事故或故障不可避免的时候,建立应急救援预案,组织及时有效的应急救援行动,已成为抵御事故风险、控制灾害蔓延、降低危害后果的关键甚至是唯一手段。

9.1 电梯应急救援预案的基本内容

(1)总则:说明编制预案的目的、工作原则、编制依据、适用范围等。

(2)组织指挥体系及职责:明确各组织机构的职责、权利和义务。以突发事故应急响应全过程为主线,明确事故发生、报警、响应、结束、善后处理处置等环节的主管部门与协作部位;以应急准备及保障机构为支线,明确各参与部门的职责。

(3)预警和预防机制:包括信息监测与报告、预警预防行动、预警支持系统、预警级别及发布。

(4)应急响应:包括分级响应程序(原则上按一般、较大、重大、特别重大四级启动相应预案),信息共享和处理,通信,指挥和协调,紧急处置,应急人员的安全防护,群众的安全防护,社会力量动员与参与,事故调查分析、检测与后果评估,新闻报道,应急结束等 11 个要素。

(5)后期处置:包括善后处置、社会救助、保险、事故调查报告和经验教训总结及改进建议。

(6)保障措施:包括通信与信息保障,应急救援装备和应急队伍保障,交通运输保障,宣传、培训和演习,医疗卫生保障,治安保障,物资保障,资金保障、技术储备与保障、保险。

(7)附则:包括有关术语、定义,预案管理与更新,沟通与协作,奖励与责任,制定与解释部门,预案实施或生效时间等。

(8)附录:包括相关的应急预案,预案总体目录,分预案目录,各种规范化、格式化文本,相关机构和人员通信录。

9.2 电梯应急救援方法

造成曳引式电梯非开门区困人的原因有停电、冲顶、蹲底、门触点故障等。

以下应急救援的注意事项仅供参考，各单位要根据实际情况制定相应的应急救援方法：

(1)应急救援小组成员应持有特种设备主管部门颁发的《特种设备作业人员证》；

(2)救援人员在2人以上；

(3)应急救援设备、工具，包括层门开锁钥匙、盘车手轮或盘车装置、松闸装置、常用五金工具、照明器材、通信设备、单位内部应急组织通信录、安全防护用具、警示牌等；

(4)在救援的同时还要保证自身安全。

应急救援的基本要求：

(1)断开电梯主开关，以避免在救援过程中突然恢复供电而导致意外的发生；

(2)通过电梯紧急报警装置或其他通信方式与被困乘客保持通话，安抚被困乘客，可以采用以下安抚语言“乘客们，你们好！很抱歉，电梯暂时发生了故障，请大家保持冷静，安心地在轿厢内等候救援，专业救援人员已经开始工作，请听从我们的安排，谢谢您的配合”；

(3)若确认有乘客受伤或有可能有乘客受伤等情况，则应立即同时通报120急救中心，以使急救中心做出相应行动。

1. 电梯非开门区“停电”困人的应急救援

(1)通过与轿厢内被困乘客的通话，以及对现场其他相关人员的询问或与监控中心的信息沟通等，初步确定轿厢的大致位置。

(2)在保证安全的情况下，用电梯专用层门开锁钥匙打开初步确认的轿厢所在层楼的上一层层门(若初步确认轿厢在顶层，则打开顶层的层门)。

(3)打开层门后，若在开门区，则直接开门放人；若在非开门区，则仔细确认电梯轿厢确切位置(若确认电梯轿厢地板在顶层开门区地平面以上较大距离，被困乘客无法从轿厢到达顶层地面，即冲顶情况，请参照下面2处理；若确认电梯轿厢地板在底层开门区地平面以下较大距离，被困乘客无法从轿厢到达底层地面，即蹲底情况，请参照下面3处理)。根据不同类型电梯进行下一步操作。

对于有机房电梯的操作：

①救援人员在机房通过紧急报警装置或其他通信方式与被困乘客保持通话，告知被困乘客将缓慢移动轿厢；

②仔细阅读有机房电梯松闸盘车作业指导或紧急电动运行作业指导，严格按照相关的作业指导进行救援操作；

③根据电梯轿厢移动距离，判断电梯轿厢进入平层区后，停止盘车作业或紧急电动运行；

④根据轿厢实际所在层楼，用层开门开锁钥匙打开相应层门，救出被困乘客。

对于无机房电梯的操作：

①救援人员通过紧急报警装置或其他通信方式与被困乘客保持通话，告知被困乘客将缓慢移动轿厢；

②仔细阅读无机房电梯紧急松闸救援作业指导（根据轿厢与对重是否平衡，进行相关的操作）或紧急电动运行作业指导，严格按照相关的作业指导进行救援操作；

③根据电梯轿厢移动距离，判断电梯轿厢进入平层区后，停止盘车作业或紧急电动运行；

④根据轿厢实际所在层楼，用层门开锁钥匙打开相应层门，救出被困乘客。

2. 电梯非开门区“冲顶”困人

对于无机房电梯，如果轿厢冲顶、对重压在缓冲器上且轿厢安全钳动作，可在顶层开门放人，具体救援方法如下。

（1）按1（1）项操作。

（2）按1（2）项操作。

（3）打开层门后，确认电梯轿厢地板在顶层门区地平面以上较大距离，即冲顶情况，则根据不同类型电梯进行下一步操作。

对于有机房电梯的操作：

①救援人员在机房通过电梯紧急报警装置或其他通信方式与被困乘客保持通话，告知被困乘客将缓慢移动轿厢；

②观察电梯曳引机上的钢丝绳，如果发现没有紧绷，则可能是轿厢在冲顶后，对重压在缓冲器上，然后轿厢向下坠落，引起安全钳动作，此时必须先释放安全钳，然后进行以下操作；

③仔细阅读有机房电梯松闸盘车（向轿厢下行方向盘车）作业指导或紧急电动运行（向轿厢下行方向）作业指导，严格按照相关的作业指导进行救援操作；

④根据电梯轿厢移动距离，判断电梯轿厢进入顶层平层区后，停止盘车作业或紧急电动运行；

⑤在顶层用层门开锁钥匙打开相应层门，救出被困乘客。

对于无机房电梯的操作：

①救援人员通过电梯紧急报警装置或其他通信方式与被困乘客保持通话，告知被困乘客将缓慢移动轿厢；

②仔细阅读无机房电梯紧急电动运行作业指导，严格按照相关的作业指导进行救援操作；（一般在冲顶情况下，应该是轿厢较轻，不适宜进行手动松闸救援；另外，由于各种原因，也不适宜通过增加轿厢重量进行救援，向轿厢下行方向）

③根据电梯轿厢移动距离，判断电梯轿厢进入平层区后，停止盘车作业或紧急电动运行；

④在顶层用层门开锁钥匙打开相应层门，救出被困乘客。

3. 电梯非开门区“蹲底”困人

（1）按1（1）项操作。

（2）按1（2）项操作。

（3）打开层门后，确认电梯轿厢地板在底层开门区地平面以下较大距离，即蹲底情况，则根据不同类型电梯进行下一步操作。

对于有机房电梯的操作：

①救援人员在机房通过电梯紧急报警装置或其他通信方式与被困乘客保持通话，告知被困乘客将缓慢移动轿厢；

②仔细阅读有机房电梯松闸盘车（向轿厢上行方向盘车）作业指导或紧急电动运行（向轿厢上行方向）作业指导，严格按照相关的作业指导进行救援操作；

③根据电梯轿厢移动距离，判断电梯轿厢进入底层平层区后，停止盘车作业或紧急电动运行；

④在底层用层门开锁钥匙打开相应层门，救出被困乘客。

对于无机房电梯的操作：

①救援人员通过电梯紧急报警装置或其他通信方式与被困乘客保持通话，告知被困乘客将缓慢移动轿厢。

②仔细阅读无机房电梯紧急松闸救援或紧急电动运行（向轿厢上行方向）作业指导，严格按照相关的作业指导进行救援操作；

③根据电梯轿厢移动距离，判断电梯轿厢进入平层区后，停止盘车作业或紧急电动运行；

④在底层用层门开锁钥匙打开相应层门，救出被困乘客。

4. 电梯非开门区“门触点故障”困人

救援流程与上面1、2、3相同。

9.3　自动扶梯、自动人行道夹持事件应急救援

自动扶梯、自动人行道发生夹持事件时（梯级与裙板、扶手带、梳齿板），救援人员要在2人以上；应急救援设备包括盘车手轮或盘车装置、开闸扳手、常用五金工具、照明器材、通信设备、单位内部应急组织通信录、安全防护用具、手砂轮／切割设备、撬杠、警示牌等；在救援的同时要保证自身安全。

自动扶梯、自动人行道夹持事件应急救援的基本要求：

（1）按下“急停按钮”或切断电梯总电源，在自动扶梯、自动人行道上下端站设置警示牌，对受伤人员进行必要的扶助；

（2）若确认有乘客受伤或有可能有乘客受伤等情况，则应立即同时通报120急救中

心,以使急救中心做出相应行动;

(3)梯级与围裙板发生夹持,救援方法参见1;

(4)扶手带发生夹持,救援方法参见2;

(5)梳齿板发生夹持,救援方法参见3。

1. 梯级与围裙板发生夹持

(1)如果围裙板开关(安全装置)起作用,可通过反方向盘车方法救援,救援方法如下:

①确认自动扶梯全行程之内没有无关人员或其他杂物;

②确认在扶梯上(下)入口处已有维修人员进行监护,并设置安全警示牌,严禁其他人员上(下)自动扶梯或自动人行道;

③确认救援行动需要自动扶梯或自动人行道运行的方向;

④打开上(下)机房盖板,并放到安全处;

⑤装好盘车手轮(固定盘车轮除外);

⑥一名维修人员将抱闸打开,另外一名维修人员将扶梯盘车手轮上的盘车运动方向标志与救援行动需要电梯运行的方向进行对照,缓慢转动盘车手轮,使扶梯向救援行动需要的方向运行,直到满足救援需要或决定放弃手动操作扶梯运行方法;

⑦关闭抱闸装置。

(2)如果围裙板开关(安全装置)不起作用,应以最快的速度对内侧盖板、围裙板进行拆除或切割,救出受困人员。

2. 扶手带发生夹持

(1)扶手带入口处夹持乘客,可拆掉扶手带入口保护装置,救出被夹持乘客。

(2)扶手带夹伤乘客,可用工具撬开扶手带,救出受伤乘客。

(3)对夹持乘客的部件进行拆除或切割,救出受困人员。

3. 梳齿板发生夹持

(1)拆除梳齿板或通过反方向盘车方法救援,救援方法同梯级与围裙板发生夹持。

(2)对梳齿板、楼层板进行拆除或切割,完成救援工作。

当上述救援方法不能完成救援活动时,应急救援小组负责人应向本单位应急指挥部报告,请求应急指挥部支援。

9.4 自动扶梯、自动人行道部件故障应急救援

自动扶梯、自动人行道梯级断裂、梯级链断裂、制动器失灵的应急救援:按下“急停按钮”或切断电梯总电源,在自动扶梯、自动人行道上下端站设置警示牌,对受伤人员进行必要的扶助和保护措施;确定盘车方向,在确保盘车过程中不会加重或增加伤害的情况

下，可通过反方向盘车方法救援，或对梯级和桁架进行拆除或切割作业，完成救援活动。

一般自动扶梯、自动人行道在正常运行时不会发生人员伤亡事故，如在正常运行时出现停电、急停回路断开等情况，可能会造成制动器失灵，出现自动扶梯及自动人行道向下滑车的现象，人多时会发生人员挤压事故，此时应立即封锁上端站，防止人员再次进入自动扶梯或自动人行道，并立即疏导底端站的乘梯人员。

9.5　火灾应急救援

火灾应急救援的设备和工具包括灭火器、建筑物内的消防栓、水管、水枪、水桶、盘车手轮、抱闸扳手、电梯层门钥匙、常用五金工具、照明器材、通信设备、单位内部应急组织通信录、安全防护用具、手砂轮 / 切割设备、撬杠、警示牌等，在救援的同时要保证自身安全。火灾应急救援的具体方法如下。

（1）发现火灾的人员应立即向电梯管理单位报警，同时拨打 119 向消防部门报警。

（2）电梯管理单位向电梯维修单位发布应急救援信息。

（3）发布通告，提示建筑物内的人员，严禁进入电梯轿厢，否则可能造成生命危险。

（4）优先对电梯轿厢、机房、层门周边、井道进行灭火。

（5）对疏散撤离通道进行灭火。

（6）疏散电梯乘客。

①对电梯及电梯轿厢内的情况进行了解，利用电梯轿厢内的视频监视系统和紧急报警装置了解电梯及电梯轿厢内情况。

②救援人员敲打电梯层门，直接与电梯轿厢内的人员取得联系。

③告知电梯轿厢内的人员，救援活动已开始，提示轿厢内的人员配合撤离疏散活动。

④指挥轿厢内的人员将电梯停靠在安全的层站后开启电梯层门 / 轿门，让乘客撤离轿厢。

⑤在首层电梯层门侧上方，将电梯的“消防开关”置于消防状态，电梯返回首层后，让乘客撤离电梯轿厢。

（7）将电梯置于非服务状态，防止人员进入电梯轿厢，如为消防电梯，则使电梯返回消防服务通道层，供消防人员使用。

1. 曳引式电梯（有机房）救援方法

（1）切断电梯主电源。

（2）检查确认电梯机械传动系统（钢丝绳、传动轮）正常。

（3）检查限速器，如限速器已经动作，应先复位限速器。

（4）确认电梯层门 / 轿门处于关闭状态。

（5）确认电梯轿厢、对重所在的位置，选择电梯准备停靠的层站。

（6）参考电梯生产厂家的盘车说明，一名维修人员用抱闸扳手打开机械抱闸；同时，另一名维修人员双手抓住电梯盘车手轮，根据机房内确定轿厢位置的标志（如钢丝绳层站标示）和盘车力矩，盘动电梯盘车手轮，将电梯停靠在准备停靠的层站。

（7）维修人员释放抱闸扳手，关闭抱闸装置，防止电梯轿厢移动。

（8）维修人员应到电梯轿厢停靠层站确认电梯平层后，用电梯层门钥匙打开电梯层门/轿门。

（9）如层门钥匙无法打开层门，维修人员可到上一层站打开层门，在确认安全的情况下上到轿顶，手动盘开层门/轿门。

2. 无机房电梯救援方法

（1）切断电梯主电源。

（2）确认电梯轿厢门处于关闭状态。

（3）检查确认电梯机械传动系统（钢丝绳、传动轮）正常。

（4）准备好松开抱闸的机械或电气装置。

（5）确认电梯轿厢、对重所在的位置，选择电梯准备停靠的层站。

（6）手动操作电梯运行。

（7）维修人员应到电梯轿厢停靠层站确认电梯平层后，用电梯层门钥匙打开电梯层门/轿门。

如果无法完成救援活动，可向消防人员请求支援。

9.6 电梯应急救援演习

电梯使用单位每年至少进行一次电梯事故应急救援演习工作。演习训练应作为电梯安全管理的一项重要内容，并列入全年工作计划。电梯事故应急救援演习可以与培训、操作技能竞赛结合起来，通过演习提高操作人员、管理人员的安全意识和应变能力。

本章习题

1. 电梯应急救援预案包括哪些基本内容？
2. 电梯遭遇火灾如何组织应急救援？

第 10 章　典型事故案例分析

10.1　电梯的不安全状态引发的事故

1. 因制动力不足造成乘客死亡

某市住宅小区一部电梯运送乘客过程中，当电梯升至 7 层时，轿门打开，一名乘客转身下电梯，此时电梯轿厢突然下沉，将该乘客夹在 7 层厅门地坎与轿厢门电机之间，当场死亡。

原因分析：制动力不足及平衡系数偏小造成事故。

2. 超载开关失灵造成乘客重伤事故

某市基督教青年会一部额定载重量 1 000 kg 客梯发生蹲底事故，梯内乘客 13 人，伤 7 人，其中重伤 2 人。

原因分析：超载开关失灵，缓冲器锈死造成事故。

3. 随行电缆被刺破导致开门运行造成乘客死亡

某市朝阳区光熙门北里 14 号楼南侧一部电梯在运行时发生开门走车，致使该楼住户祖孙二人上电梯时发生事故，造成一死一伤。

原因分析：电梯随行电缆芯线折断刺破绝缘而相互接通，导致电梯非正常开门运行造成事故。

4. 因电梯厅门未关造成死亡事故

某市化工厂一部货梯，某工作人员从一楼推车运货到二楼电梯对过的库房，而后倒拉车出库（库房到二楼电梯门 5~6 m），此时电梯已从二楼开至三楼，厅门敞开，该工作人员连车带人一起坠入井道身亡。

原因分析：该梯为自动门，因门有故障人为地将门锁应急按钮封死，长期开着门运行而造成事故。

5. 因电梯厅门未关造成死亡事故

某市自行车鞍座厂一部自动门货梯，一层门开着，而电梯停于五层，本厂某职工（工程师）外出工作回厂，欲乘电梯上楼，从一楼跌入电梯底坑身亡。

原因分析：厅门不能自闭，楼道内无照明，误认为电梯在本层，而不慎跌入底坑造成事故。

6. 因电梯厅门未关闭造成重伤事故

某市压缩机制造有限公司某职工从二楼厅门口坠入井道(实为三层车间),摔在停靠在一层的电梯轿厢顶部造成重伤。

原因分析:厅门门锁关门门轮已撞掉,致使厅门关闭时未到位,电梯非正常操作到一层,导致人身伤害。

10.2 人的不安全行为引发的事故

1. 拆旧电梯违反拆卸次序造成维修人员死亡

某市朝阳区金台里25号楼南侧电梯,某市设备安装工程公司工地,施工人员在拆旧电梯过程中过多地拆除对重块,过早拆除超速保护装置,致使电梯轿厢失控坠落,造成1人死亡、2人重伤的事故。

原因分析:拆卸次序错误,未按拆卸工艺操作。

2. 因现场混乱造成安装人员死亡

某市朝阳区团结公寓施工工地,某公司一名电梯施工实习人员,抬切割机倒退着准备上电梯,从敞开的20层厅门跌入井道底坑,当场死亡。

原因分析:该施工工地现场管理混乱,造成死亡事故,无厅门门口应加装护栏。

3. 缺乏吊装知识造成安装人员死亡

某市科兴电梯实用技术开发公司在潘家小区1号楼机房吊装电梯曳引机,当曳引机提升至离地面65 cm时,突然右倾,安装维修工人站在死角,躲闪不及,后脑被挤压致死。

原因分析:由于缺乏吊装常识,吊装时斜拉没有采取相应保护措施。

4. 未检查吊装钢丝绳套造成维修人员死亡

某市建设联合电梯有限公司给某市干休所进行电梯改造,在更换曳引钢丝绳时,吊挂轿厢的绳套断开,轿厢从16层直接坠落底坑,轿顶工人随轿厢坠落,经抢救无效死亡。

原因分析:施工前未做安全交底,无详细的改造施工方案,限速器、安全钳未做联动试验,未对吊具进行检查,也未采取有效措施。

5. 违反操作规程造成维修人员死亡事故之一

某市电梯管理中心在维修电梯时,轿厢门发生故障,电梯不能正常运行,于是将电梯厅门门锁回路短接。维修工人在明知厅门门锁短接,电梯处于自动运行状态下,冒险打开6层层门,上轿顶查找故障原因,此时电梯突然启动上升,维修工人躲避不及,头部被轿厢门和厅门卡住致死。

原因分析:违反上轿顶安全操作规程,短接厅门门锁安全线路。

6. 违反操作规程造成维修人员死亡事故之二

某市朝阳区世纪村小区2号楼电梯蹲底,轿内有多名乘客,某市住宅建设安装公司电梯分公司两名维修工人赶到现场后,未进行联系和配合工作;而是各自实施解救,其中一名维修工人在机房将厅门、轿门门锁线路短接,将轿厢提升至一、二层之间;另一名维修工人在二层将厅门、轿门打开,此时一名乘客不听劝阻,弯腰向外跳的一瞬间,第一名维修工人在机房再次向上运行电梯,上行的电梯将乘客卡住致死。

原因分析:违反修理操作规程,两人配合修理电梯未达成默契,乘客不听劝阻。

7. 违反操作规程造成维修人员死亡事故之三

某市机电设备有限公司一名维修工人在维修一部故障电梯时被同井道的另一部电梯的对重砸中后脑,经挽救无效死亡。

原因分析:违反下底坑修理井道内有两部以上电梯的操作规程,应使正常电梯停止运行;同井道电梯应按规定加设隔离栏(网),对重处应设防护栏。

8. 无操作证修理电梯造成死亡事故之一

某市中兴物业公司职工在为天津宝钢大厦维修电梯时,由于不懂上轿顶安全操作规程,而在轿内与其配合的电工也不懂电梯技术,维修工人被挤于轿门机与 6 层地坎处,当场死亡。

原因分析:该职工是学制冷的大学毕业生,没有取得劳动部门核发的维修电梯安全操作证,与其配合维修电梯的人员也不懂电梯技术。

9. 无操作证修理电梯造成死亡事故之二

某市高科技发展总公司热电公司职工接到运货通知后,在三层用外开钥匙(机械开门钥匙)打开货梯厅门,不慎跌入电梯井道,摔在位于地下室的轿厢顶上,重伤致死。

原因分析:该职工无操作证,该单位管理人员缺乏安全生产意识,内部管理制度不健全,指派无证人员操作电梯;未按规定按期由劳动检验部门对电梯进行年检。

10. 无操作证修理电梯造成死亡事故之三

某市滨江大饭店水暖工用机械钥匙开厅门,不慎从 44 层坠入井道摔在停在 15 层的轿厢顶上身亡。

原因分析:死者无电梯操作证而用机械钥匙开厅门,该单位物业管理部门缺乏安全意识,内部管理制度不健全。

11. 未取得电梯安装维修许可证造成死亡

某市知春里 14 号楼宿舍,电梯在故障没有排除的情况下带病运行,在乘客上电梯时突然开门走梯,致使一居民被电梯带倒坠入底坑,当场死亡。

原因分析:该公司没有取得劳动部门的安全认可,属非法经营。

12. 电梯调试人员触电死亡事故之一

某市长宁电器厂职工配合技术副股长校验一台电梯控制屏,当发现控制回路有问题,有误动作现象,两人停下来查看图纸分析原因,并对控制屏的接线是否正确进行校对,该副股长在控制屏前面,分别在 JX、JXF 线圈的进端用电线指向控制屏的反面,由该职工检查线路的去向是否正确,在这样边查图边校对的过程中,在该副股长再次看图时,大约十几秒钟,突然听到该职工的叫声,虽然其立即转身拉掉电源,并对该职工进行了人工呼吸,并送往医院,但终因伤势过重抢救无效死亡。

原因分析:该职工未按安全要求穿带防护工作服与绝缘鞋,违章穿短袖上衣、短裤、凉鞋从事带电工作,致使右膝关节上方偏内侧处触及控制屏内的电源相线,导致触电死亡。

13. 电梯检修人员触电死亡事故之二

某市木材一厂两名电工根据电工组长的安排在厂休日对电梯“蜂鸣器”(召唤铃)进行检修工作。两人将电梯从一层开到二层,对轿厢内控制盘和二层呼梯按钮盒到轿顶接线盒进行检查,情况良好,均未发现问题,然后两人一起到三楼电梯机房边看电梯电气原理图边检查控制柜线路,一人蹲在电器柜下面低头看图纸,另一人直站在其对面,前者查看了电器柜的下面后独自移动脚步向控制柜后面走去,后者还提醒其“当心,有电的”,前者没有回答,话音刚落不久,只听前者惨叫一声,后者即转身将对面墙上的铁壳开关拉掉,并将站在电器柜后面的前者抱过来,虽然对其进行了及时的抢救,但终因伤势过重身亡。

原因分析:从前者的触电部位来看,其左前臂触及变阻器带电接线端,前胸触及变阻器外壳接地部位,瞬间即在其体内形成电压 220 V 的通电回路,其身穿短袖汗衫,光脚穿塑料拖鞋进行带电作业,违反了带电作业应佩戴绝缘防护劳保用品的规定 。

10.3 电梯事故的预防措施

以上分析表明,发生电梯事故既有电梯的不安全状态引起的,也有人的不安全行为引起的;但是我们认为电梯既然是科学技术的产物,只要我们大家重视起来,以科学的态度对待,综合采取教育措施和管理措施消除人的不安全行为,并采取相应的技术措施消除电梯的不安全状态,电梯事故完全是可防可控的。

1. 教育措施

安全教育培训是贯彻“安全第一、预防为主、综合治理”的方针,实现安全作业和文明乘梯,提高作业人员和使用人员的安全意识和安全素质,防止产生不安全行为,减少人为失误的重要途径。进行安全教育培训,首先要提高电梯作业人员和使用人员的责任感和自觉性,认真学习有关法律、法规和电梯基础知识;其次要普及和提高电梯安全技术知识,增强安全操作技能,从而保护自己和他人的安全与健康。

2. 技术措施

(1)坚持设计标准,满足安全要求。

(2)产品质量符合国家标准。

(3)提高安装质量,坚持验收、试验标准和检验标准。

(4)做好维修保养工作,及时消除设备缺陷;对不能满足安全使用要求的电梯,通过大修、改造使之符合安全使用要求。

3. 管理措施

(1)建立健全以岗位责任制为核心的电梯安全管理制度。

(2)建立电梯安全管理组织。

(3)保障电梯安全管理投入。

(4)制定安全计划,做好安全检查,对电梯事故进行分析,总结经验,吸取教训。

下　　篇

第 11 章　常见问题解答

1. 对于电梯运行，不同梯速的换速距离有什么不同？

对于电梯运行，不同的梯速对应不同的换速距离，一般情况下，1.0 m/s 的电梯换速距离在 1.3~1.4 m；1.75 m/s 的电梯换速距离在 3.2~3.5 m；如果设定不当，电梯将不能正常运行，过小则会冲过，过大则会爬行太长，即效率低；单层减速距离不得大于最小层高的一半。电梯速度及对应的换速距离如下。

电梯速度	1.0 m/s	1.5 m/s	1.75 m/s	2.0 m/s	2.5 m/s
换速距离 S_1	140 cm	280 cm	370 cm	450 cm	650 cm
换速距离 S_2	110 cm	110 cm	240 cm	240 cm	420 cm
换速距离 S_3	0 cm	0 cm	110 cm	110 cm	240 cm
换速距离 S_4	0 cm	0 cm	0 cm	0 cm	130 cm

注：以上仅是对之前分立主板的一个参考定义。

2. 对电梯快车运行速度有什么要求？

根据《电梯技术条件》（GB 10058—2009）的要求，正常运行的电梯速度不得低于额定速度的 92%，不得高于额定速度的 105%。

3.VVVF、VC 的意义是什么？

VVVF 是一种利用变频器实现变频变压调速的控制方式。对于变频器的调速控制，根据公式 $n=120\times f/p$（n 是同步转速，实际就是旋转磁场转速；f 是电源频率；p 是电动机极数），改变频率 f 就可改变同步转速 n。为了避免电动机磁饱和，同时抑制启动电流，产生必需的转矩安全运转，在改变频率的同时，必须控制逆变器的输出电压，这就是 VVVF 的意义所在。

VC 也是一种控制方式，即矢量控制方式。矢量控制方式的做法是将异步电动机在三相坐标系下的定子电流通过三相 - 二相变换，等效成两相静止坐标系下的交流电流，再通过按转子磁场定向旋转变换，等效成同步旋转坐标系下的直流电流，然后模仿直流电动机的控制方法，求得直流电动机的控制量，经过相应的坐标反变换，实现对异步电动机的控制。

4. 电梯的平衡系数是什么？怎样确定？

电梯要满足正常运行（空载下行和重载上行），对重和轿厢自重及额定载荷之间要满足以下关系：

$$KG_e+G_C=G_W+G_F$$

式中 G_e——额定载重；

G_C——轿厢自重；

G_W——对重块总重；

G_F——对重框重；

K——平衡系数，按照国标规定，一般为 0.4~0.5。

通常用电流 - 载荷法来确定平衡系数 K 的大小，即分别往轿厢内加 30%、40%、45%、50%、60% 的额定载荷，全程运行，用钳形表测定当轿厢和对重运行到同一高度位置时的上行和下行电机的电流值，并做电流 - 载荷曲线（纵坐标为电流，横坐标为载荷），其上行、下行电流曲线的交点所对应的载荷数就是平衡系数，保证其交点在 0.4~0.5 内，如果大则去对重，如果小则加对重。

或者用手动盘车来确定平衡系数 K 的大小（比较粗略的测法），即在轿厢内加 45%~48% 的额定载荷，把轿厢开到和对重同一水平位置，打开抱闸，若用手上下盘车的用力差不多，可以断定平衡系数在 0.45~0.48。

5. 电梯为什么要设计顶层高度和底坑深度？

设计人员在设计井道高度时，为了保证电梯运行和检修人员的安全，对顶层高度和底坑深度 2 个尺寸有以下要求。

（1）顶层高度为电梯最顶层地面至井道顶面的距离，这一距离保证了当轿厢冲顶时，对重被缓冲器缓冲后，轿厢上的最高部件撞不到井道顶面。

（2）底坑深度为建筑物最底层地面至井道底坑的距离，这一距离一方面使轿厢撞击缓冲器时有一个缓冲的距离，另一方面当轿厢压缩缓冲器到达最低位置时，使轿厢底部的任何零部件都碰不到地面，并保证底坑检修人员有安全空间。

6. 对于缓冲器的安装有哪些要求？

《电梯安装验收规范》（GB/T 10060—2011）中规定，轿厢在两端站平层位置时，轿厢、对重装置的撞板与缓冲器顶面间的距离，耗能型缓冲器应为 150~400 mm，蓄能型缓冲器应为 250~300 mm，轿厢、对重装置的撞板中心与缓冲器中心的偏差不大于 20 mm。

当轿厢或对重有多个缓冲器时，同一部件下的缓冲器顶面高度误差不大于 2 mm。液压缓冲器柱塞垂直度偏差不大于 0.5%，且应设有在缓冲器动作后未恢复到正常位置时使电梯不能正常运行的电气安全开关。

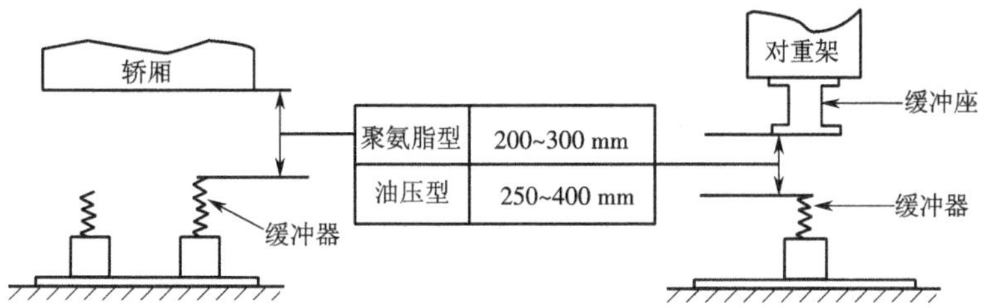

7. 轿厢和对重之间的最小距离是多少？

《电梯安装验收规范》(GB/T 10060—2011)中规定，轿厢和对重之间的最小距离为50 mm。

8. 对电梯电气绝缘的要求是什么？

《电梯监督检验和定期检验规则》(TSG/T 7001—2009)中有如下规定。

(1)绝缘电阻，导体之间和导体对地的电阻，动力电路和电气安全装置电路不小于0.5 MΩ，照明电路和其他电路不小于 0.25 MΩ。

(2)介质温度：电梯电气控制部分在出厂前加载 AC1000 V 电压(工作电压 3 倍)，绝缘温度符合标准。

9. 对液压缓冲器的复位试验中，复位时间是多少？

《电梯安装验收规范》(GB/T 10060—2011)中规定，耗能型缓冲器的复位时间不大于120 s。

10. 对于机房内钢丝绳孔洞有什么要求？

《电梯安装验收规范》(GB/T 10060—2011)中规定，机房内钢丝绳与楼板孔洞周边间隙均应为 20~40 mm，通向井道的孔洞四周应建一高 50 mm 以上的台阶，该台阶应当涂成黄色，如下所示。

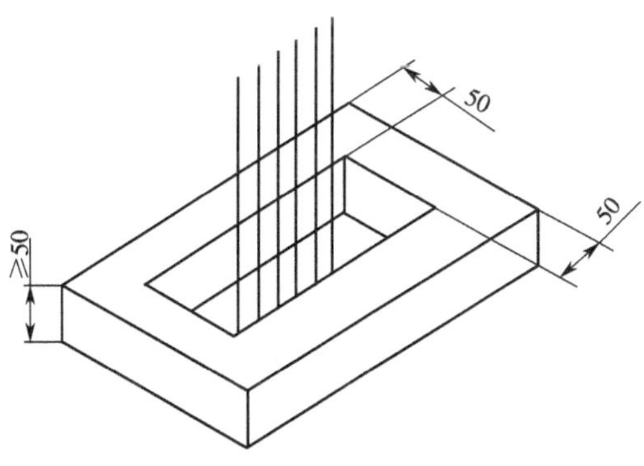

11. 对于曳引轮和导向轮安装有什么规范要求？

《电梯安装验收规范》(GB/T 10060—2011)中规定，曳引轮和导向轮对铅垂线的偏差在空载或满载工况下均不大于 2 mm。

12. 曳引机承重梁对埋入承重墙内的尺寸有什么要求?

《电梯安装验收规范》(GB/T 10060—2011)中规定,曳引机承重梁要埋入承重墙内,支承长度应超过墙厚中心 20 mm,且不应小于 75 mm,如下所示。

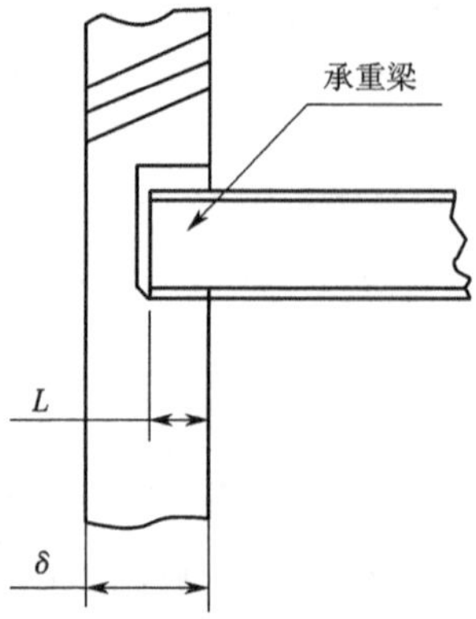

13. 对无机房电梯的主开关有哪些要求?

《电梯工程施工质量验收规范》(GB 50310—2002)中规定,无机房电梯的总电源开关应设置在电梯井道外工作人员方便接近的地方,且应具有必要的安全防护。

14. 如何合理使用电梯的消防功能?

(1)电梯的消防功能和消防电梯是两个不同的概念,消防功能指遇到火灾时可启用的功能,所有正常的运行功能全部失效,电梯直接返回基站归消防员控制使用,用来有目的地到达指定的楼层进行人员和财物救援。若无消防员操作,原则上发生火灾时禁止使用电梯。

(2)电梯的消防大部分都与建筑物的消防相连接,而消防服务公司所使用的消防输出模块所采用的输出点与电梯的消防输出点又不尽相同,所以在消防联机时应当与消防服务公司协调,保证功能正常。

(3)用户的电梯管理人员真正了解电梯消防功能及紧急处理方法的很少。所以,作为维护人员,应当将正确的操作方法和因操作不当可能出现的后果告知管理人员,必要时可书面写出操作步骤。

15. 钢丝绳为什么会出现断股?

电梯钢丝绳属于专用的钢丝绳,电梯钢丝绳的安全系数大于正常安全要求的 12 倍,非常安全。但如果电梯钢丝绳出现断股现象,安全系数就会大大降低,必须及时进行处理。引起电梯钢丝绳断股现象的主要原因如下:

(1)由于运输、搬运不当,而造成钢丝绳被挤压、折弯和砸伤变形等;

(2)由于安装时放绳不当造成钢丝绳扭劲、打折等,而出现死弯;

(3)曳引轮或导向轮、复绕轮槽中掉入异物造成钢丝绳挤伤变形或脱槽而造成扭伤、拉伤或挤伤；对于 2∶1 曳引式电梯，要注意调整每根钢丝绳的张力，偏差过大易出现断股情况。

16. 电梯钢丝绳的绳芯有什么作用？

电梯钢丝绳的绳芯充满润滑剂，润滑剂有以下两个作用：

（1）减少钢丝与绳股之间、钢丝绳与绳轮槽之间的摩擦；

（2）防止钢丝绳生锈和腐蚀。

17. 维修时如何检查钢丝绳是否完好？

钢丝绳完好指无断股断丝现象，有润滑而无锈蚀和散股现象。钢丝绳的检查方法如下：

（1）将轿厢停在顶层，在曳引轮下方用一块松软的布紧靠钢丝绳，在机房以检修速度运行电梯下行至整个行程，观察经过曳引轮的钢丝绳是否有锈蚀和散股现象，同时检查是否有断股钢丝将布钩住；

（2）用手触摸钢丝绳，感觉非常干爽，表面无油腻感，就说明钢丝绳已经缺油。

18. 什么情况下需要更换钢丝绳？

（1）钢丝绳在一个捻距内单股断丝超过 4 根，或者在一个捻距内断丝总数大于 12 根（6 股的绳）或大于 16 根（8 股的绳）时。

（2）钢丝绳磨损后，其直径小于公称直径的 90% 时。

（3）钢丝绳锈蚀严重、油芯挤出，无法通过保养恢复润滑时。

（4）出现整股断裂情况时。

（5）钢丝绳有笼状畸变，明显的死弯、扭结、压扁痕迹，无法修复时。

19. 为何要保证钢丝绳的张力一致？

（1）张力不一致时，受力较大的钢丝绳因长期拉伸，易疲劳断裂。

（2）受力较大的钢丝绳，摩擦力较大，钢丝绳磨损较快，同时曳引轮（包括导向轮）的轮槽磨损较快。

（3）张力不一致时，受力较小的钢丝绳会产生颤动，引起轿厢抖动或颤动。

20. 为什么电梯会“死机”（程序保护）？

在电梯维修保养中，经常听到电梯“死机”这个词，常常碰到电梯处于停止状态，有时关闭电源一次，再重新送电后电梯即恢复正常运行。有些维修人员也很难解释“死机”的原因。其实这些“死机”情况，往往是因为电梯控制器检测到外部出现了故障而设计的一种保护程序，以防止电梯的继续运行而引发事故。电梯“死机”这一说法不合适，而更确切地说应该是“出现程序保护”。电梯软件中确实设置了许多电梯保护程序，电梯“死机”也不是莫名其妙地发生的。当碰到电梯有频繁的“死机”现象时，一般能肯定电梯存在某种故障隐患。

由于现在市场上有各种品牌、各种型号的电梯，电梯的软件设计也各不相同，而且许多核心技术维修保养人员不一定了解，所以很多情况下需要凭经验判断电梯“死机”的原因。

21. 电梯进行维修保养时应注意哪些安全事项？

（1）待维修保养的电梯的首层入口处设置告知牌，维修时暂停正常使用。

（2）对可转动部件进行清洁加油时，应停止运行并切断安全开关，在轿顶应使用轿顶检修开关操作运行。

（3）上轿顶检修前，应确定轿厢位置后方可用层门钥匙打开层门；层门应慢慢开启，防止误开厅门坠入井道。

（4）轿顶必须清洁，没有油污，还要有充足的照明，行灯必须是带有护罩的安全电压灯具。工作中应注意电缆、平衡绳索、对重及井道支架等随轿厢相对移动的设施，以免勾、挂、碰、撞等伤害发生。

（5）两人进行维修工作时，应分工明确，开梯时相互通报，各自选择好合适站立位置，抓牢固定部位；电梯运行时，身体任何部位都不得探出护栏外。若需轿内配合开车，一定要口令清楚明白，轿内操作者必须复述口令后再操作按钮。

（6）在轿顶工作时，一定要用检修速度开梯，轿顶工作人员应站稳扶牢，并注意头顶；检查钢丝绳时，一定要断开急停开关。

（7）严禁维修工人在没有采取任何措施的情况下，一只脚踏在轿顶，一只脚踩在导轨支架、厅门地坎、对重等上面工作。

（8）在井道内起吊或拆修时，要特别注意除轿厢以外其他设备的相对安全状态。例如换钢丝绳时还要采取将轿厢或对重用安全钳夹持在导轨上等措施。

22. 电梯正常运行中为什么会急停？

电梯正常运行时，有时会出现急停故障，也就是很多人感觉电梯突然加速下坠然后停止的故障，其主要是由以下原因造成的。

（1）电梯安全回路保护开关动作：

①安全回路线缆线折断或接线松动；

②安全回路开关运行中误动作或接触不良（氧化、油腻等）；

③安全回路被人为动作；

④安全接触器损坏；

⑤电梯电源被切断。

（2）电梯门锁回路动作：

①门锁触点接触不良（氧化、油腻等）；

②厅门门轮距离门刀间距太小；

③厅门被人为扒开；

④门锁接触器损坏。

（3）抱闸故障：

①磁力器故障；

②抱闸检测开关故障；

③过热保护。

（4）变频器保护：

①电源故障；

②信号或速度反馈异常；

③变频器故障。

23. 维修时使用短接线有哪些要求？

对于从事电梯调试和维修的人员来说，短接线并不陌生，正确使用短接线能快捷排查故障，保证电梯正常运行；否则将后患无穷，因为短接线引起的事故亦不胜枚举。

（1）在别无他法的情况下使用短接线。

（2）短接线必须是最小化短接。

（3）厅门、轿门不能同时短接，短接厅门、轿门时保证门可靠关闭。

（4）短接线必须醒目。

（5）短接时分清电压等级。

（6）使用短接线时电梯禁止开快车。

（7）维修人员离开现场时必须把短接线拆掉。

24. 平层感应器可能出现什么问题？对电梯有什么影响？

（1）感应器内部触点接触不良或误动作（老化、铁屑太多等情况）。

（2）井道平层插板固定不牢，造成感应器损坏、关人事故。

（3）感应器接线松动、接线点表面氧化、受干扰（电磁干扰等）。

（4）外力造成的损坏（装修搬运物品坠落、井道进水等）。

（5）感应器和平层插板配合距离太大，感应器不动作。

感应器出现问题后，电梯会有找不到平层、错层、失速、停梯等故障。

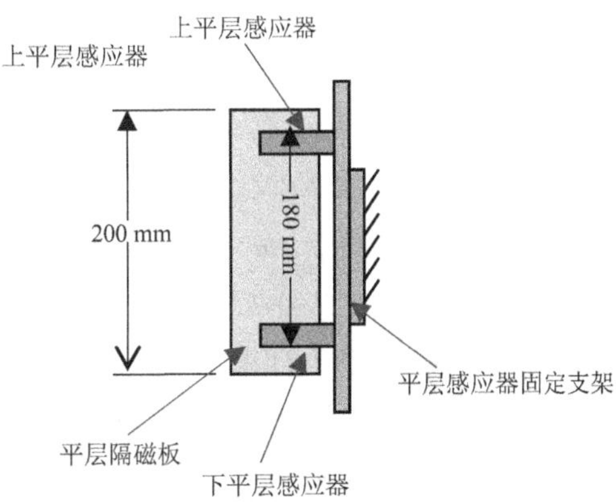

25. 接触器故障对电梯有何影响?

(1)主触点虚接故障:从表面看所有电器元件动作都正常,但抱闸打不开,变频器不工作,电梯快车和检修都不能运行。

(2)主触点粘连故障:电梯正常运行停车后,无法再启动;从表面看接触器吸合,但主控制器检测到抱闸回路异常后保护停梯,故障现象很像抱闸检测开关故障。

(3)线圈烧毁:接触器不工作,电梯立即紧急停车,不论检修或正常都无法再启动。

(4)接触器发热致使内部变形:抱闸断续吸合,电梯运行有颤动,蹭抱闸;严重时造成电梯急停或保护停梯。

因为抱闸接触器在电梯工作过程中的动作相对频繁,所以损坏不可避免。现场人员在更换抱闸接触器时,一定要区分电压等级,有 AC110 V 和 AC220 V(接触器的电压标准一般在接触器线圈进线 A1 右面),更换配件时应当仔细阅读相关说明书。

26. 电梯为何要每月进行保养?

(1)电梯作为垂直交通工具,关系到乘客的人身安全,因此要及时检查保养。

(2)电梯作为特种设备,《特种设备安全监察条例》明确规定其维保间隔不超过 15 天。

(3)电梯是典型的机电一体化产品,频繁地上下、启动、停梯、开门、关门,许多电器或机械部件都处在频繁往返运动中,容易造成损坏;再加上使用环境和操作者不确定等因素也容易造成损坏,因此需要经常检查和保养,以保证能及时发现可能出现的故障,及时排除;同时通过保养可以延长部件的使用寿命,降低故障率。

27. 曳引机出现异常响声是什么原因?

常用的曳引机有永磁同步曳引机、蜗杆蜗轮异步曳引机、行星齿轮曳引机。

(1)运行中出现明显的咯噔声,主要是承重轴承可能损坏,异步机还可能是端盖轴承损坏,或者减速器的蜗杆蜗轮有缺损。

(2)曳引机有较小的咯噔声并伴随振动,主要是轴承磨损严重,异步机可能还有蜗轮蜗杆或齿轮磨出台阶,在轴套磨损的情况配合间隙过大,运行时纵向跳动引起异响和振动。

(3)编码器固定不牢固,轴与轴套相对运动引起曳引机振动或跳动。

(4)参数值调整不当,引起曳引机出现异常响声。

(5)电机和减速箱连接处减振胶套磨损引起曳引机振动产生异响。

(6)与变频器匹配不当,在过载情况下曳引机出现异常响声。

28. 维保时如何清理电路板?

电梯使用初期,工地上环境较差,灰尘较多,电路板上也有很多灰尘,若受潮后线路板明显有腐蚀痕迹、被水泡过的有铜绿等,会引起漏电流增大,造成干扰或短路故障。保养用清洗剂(工业乙醇)清洗(清洗过后,自然风干效果最佳);清洁和除湿不要用电动吹风机(电机工作时碳刷会产生大量电粒子,吹向电路板,易损坏部件),应使用皮老虎吹干。

29. 变频器维护应注意什么?

接线问题:变频器输入端最好接上一个空气开关,保护电流不能太大,以防止变频器发生短路时被毁;一定不能将"N"端接地,控制线尽量不要太长,因为这样会使控制板容易受电磁波干扰而产生误动作,也会导致控制板损坏;超过 2 m 长的接线最好用屏蔽线;变频器旁边不要装有大电流而且经常动作的接触器,因为其对变频器干扰非常大,会使变频器误动作(显示各种故障);地线应接地良好,不然电机漏电严重时,地线带电也会损坏变频器。

(1)如果变频器经常低速运行,则电机要另加散热风扇。

(2)灰尘与潮湿是变频器的最致命杀手,特别是当停机几天后,粘在电路板上的尘埃返潮,这时送电后变频器电路板就最容易打火而损坏,故要定时清扫电路板及散热器上的灰尘;停机一段时间的变频器在通电前最好用皮老虎吹一下电路板。

(3)防雷也很重要,但当变频器被雷击中,将损坏惨重。因此,要检查变频器的接地情况,接地电阻应不大于 4 Ω。

(4)变频器的干扰会使其他电子设备无法正常使用,这时变频器输入、输出、控制线最好使用屏蔽线,而且屏蔽层接线方法不能错,否则作用相反;有可能的场合可以使用铁管套住,加装滤波器,调低载波频率。

(5)注意检查制动电阻到变频器制动单元的引线,如出现老化、龟裂情况,立即更换,否则将因接地故障烧毁变频器。很多故障是因为其工作环境温度高而使元件容易老化造成的,电梯变频器安装在大楼的最顶层的控制室,经常在夏天受太阳的暴晒,加上变频器本身及制动电阻的发热,使电气室内温度非常高,工作环境温度高会缩短电子元件的使用寿命,变频器在这方面更易受影响,所以电梯机房在设计时除了通风问题还要注意隔热,如墙壁用空心砖,室顶多层设计,如果能配上空调机,则变频器的寿命会长很多。安装变频器的电柜在夏天如果发现其内部温度很高,应把控制柜门打开。

另外,要经常检查三相进电的可靠性,即总控柜电梯空气开关、机房电梯空气开关(包括常用电源和备用电源)、变频器的进相接触器的相接线牢。如果上述开关出现接触不良,会发生电梯故障甚至变频器被烧毁。

30. 液压电梯维护应注意什么?

液压电梯由于使用的条件比较特殊,在使用过程中应注意以下事项:

(1)应当时刻注意油位的变化,油位过低时会引起油缸或者油管吸入空气、电梯抖动等现象;

(2)维护时注意油缸活动面的清洁,并保持井道空气干燥无粉尘;

(3)保证电梯的运行次数(60 次 /h)和油箱工作油温(5~70 ℃)都在规定范围内。

31. 自动扶梯如何进行非操纵防逆转试验?

方式 1:自动扶梯上行正常启动运行稳定(约 10 s)后,在 PLC(或微机板)上断开上行接触器 KMU 线圈线,而后将下行接触器 KMD 线圈的 KMD 端迅速与 KMU 输出端短接,此时自动扶梯反向启动运行,稍后自动扶梯应迅速停止并报警。

方式 2:自动扶梯上行正常启动运行后,手动轻轻按下下行接触器 KMD 触头,待上行接触器 KMU 完全释放后,再用力按下下行接触器 KMD,此时自动扶梯停止并反方向启动运行,稍后自动扶梯应立即停止并报警。

注意:用此方式进行测试时,一定要等上行接触器 KMU 完全释放后再用力按下下行接触器 KMD,否则将引起主回路短路,断路器跳闸。

方式 3(仅限于有两个测速开关的系统):在端子处将 PLSA 与 PLSB 两根线对调,而后上行启动自动扶梯,约 10 s 后自动扶梯应立即停止并报警。

方式 4(推荐):在有条件的情况下,尽量采用此方式。

(1)用一个带有常开常闭触点的开关按下图进行接线。

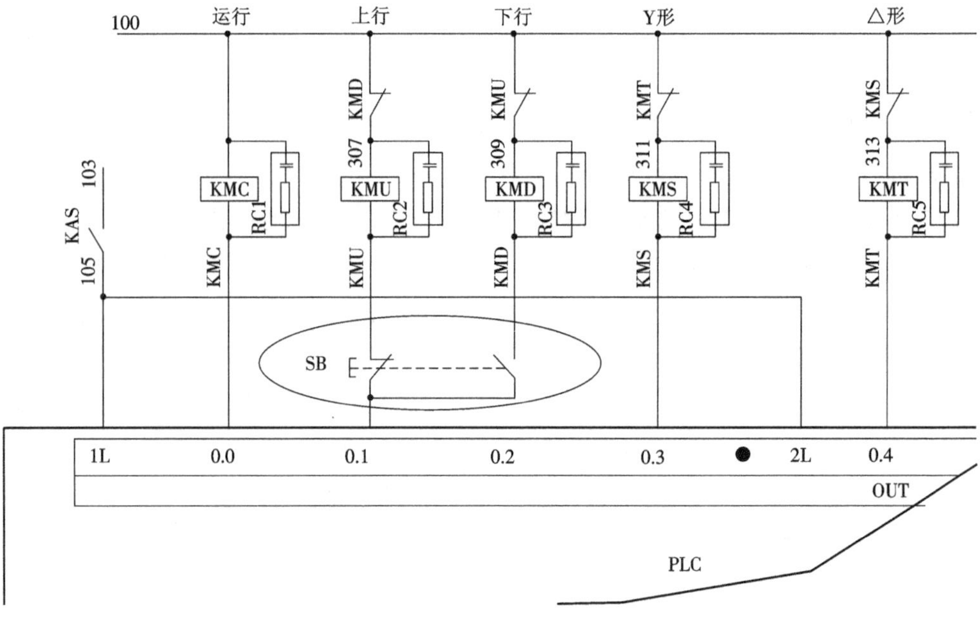

(2)正常情况下,上行启动自动扶梯。

(3)约 10 s 后,先轻按按钮开关 SB,待上行接触器 KMU 完全释放后,再用力按下按钮开关,此时下行接触器 KMD 应吸合,自动扶梯反向启动运行,稍后自动扶梯停止并报警。

说明:按钮开关也可用其他开关代替。

方式 5(仅适用于变频自动扶梯系统):自动扶梯上行正常启动运行后,在 PLC 或主控制板上将上行信号线 FWD 拆下，并将下行信号线 REV 快速接至 FWD 端子上，自动扶梯应反向启动运行，而后立即停止并报警。

方式 6（仅适用于 EC-W41 系统）：在主控制器上将 KMDT 线移至 KMUT 端子（如下图所示），而后按上述方式 1~4 进行测试。

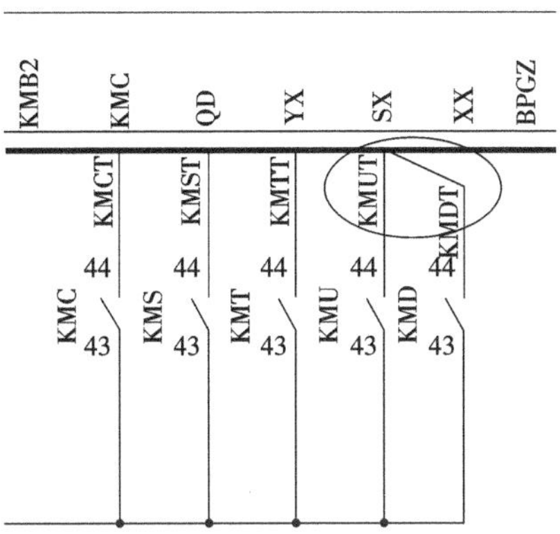

注意：做防逆转试验时，必须保证自动扶梯处于速度监控状态。

32. 自动扶梯的热继电器如何设定？

热继电器的设定应按曳引机额定电流的 90%~105% 进行设定。

33. 自动扶梯的热继电器上的辅助触点短接为何不能启动或停梯？

当自动扶梯因过载或损坏而导致自动扶梯不能启动或停梯时，导致安全回路不通，此时若短接辅助触点，虽然安全回路接通，但主触点仍会因过载或故障断开，而导致自动扶梯不能启动或停梯。

34. 自动扶梯在什么情况下会导致热继电器动作？

（1）电源电压过高或过低（检查电源电压）。

（2）电机缺相运行（测量电机端电压，检查接触器主触点是否有接触不良情况）。

（3）电机三相电压极度不平衡（测量电机端电压，检查接触器主触点是否有接触不良情况）。

（4）整定值不合适（重新设定整定值）。

（5）热继电器本身损坏（更换）。

35. 为何控制柜抱闸两端有电压，而抱闸打不开？

由于曳引机抱闸接线盒内有一整流桥，因此若发现抱闸线两端有电压而不开闸故障，可检查一下接线盒内的整流桥是否损坏或线圈烧毁。

36. 为什么安全开关已更换，显示器仍报故障？（EC-W4 系统）

由于主控板具有记忆功能，因此当安全回路发生故障后，只有通过特定操作才能将故障码清除，按下停止按钮 6 s 以上即可将故障码清除。

37. 自动扶梯如何进行超速保护试验?

自动扶梯启动运行稳定(约 8 s)后,用短接线将 600 与 PLSA 或 PLSB 快速短接,自动扶梯应立即停止并报警。

38. 对机房高台的具体要求有哪些?

《电梯制造与安装安全规范》(GB 7588—2003)第 6.3.2.4 和 6.3.2.5 条规定:机房地面高度不一且相差大于 0.50 m 时,应设置楼梯或台阶,并设置护栏;机房地面有任何深度大于 0.50 m、宽度小于 0.50 m 的凹坑或任何槽坑时,均应盖住。

39. 电(扶)梯的井道测量的目的是什么?

井道测量的目的是向电梯公司提供详细、真实的井道参数,使设计人员能够绘制出符合现场实际情况的布置图。要特别提醒客户,合同签订确认图纸后,如有土建变更应及时通知电梯公司尽早做合同图纸变更,以防止按原图生产后影响安装;而投产前的现场井道确认是为了防止土建变更没有及时通知电梯公司。

40. 到现场测量井道之前应做哪些准备工作?

(1)预约:去工地前要与用户或施工单位约好时间,以得到现场很好的配合。

(2)衣着:如果建筑正在施工,进工地时最好不要穿凉鞋,鞋底不宜太硬或太软,以防止扎脚;最好穿长袖上衣、长裤,以免被建筑材料刮伤皮肤,还应向施工单位借一顶安全帽戴上。

(3)测量工具:5 m 长钢卷尺、100 m 长皮卷尺、电筒、磁力线坠等。

(4)配合:井道测量最好有人配合,尤其是测量扶梯井道时一个人测量很不方便,可以带一个同事去或请用户派人配合。

(5)了解现场:测量之前要向用户或施工单位的技术人员了解现场的情况,以便有目的的准备工具,对特殊结构重点测量。对于占地面积较大、电梯数量较多、井道比较分散的大型项目,在进入现场前可向用户要一张总平面图,或自己绘制一张电梯位置分布草图,以便顺利地找到每个井道的位置。

41. 电梯井道测量的基本内容是什么?

(1)井道平面尺寸的测量,主要是确认井道的有效宽度和有效深度。有效宽度是面对电梯厅门,测量井道左、右两侧井道壁间的净尺寸。有效深度是井道前、后井道壁之间的净尺寸。对井道的宽度和深度,如果层站较低,每一层都要测量;如果层站较多,可以在最高层和最底层间均匀地隔层测量,要求测量层站不少于 5 层,以防止井道上下偏差过大。井道深度的测量可用一根细长木杆由厅门洞口探入井道内,再将木杆抽出来用尺测量探入部分长度。井道宽度的测量采用钢卷尺即可实现。注意,有的井道壁有圈梁或其他凸出物凸出到井道内,这时需要详细给出凸出物的位置和尺寸。

(2)门口尺寸的测量,包括门洞宽度、高度、呼梯孔以及消防开关孔位置尺寸(可以对照井道图),还有左右两侧墙垛的宽度,以此判定门口中心是否位于井道中心以及偏差多少。勘察门洞上方的钢筋混凝土过梁，一般要求高 300 mm，并与墙等厚、与井道等宽，用于安装层门装置。每一层的门洞下方必须有钢筋混凝土梁用以安装厅门地坎装置，如有牛腿须做好记录。门口留洞高度一般为自装修完工地面起，电梯净开门高度 +100 mm；门口留洞宽度一般为电梯净开门宽度 +200 mm。

（3）层高的测量，即在厅门口测量相邻两层楼板装修完工地面之间的垂直距离。可用一根木杆分段测量上一层楼板下皮到脚站地面的净尺寸，之后再加上楼板厚度即为该层层高；也可在与厅门地面等高的楼梯上下口处测量层高，注意最小层高不能小于 2 600 mm。

（4）顶层高度的测量，即顶层装修完工地面到井道顶板下皮之间的净尺寸。

（5）底坑深度的测量，即最底一层装修完工地面到坑底的深度。注意观察底坑内有无建筑基础等结构凸入井道内，如有则须量出其尺寸，做好记录。

（6）井壁结构的测量，即砖混结构井道须勘察有无圈梁，如有须记录圈梁中心间距（一般要求圈梁高度为 300 mm，最小为 200 mm），如有埋件需记录埋件尺寸及其间距；后对重的电梯井道须三面布梁（或埋件），侧对重的电梯井道只需左右两面布梁（或埋件）。还要注意井道的四角有无凸出井道内部的立柱，井道内壁有无凸出的梁等结构，并做好记录。埋件位置由公司根据导轨支架与井道壁焊接固定的位置确定，埋件一般采用 16 mm 厚的钢板。

（7）机房的测量，即机房的平面长度和宽度尺寸，标出机房与井道的相对位置，井道是否凸出机房地面，如有凸出须标出凸出高度、吊钩下缘到井道顶板上皮之间的高度、机房开门位置及尺寸等，还要记录有无支承台等情况。另外，还要注意承重钢梁支承台之间的距离（一般等于井道的宽度或进深），避免公司发货时将曳引机承重梁发短。

42. 电梯井道存在问题如何处理？

（1）井道过大或过小。当电梯井道两侧内壁距厅门中心线的尺寸以及井道深度大于标准布置图尺寸 200 mm 以内时，可以不改变土建尺寸安装标准电梯，但要在图纸上注明实际尺寸，公司设计时相应加长导轨支架。如果井道宽度或深度太大，就要甲方采取加钢梁等补救措施，或向公司设计人员咨询可否采用支架加长加固的办法。公司提供的标准土建布置图一般都是最小尺寸，为的就是节省建筑面积、提高产品适应能力。因此，如果井道小于标准尺寸，应该向公司咨询。还要特别注意高层建筑的土建偏差，厅门一侧井道内壁的垂直面偏差应保证在 0~25 mm，其他三面井道内壁的垂直面偏差应保证在 0~30 mm。

（2）井道四角有立柱出现。如果井道后侧左右某一角有立柱凸出，且不超过 150 mm × 150 mm，一般不影响电梯的安装。但如果在厅门两侧井道的墙角处有凸出的立柱，在标准井道宽度范围内是不允许的。建筑结构中立柱有时下粗上细，所以要特别注意底层。

（3）顶层高度不够。这种情况应将机房井道局部向上抬高到顶层高度，以满足标准尺寸，即“起台”。“起台”后井道顶板上表面到吊钩下缘的距离满足曳引机安装空间要求，一般应大于 2 200 mm。

（4）底坑过深或过浅。如果底坑过深，必须回填到标准深度或比标准深度大 100 mm 以内的深度。如果底坑过浅，则应首先建议用户深挖至标准深度，其次考虑抬高首层地面高度，即首层厅门口地面起坡或起台。

（5）底坑内如有建筑基础等凸出结构，须如实测量，由设计人员做出设备或土建的整改方案，如需破坏基础结构，要经建筑设计部门同意。

（6）底坑以下如有人能够到达的空间，应首先建议用户封闭井道以下的空间，否则井道底板的载荷须按 5 000 N/m^2 以上设计，并且缓冲器下区域须设置一直延伸到坚固地面上的实心桩墩。

（7）砖混结构厅门口问题。如果门口上边只有很小的一段过梁，不能满足电梯厅门安装要求，用户须在门口上方做两处预埋钢板，预埋钢板的位置及尺寸根据所选用的层门装置确定。

（8）砖混结构的电梯井道。未完工的砖结构井道，可要求用户在每隔一定高度时做一圈梁，三面布置，在电梯门口一侧断开。梁中心高度间距根据公司产品型号不同而定，最大不应超过 2 500 mm，梁高为 300 mm，与墙等厚。其中，最低一道圈梁距离坑底 500~1 500 mm，最高一道圈梁距离井道顶板 200~500 mm。已经完工的框架添实心砖结构井道，可在固定导轨支承架的位置做预埋钢板，预埋钢板位置及尺寸由公司提供，用户负责提供材料及施工。井道结构如果是空心砖又无圈梁，可考虑在框架之间加钢梁整改。

（9）多个电梯井道相通。可在每相邻两个电梯井道之间每隔一定高度固定一根 16~20# 工字钢梁，位置同圈梁；底坑须设置隔离网，并高出底坑地面 2 500 mm。

（10）对井道内壁的要求。井道内壁不要求抹灰，以有利于降低噪声，但不能有异物凸出。

43. 自动扶梯井道测量的基本内容有哪些？

（1）测量提升高度，即扶梯的提升高度是上、下两个支承梁处装修完工地面之间的垂直距离，用吊线法测量时应注意线坠定位点与扶梯下支承梁装修面之间有无落差。

（2）测量扶梯跨度，即上、下支承梁之间的梁边距，测量方法是在上支承点吊线到地面定位，然后再测从定位点到下支承梁边缘的水平距离。

（3）上、下支承梁的有效支承宽度，应大于扶梯桁架宽度，并应有预埋钢板。

（4）测量底坑（如有）的长度、宽度、深度，注意观察支承梁处是否有凹槽及预埋件。

（5）扶梯两侧应留有 350 mm 以上的空间，平行排列时两扶梯之间不受此限制。

（6）落实扶梯的排列方式并反馈公司，以便公司确定某些共用装置的配置、发货的顺序、连续排列时扶手带转弯对齐等因素。

(7)对于需要中间加支承的扶梯,要确定现场是否具备加支承的条件以及可以加支承的范围,具体位置及支承台的高度、载荷大小等参数由公司确定。

44. 自动扶梯井道存在问题如何处理?

(1)梁边距过大。这种情况可通过增加扶梯上、下平台的长度来满足土建实际尺寸。可以一侧平台加长,也可以两侧平台同时加长,上、下平台的总加长量一般不宜超过1 000 mm。平台加长时要注意底坑长度或楼板开洞也应同时加长。扶梯加长后,上、下支承点的受力也会增加。如果梁边距增加过长,扶梯桁架中间需加支承。此外,将扶梯角度由35° 改为30° 也能使梁边距变长。

(2)梁边距过小。通过缩短下平台的办法可缩短扶梯的总长度,但注意缩短的范围很有限,一般不超过200 mm。上平台一般不可以缩短,因为上平台内包含控制柜和电机等设备。将扶梯角度由30° 改为35° 也能使梁边距缩短。

(3)楼内运输通道、门口高度或楼内回转空间不够。这种情况下,如果土建不能改动,则扶梯出厂时必须分节运输(一般分为2节),在签订销售合同时要注明。整体桁架出厂后是无法分节的,扶梯设备不允许侧卧搬运。

(4)扶梯动力电源设置。三相380 V、50 Hz电源要引线至自动扶梯上出口处。

(5)自动人行道的测量。其方法与自动扶梯基本类似,参照公司标准布置图测量。

45. 编码器在电梯运行中有什么作用,工作原理是什么?

编码器在电梯运行中的作用:

(1)获得曳引机的实时转速,并提供给变频器,使变频器更好地控制曳引机;

(2)获得电梯在井道中的准确位置,并提供给电梯主板,使电梯能够精确平层。

编码器是一种将角位移或者角速度转换成一连串数字脉冲的旋转式传感器,这些脉冲能用于控制角位移,如果编码器与齿条或螺旋杆结合在一起,也可用于控制直线位移。

编码器中角位移的转换采用了光电扫描原理。读数系统是基于径向分度盘的旋转,该分度盘是由交替的透光窗口和不透光窗口构成的。此系统全部用一个红外光源垂直照射,这样光就把分度盘和图像投射到接收器表面上,该接收器覆盖着一层光栅,称为准直仪,它具有和分度盘相同的窗口。接收器的工作是感受光盘转动所产生的光变化,然后将光变化转换成相应的电变化。

编码器以信号原理区分可分为增量型编码器和绝对型编码器。

增量型编码器精度取决于机械和电气的因素,这些因素有光栅分度误差、分度盘偏心、轴承偏心、电子读数装置引入的误差以及光学部分的不精确性,误差存在于任何编码器中。增量型编码器存在零点累计误差、抗干扰较差、接收设备的停机需断电记忆、开机应找零或参考位等问题,这些问题如选用绝对型编码器均可以解决。增量型编码器一般用于测速、测转动方向、测移动角度和测距离(相对)。

绝对型编码器光码盘上有许多道光通道刻线,由光码盘的机械位置决定,不受停电干扰的影响。绝对型编码器由机械位置决定的每个位置是唯一的,它无须记忆,无须找参考点,而且不用一直计数,什么时候需要知道位置,什么时候就去读取它的位置,因此绝对型编码器的抗干扰特性、数据的可靠性大大提高。

因为编码器是精密仪器,所以使用时要注意周围无振源。

46. 电梯维修有哪些安全要点?

(1)多人配合维修电梯时,要做到思想集中,相互之间有呼有应,做好配合工作。

(2)如果要用三角钥匙打开厅门,一定要看清楚轿厢的位置,不要想当然地认为电梯一定就在什么位置。

(3)打开厅门进入轿顶时,不能立即关门,首先要把检修开关置于检修挡,按下急停开关,打开轿顶灯,在轿顶站稳后方能关上厅门。

(4)出轿顶时,首先要打开厅门,再将轿顶检修开关、急停开关、照明开关等一一复位,到达厅外后再关上厅门。(如果人站立在厅外能操作到以上开关,应站到厅外后再复位以上开关)

(5)轿厢运行时,不要把身体探到栏杆之外,不要在骑跨处作业。

(6)在轿顶时,万一遇到电梯失控运行,要保持镇定,应抓牢可扶之物,蹲稳在安全处,不能企图开门跳出。

(7)在底坑工作时,应该切断底坑检修箱的安全开关。爬出底坑时,一定要保证厅门在打开状态下,方能接通底坑的安全回路,然后迅速爬出底坑。(如果在厅外能操作安全开关,应在人爬出底坑后再接通安全开关,然后再关门)

(8)如果必须短接门锁检查电梯门锁故障,要保证电梯处于检修状态。检查完毕后,务必先断开门锁短接线后,才能让电梯复位到正常状态。

(9)检修有应急装置的电梯,在使用应急开关时,务必保证厅门处于关闭状态,防止他人跌入井道。进入底坑工作,如果1楼门要开着,必须在厅门外挂警戒标志或由专人看护,切实做好防止他人跌入底坑的措施。

(10)当需要切断电源检修电梯时,应挂上“有人操作,禁止合闸”的警示牌。在进行带操作或使用电动工具时,要切实做好防止触电的安全事项。

47. 电磁干扰会引起哪些故障?

随着计算机技术的迅猛发展,特别是成本大大降低的微型计算机广泛应用到电梯的控制部分,甚至采用多微机控制以及串行通信传输呼梯信号等,驱动部分采用变压变频(VVVF)调速系统已经成为电梯流行的标准设计。近几年来,变频门机也成为主流,取代了原来用电阻调速的直流门机。微机的广泛应用对其构成的电梯控制系统的可靠性要求越来越高,主要是抗干扰的可靠性。电梯运行中遇到的各种干扰,主要外部因素有温度、湿度、灰尘、振动、冲击、电源电压、电流、频率的波动,逆变器自身产生的高频干扰,操作人员的失误及负载的变化等。在这些干扰的作用下,电梯会产生错误和故障,电梯电磁干扰主要有以下三种形式。

（1）电源噪声。它主要是从电源和电源进线（包括地线）侵入系统，特别是当系统与其他经常变动的大负载共用电源时会产生电源噪声干扰。当电源引线较长时，传输过程发生的压降、感应电势也会产生噪声干扰，影响系统的正常工作，电源噪声会造成微机丢失一部分或大部分信息，产生错误或误动作。

（2）从输入线侵入的噪声。当输入线与自身系统或其他系统存在公共地线时，就会侵入此噪声，有时即使采用隔离措施，仍然会受到与输入线相耦合的电磁感应的影响，如果输入信号很微小，极易使系统产生差错和误动作。

（3）静电噪声。它是由摩擦所引起的，摩擦产生的静电电流很微小，但是电压可高达数万伏。IEEE 可靠性物理讨论会提供的材料表明，在毛毯上行走的人带电最高可达 39 kV，在工作台旁工作的人带电也可达 3 kV，因此带有高电位的人接触电脑板时，人体上的电荷向系统放电，急剧的放电电流造成噪声，影响系统工作，甚至会造成电子元器件的损坏。

针对以上的状况必须采用防干扰措施，防干扰措施自身也应该正确可靠，否则会产生电梯故障。

（4）电气电子元件损坏或位置调整不当引起的故障。电梯的电气系统，特别是控制电路，结构复杂，一旦发生事故，要想迅速排除故障，单凭经验是不够的，这就要求维修人员必须掌握电气控制电路的工作原理及控制环节的工作过程，明确各个电气电子元器件之间的相互关系及其作用，了解各电气元件的安装位置，只有这样才能准确地判断故障的发生点，并迅速予以排除。在这个基础上若把别人和自己的实际工作经验加以总结和应用，对迅速排除故障、减少损失会有益，因为某些运行中出现的故障是有规律的。

48. 电梯“共振”情况是什么原因导致的？

电梯是一个机电结合要求很高的特种设备，由于自身设计以及现场安装情况不一样，会出现运行时轿厢舒适感不好（乘客判读电梯好坏的标准），可能引起电梯“共振”现象的原因如下。

（1）钢丝绳张力不均，特别是公司现阶段 2∶1 悬挂方式的电梯，如果张力不均，会导致很大的共振，严重时会发生钢丝绳断股。

（2）轿顶导向轮垂直度超过规定的范围（国标为不超过 2 mm，厂标为不超过 1 mm），会导致钢丝绳与导向轮单侧摩擦产生共振；由于轿顶导向轮为软连接，运行一段时间后垂直度会发生偏移，这就需要及时进行调整和维护。

（3）轿厢拼装时螺丝未紧固，水平度、垂直度超标，轿底减振固定螺栓超出轿底超载机械形变范围，个别电梯轿厢前后偏重，观光电梯护罩与轿厢相互干涉，托架 4 根斜拉杆调整不均，都会导致电梯运行时发生共振。

（4）导轨安装超标，如面距过大或过小、导轨安装件安装不牢、接头未处理好或有毛刺等。

（5）主机问题，如不水平或不垂直、曳引轮和导向轮水平度偏差超标、主机自身组装问题、编码器运行时摆动过大等，以及制动抱闸间隙不均匀、曳引轮和导向轮转动不灵活。

（6）电气问题，如变频器参数设置不当、电梯电源有其他电器使用、编码器定位或电动机定位不成功等，以及速度反馈装置干扰造成电机输出转矩不稳。

49. 地区环境温度对电梯有哪些影响？

众所周知，国家对电梯运行的环境温度规定在 5~40 ℃，为了使产品能适应不同区域，公司在设计、采购、生产电梯时将该范围扩大到 -10~40 ℃。即使如此，也不能杜绝温度对电梯运行的影响。结合部分典型事例，综合分析温度与电梯之间的关系。

（1）2009 年 12 月，在内蒙古、东北的工地，多台电梯频繁出现开关门同时动作的故障，经调试、维修人员反复排查，最终发现是由于门机双稳态开关（宁波欧菱）由于北方温度过低造成误动作造成，后更换新型耐低温开关（浙江象山）后电梯恢复正常。

（2）2008 年 9 月，山东某现场一台无机房观光电梯频繁停梯（停梯时间基本在一天中最热的时间段），经维修人员排查发现是控制柜变频器（西威 AVY，7.5 kW）过热造成，最后在变频器上采取散热措施，该问题解决。

（3）2010 年 12 月，一台室外自动扶梯频繁报测速信号丢失故障，经维修人员现场检查发现扶手带静电轮由于润滑不良且接触面不均匀，偶尔不会旋转，造成扶手带速度检测和梯级速度检测偏差过大而报测速信号丢失故障。

综上所述，电梯的部分电气、机械部件在环境过热、过低时都会对电梯运行造成不小的影响，但在出现故障后根据现场实际情况进行理解分析，温度造成的故障是比较容易排查出来的。

一般长江以南的地区建议电梯用户在机房安装空调，长江以北的区域要求电梯用户在机房安装空调或排风扇，无机房结构时建议电梯用户根据实际采取一定的降温或排风措施。

50. 电梯主电源为什么不能使用漏电保护器？

首先有必要对漏电保护开关的原理进行说明。漏电保护开关是以漏电为动作信号，并在一定的漏电条件下切断漏电线路，以免伤及人身和烧毁设备的装置。漏电保护开关通常和短路、过载等保护元件组装在一起，常有电压型和电流型漏电保护开关之分。漏电保护器是根据“电流平衡原理”来动作的，当电路正常工作时，相线电流和中线电流相等，电流向量总和等于零，电流互感器铁芯中感应的磁通向量和也等于零，这时由于电流互感器二次侧绕组无信号输出，漏电保护器脱扣器不动作，电路正常供电。但当电路发生故障或绝缘破损漏电时，电流向量总和不等于零，电流互感器铁芯中感应的磁通使得二次侧绕组产生感应电压，当故障电流达到一定值时，感应电压使漏电保护器脱扣器动作。

而对于电梯来讲，在电动机启动时无法做到保持三相电流平衡，因此电流向量总和不等于零，从而造成漏电保护开关动作。对于变频控制的电梯，在启动时为保护变频器支流环，通常会采用两相降压整流的方式对直流环进行充电，因此在启动时只有两相有电流，电流向量总和不等于零，从而造成漏电保护开关动作。

在变频器使用中会产生电磁干扰，而在金属壳体屏蔽后，金属壳体就会对地有电位差，所以只有重复接地最安全，但重复接地后，这部分能量反映到漏电上就是输入电流与输出电流不平衡，漏电保护开关只是从电流上判断漏电，它不知道变频器会通过谐波（电磁波、寄生电容）方式泄漏，而泄漏值又大于普通漏电的阈值，因此一旦变频器开始工作就有可能会造成漏电保护开关动作。

综上所述，电梯变频器的进线侧不能安装漏电保护器，而需要安装电机专用的空气开关（AD 型，空气开关选择为连接该开关的电梯最大电流的 1.2 倍）。

所以，当电路中有变频器、整流电路等谐波源的时候，漏电保护开关就会经常误动作。

51. 最大允许对重缓冲距如何确定？

《电梯监督检验和定期检验规则》（TSG/T 7001—2009）自 2010 年 4 月实施以后，在对重缓冲距满足井道顶部空间要求和极限开关接触缓冲器之前动作的前提下，已不再需要区别蓄能型和耗能型，也不受 150~400 mm（耗能型）、200~350 mm（蓄能型）限制，只要顶层高度足够，对重缓冲距可以足够大，如顶层高度不够充足但又能满足极限开关在接触缓冲器之前动作，对重缓冲距也可以小于 150 mm。正确确定对重缓冲距的步骤和方法如下。

（1）测量出电梯在上端站平层位置时的下列距离值：

①导靴上端距导轨顶端之间的距离较小值 A；

②轿顶最高可站人面积（上梁一般被认为是不可站人的）的水平面与位于轿厢投影部分井道顶最低部件的水平面（包括梁和固定在井道顶下的零部件）之间的自由垂直距离 B；

③井道顶部的最低部件与轿厢护栏内（护栏距轿厢外缘不得大于 0.15 m）的最高部件之间的自由垂直距离 C；

④井道顶部的最低部件与导靴或滚轮或护栏最高部分之间的自由垂直距离 D。

（2）确定对重缓冲器的压缩行程 Y：

①测量出对重完全压在缓冲器上时的层门地坎与轿门地坎之间的距离 W；

②测量出对重缓冲距 X；

③计算出对重缓冲器的压缩行程 Y，即

$$Y=W-X$$

（3）按以下式子计算出可能的对重缓冲距 S：

$$S_1=A-Y-(0.1+0.035v^2)$$
$$S_2=B-Y-(1.0+0.035v^2)$$
$$S_3=C-Y-(0.3+0.035v^2)$$
$$S_4=A-Y-(0.1+0.035v^2)$$

（4）确定最大允许缓冲距，取 S_1、S_2、S_3、S_4 中的极小值，即为允许的最大对重缓冲距。

（5）在对重缓冲器附近，标注出醒目、永久、允许的最大对重缓冲距标识。

需要说明的是，从安全角度考虑，满足极限开关在接触缓冲器之前动作的前提下，对重缓冲距以小为好。

52. 钢丝绳测量标准是多少？

钢丝绳测量包含两方面内容：一是安装时钢丝绳长度的测定，二是在用钢丝绳直径的测量。

（1）测定钢丝绳长度。测量时轿厢与对重的位置：在轿厢组装完毕停在最高层平层位置，而对重撞板底面与缓冲器顶面的距离最好处在允许的最大缓冲距时为佳。

测量时应注意的问题：为减少测量误差，测量绳长时宜用截面面积为 2.5 mm² 以上的铜线进行，在轿厢及对重上各装好一个绳头装置，其双螺母位置以刚好能装入开口销为准。

钢丝绳长度可按下式分别计算。

单绕式电梯：

$$L=X+2Z+Q$$

复绕式电梯：

$$L=X+2Z+2Q$$

式中 X——由轿厢绳头锥体出口处至对重绳头出口处的长度；

Z——钢丝绳在锥体内的长度（包括钢丝绳在绳头锥套内回弯部分）；

Q——轿厢在顶层安装时垫起的高度；

L——总长度。

（2）测量钢丝绳直径。

①用游标卡尺在认为磨损最严重的部位的同一截面相互成 90° 方向测得两个数据，再在与该测量位置相距 1 m 的位置用同样的方法测得另外两个数值，然后取四个数的平均值，就是钢丝绳的直径，如钢丝绳的直径小于公称直径的 90%，应判定钢丝绳报废。

②用刀口尺或适当规格的钢直尺与塞尺配合测量钢丝绳落槽量，如落槽量不均匀量达到钢丝绳公称直径的 1/10 及以上，一般就认为已达到严重磨损，再加做 125% 额定载重量在行程下部断电试验（如为轿厢最大有效面积超过规定的载货电梯，还应加做静态曳引试验），如不符合要求，就应更换钢丝绳或采取其他措施（重新加工曳引轮绳槽或更换曳引轮）。

53. 对自动扶梯的制停距离有什么要求?

针对各地对自动扶梯的重视程度不断加大,并有技监局提出对自动扶梯的相关功能进行必要的检测,对自动扶梯制停距离标准要求进行解析。空载和有载向下运行自动扶梯,额定速度为 0.50 m/s、0.65 m/s、0.75 m/s 对应的制停距离范围分别为 0.20~1.00 m、0.30~1.30 m、0.35~1.50 m。若速度在上述数值之间,制停距离可采用插入法计算,制停距离应从电气制动装置动作时开始测量。

空载和有载向下运行自动人行道,额定速度为 0.50 m/s、0.65 m/s、0.75 m/s、0.90 m/s 对应的制停距离范围分别为 0.20~1.00 m、0.30~1.30 m、0.35~1.50 m、0.40~1.70 m。若速度在上述数值之间,制停距离可采用插入法计算,制停距离应从电气制动装置动作时开始测量。

54. 门连锁故障位置如何快速确认?

门连锁故障在电梯故障中占相当高的比例。对于门连锁故障,很容易在机房控制柜中通过查看显示或是对照故障代码予以确认。如果电梯的层楼较少,逐个查找、逐个排除也不费事,但是如果遇到高层建筑,需快速准确地查找门连锁故障所在层站。当因门连锁故障而使电梯不能运行时,应在机房控制柜接线排上找出轿门开关接线端和厅门开关接线端。在轿门和厅门全部关闭的情况下,分别测量轿门开关和厅门开关是否接通。若测量结果为轿门开关接通,而厅门开关断开,则可以采用以下分段法继续进行判断。

先将门锁回路上的 139、141 和 141、143 号线分别短接(见图示),使电梯可以上下操作。维修人员进入轿顶,在轿顶接线箱上找出 139 和 141 号线,用排除法先将轿门锁问题排除。假设此电梯为 20 层 20 站,按轿顶慢行按钮至中间层站如第 10 层站,打开第 10 层站的厅门,其余厅门全部闭合。用一根导线的一头接在轿顶接线 141 号线上,另一头接万用表一表笔,万用表另一表笔接 10 层站厅门的门连锁开关的接点。若连锁开关两个接点有一个使用万用表接通,则说明第 10~20 层站门连锁开关全部接通;若都不能使万用表接通,则说明第 10~20 层站门连锁开关有开路。同样方法,可判断第 1~10 层站门连锁开关情况。至于第 10 层站,则可以在门关闭后测量门连锁开关的两个接点的通断。然后在已判断开路的那一半层站取 1/2 层站作为测量点,如此下去一定能快速找到门连锁开路的层站。

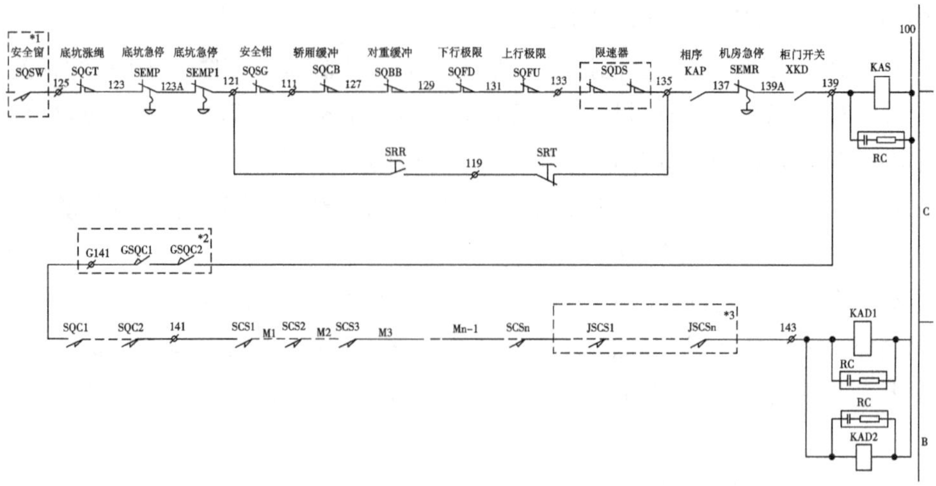

55. 终端电阻的作用有哪些？

终端电阻，顾名思义，终端即为末端，终端电阻就是并接在通信总线最末端的一个电阻。其作用就是为了消除通信电缆中的信号反射，从而保证通信信号的正确性。

在通信过程中，有以下两种原因会导致信号反射：阻抗不连续和阻抗不匹配。

阻抗不连续，信号在传输线末端突然遇到电缆阻抗很小甚至没有，信号在这个地方就会引起反射。这种信号反射的原理与光从一种媒质进入另一种媒质要引起反射是相似的。消除这种反射的方法，就必须在电缆的末端跨接一个与电缆的特性阻抗同样大小的终端电阻，使电缆的阻抗连续。由于信号在电缆上的传输是双向的，因此在通信电缆的另一端可跨接一个同样大小的终端电阻。

数据收发器与传输电缆之间的阻抗不匹配，也会引起信号反射。这种原因引起的反射，主要表现在通信线路处在空闲方式时，整个网络数据是混乱的。要减弱反射信号对通信线路的影响，通常采用噪声抑制和加偏置电阻的方法。在实际应用中，对于比较小的反射信号，为简单方便，经常采用加偏置电阻的方法。

终端电阻值取决于电缆的阻抗特性，与电缆的长度无关。RS-485/RS-422 及总线一般采用双绞线（屏蔽或非屏蔽）连接，终端电阻一般介于 100~140 Ω，典型值为 120 Ω。在实际配置时，在电缆的两个终端节点上，即最近端和最远端，各接入一个终端电阻，而处于中间部分的节点则不能接入终端电阻，否则将导致通信出错。

56. 为什么安全回路和门锁回路的参考端要接地？

下面图例中 100 号端子必须接地，这是为了防止安全回路中若有开关接地会使其电源断路器跳闸，从而使电梯不能继续运行。其目的是为了防止多点对地短路情况的发生。

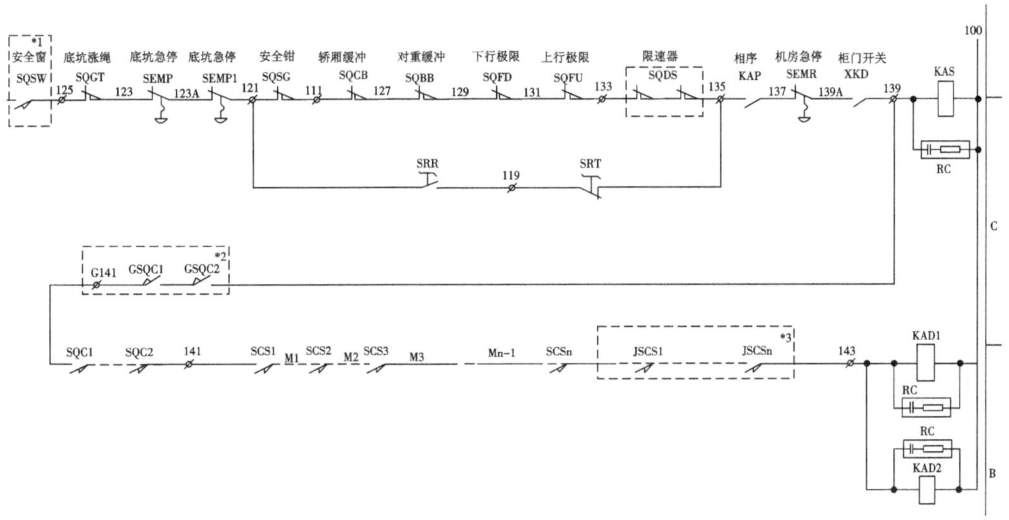

当 121 点接地时，相当于 121 点与 100 号端子直接相通，对 120 V 电源来说，相当于负载短路，那么断路器 QF 必跳闸，断开安全回路电源，电梯自然就不会运行。

假若 100 号端子未接地，那么如图所示，当一点接地时，对电路并无什么影响，所担心的是多点接地，如 133 点再接地时，那么 121、133 两点相当于短接在一起，则 121、133 两点之间的开关将失效，这是相当危险的。故此 100 号端子必须接地。

57. 自动扶梯中安全开关的位置是如何确定的？

自动扶梯上部：人站在扶梯上部，面向扶梯下部，左侧为左侧开关，右侧为右侧开关。

自动扶梯下部及中部（围裙板开关）：人站在扶梯下部，面向扶梯上部，左侧为左侧开关，右侧为右侧开关。

第 12 章 主控系统问题解答

1. 电梯的电气控制系统有什么重要性?

电梯的故障可分为电气故障和机械故障两大类,电气故障在日常电梯故障中几乎占据了 80% 的比例,所以说熟练掌握电气控制系统的故障维修方法是一线维修人员需掌握的首要基本功。

2. 电气控制系统维修必须掌握的技能有哪些?

(1)能熟练使用各种电气维修工具。

(2)熟练掌握万用表的使用方法。

(3)能看懂电气原理图。

3. 电梯控制系统有哪些分类?

电梯控制系统的分类很多,下面从电梯品牌进行大致分类。

(1)合资品牌专用系统:三菱电梯控制系统、日立电梯控制系统、通力电梯控制系统、蒂森电梯控制系统、奥的斯电梯控制系统、迅达电梯控制系统、富士达电梯控制系统、东芝电梯控制系统、现代电梯控制系统等。以上电梯制造商发展比较早,有的已经有上百年历史,每一个品牌下又有许多型号,如奥的斯旗下就有多达几十种型号。

(2)国产控制系统:新时达电梯控制系统、默纳克电梯控制系统、蓝光一体化控制系统、米高电梯控制系统、无锡中秀电梯控制系统。80% 以上的国产电梯都是基于上述控制系统演变而来的。

4. 怎么能学好各种电梯控制系统的故障维修?

要想学好电梯控制系统的故障维修,首先要仔细阅读各个系统的使用说明,结合电气原理图和电梯控制柜实物,早期的控制系统以 PLC+ 变频器为主,原理比较简单,熟练掌握电气原理图,并结合实际维修,就可以很快掌握。

一线品牌电梯控制系统需要进行系统的学习,线路比较复杂,原理图不容易看懂,需要投入更多的时间和精力去学习。

国产电梯控制系统以新时达、默纳克、蓝光、中秀为代表的电路原理图基本大同小异,熟练地掌握其中一种系统,再学习其他系统也会触类旁通。

5. 怎样用最快的速度判断电梯的故障?

电梯运行过程中发生故障停梯,维修人员到达现场首先要判断是功能类故障(如选层问题、关门问题、照明问题、超载问题、舒适感问题等,比较明确,容易判断),还是驱动类故障(需要区分检修模式下是否能够驱动)。

检修可以驱动的，基本排除安全回路、门锁回路、变频器驱动回路的问题，这种故障一般是井道信息、门辅助检测以及其他的辅助检测类的故障。

检修不可以驱动的，电梯故障是其基本安全运行条件不具备的，可以参考以下流程进行排除：

（1）安全回路是否正常；

（2）门锁回路是否正常；

（3）运行、抱闸、封星、抱闸检测开关等接触器或者开关类的检测是否正常；

（4）主板指示灯、变频器工作灯是否正常；

（5）如果以上均正常的话，则需要根据主板和变频器的操作器查阅状态和故障记录来做进一步判断。（一般前 4 步基本可以判断电梯故障）

6. 举例说一下电梯控制系统故障部位和容易发生的故障。

以默纳克电梯控制系统为例说明如下，其他电梯控制系统包括一线品牌同样适用。

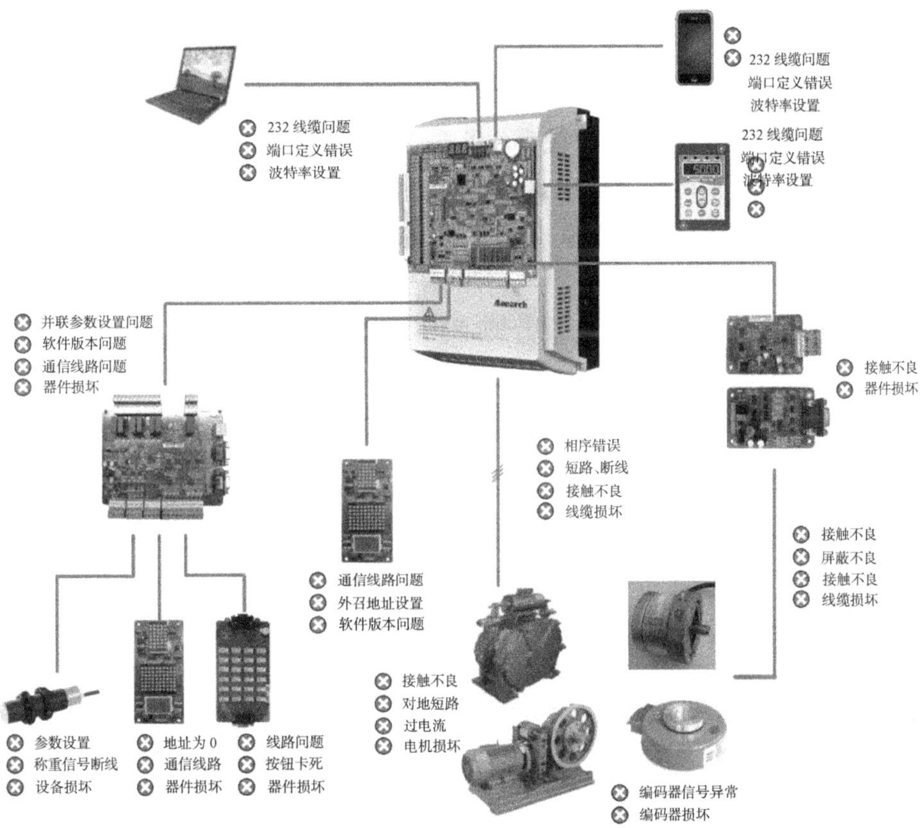

7. 默纳克电梯的主板基本操作步骤是什么？

默纳克电梯的小键盘外观如下图所示。

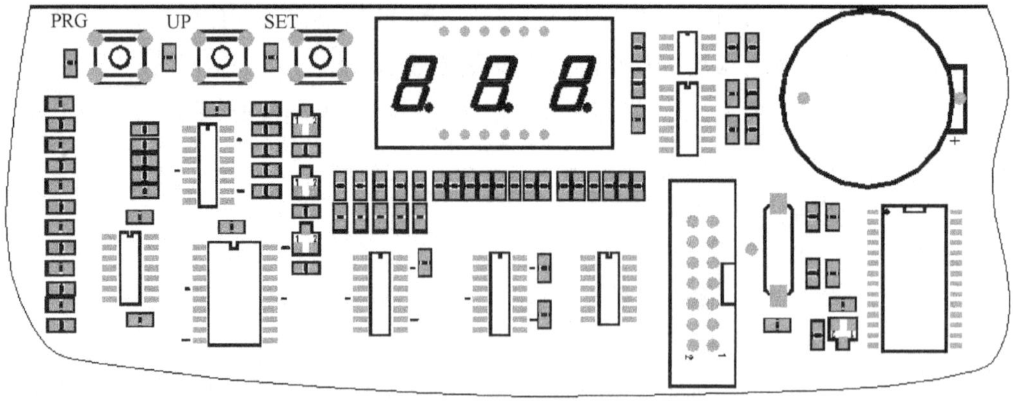

（1）小键盘按键功能说明。

小键盘上的3个按键分别定义为PRG、UP、SET，按键旁边有标明。

PRG键：在任何状态下，按下PRG键，显示的是当前的功能组菜单号，可以通过UP键改变功能组菜单号。

UP键：在功能组菜单下，可以通过UP键进行组号递增，目前定义MCB控制器有8个功能组菜单，因此UP键可以将功能组菜单号循环变化，即0、1、2、3、4、5、6、7、0、……。另外，在特定功能组数据菜单中，UP键也可以进行数据（简单命令）输入。

SET键：在功能组菜单下，按SET键进入该功能组的数据菜单。在特定功能组下的数据菜单中，输入简单命令后，按SET键保存后，MCB操作面板默认进入F0的菜单显示。

调节状态时，先按下PRG键，然后用UP键调节要进入的功能组菜单号，显示按照0、1、2、3、4、5、6、7、0、1、2……依次向后变化，然后按下SET键就可以进入功能组菜单。同时按下三个按钮或者任意两个按钮，操作无效。

（2）小键盘显示菜单分类如下。

功能组菜单号	数据菜单内容
F0	楼层及运行方向信息
F1	运行楼层命令输入
F2	故障复位
F3	时间显示
F4	运行时间显示
F5	运行次数显示
F6	保留（禁止用户设置，否则危险）
F7	楼层自学习命令输入
F8	测试功能

（3）小键盘各菜单功能详述如下。

F0（楼层及运行方向信息）：上电默认为F0的数据菜单显示，3位数码管的后两位数字显示当前电梯所在的楼层，第1位数码管用于方向显示。在电梯停止情况下，第1位数码管不显示，当电梯上行或下行时，该位数码管指示上行或下行方向。在系统出现故障情况下（原来系统无故障），数码管自动切换为故障代码闪烁显示，如果故障自动消失则进入F0的菜单显示。

F1（运行楼层命令输入）：通过PRG、UP、SET键进入F1的数据菜单后，数码管显示电梯最小楼层，可以用UP键进行数据设定更改，范围是最小楼层~最大楼层，选定数据后按SET键保存，电梯将向目的楼层运行。电梯运行到指定楼层，自动切换到F0的数据菜单。

F2（故障复位）：通过PRG、UP、SET键进入F2的数据菜单后，数码管显示“0”，可以用UP键进行数据设定更改，范围为0~1，其中1表示系统故障复位命令，此时按SET键保存，清除当前系统故障，然后自动切换到F0的数据菜单。

F3（时间显示）：通过PRG、UP、SET键进入F3的数据菜单后，数码管循环显示时间，如“2005-03-01-08-30”。

F4（运行时间显示）：通过PRG、UP、SET键进入F4的数据菜单后，数码管循环显示运行时间，单位为h，如“10000”。

F5（运行次数显示）：通过PRG、UP、SET键进入F5的数据菜单后，数码管循环显示运行次数，如“100000”，最多显示“999999”次。

F6（保留）：用户禁止设定此功能，否则危险。

F7（楼层自学习命令输入）：通过PRG、UP、SET键进入F7的数据菜单后，数码管显示“0”，可以用UP键进行数据设定更改，范围为0~1，其中1表示系统楼层自学习命令，此时按SET键保存，当满足自学习条件时，电梯开始自学习，并转为显示F0的数据菜单，自学习完毕F7自动恢复为零。

F8（测试功能）：通过PRG、UP、SET键进入F8的数据菜单后，数码管显示“00”，F8的设定范围00~04，其中00表示无功能，01表示封锁外召，02表示封锁开门，03表示封锁超载，04表示封锁限位开关。

用户设定后，按SET键确认，数码管此时闪动显示“E88”，提示用户当前设定电梯处于测试状态，按PRG键退出时，F8的数值将自动恢复为零。

8. 如何检测变频器或一体机驱动模块？

（1）检测下桥是否导通。将数字万用表打到二极管挡，红表笔接母线负端（-），黑表笔依次测量R、S、T、U、V、W和PB。若测量R、S、T时，显示值一样或相近；测量U、V、W时，显示值一样或相近，且显示值均在0.4~0.6，说明驱动板正常；若有一组万用表值是无穷大或短路，则为驱动板损坏。

（2）检测上桥是否导通。将数字万用表打到二极管挡，黑表笔接母线正端（+），红表笔依次测量R、S、T、U、V、W和PB。若测量R、S、T时，显示值一样或相近；测量U、V、W时，显示值一样或相近，且显示值均在0.4~0.6，说明驱动板正常；若有一组万用表值是无穷大或短路，则为驱动板损坏。

9. 电梯不能开门的原因？

（1）开门门区信号没有（F130=0时，只要有一个平层开关动作就应该有门区信号；F130=1时，必须有独立的门区开关输入）。

（2）可以开门的层楼设置参数错误。

（3）开门限位信号错误（输入点常开/常闭设置错误、开关或接线错误）。

（4）开门按钮信号没有接收到。

10. 电梯不能关门的原因？

（1）关门限位信号错误（输入点常开/常闭设置错误、开关或接线错误）。

（2）安全触板开关动作或输入点常开/常闭设置错误。

（3）关门按钮或上、下行按钮信号没有接收到。

11. 检修时能关门但自动时不能关门（即使按关门按钮）的原因？

（1）超载开关动作或该输入点常开/常闭设置错误。

（2）主板与轿厢板之间的通信故障。

（3）如果软件的版本号为01F3TV053及更新的版本，还有可能是电梯处于无司机满载或有司机直驶状态时，电梯运行的前方没有轿内指令信号登记。

（4）司机或独立状态，没有指令和召唤信号登记，电梯没有运行方向。

（5）无司机状态时，开门按钮常动作。

（6）F163设成有功能扩展板，但实际上没有接上功能扩展板（01F3TV053及更新的版本）。

（7）功能扩展板的地震检测、大楼紧急电源检测或断电紧急平层装置运行检测的输入点误动作（01F3TV053及更新的版本）。

（8）如果是迅达电梯，光幕开关常动作，或由于接线及输入点常开/常闭设置问题引起的相当于光幕开关常动作的效应。

（9）如果是迅达电梯，本层开门的召唤按钮卡死，或由于其他原因引起的相当于本层开门的召唤按钮卡死的效应。

（10）其他故障，这些故障主要包括安全接触器和继电器的触点故障和变频器故障等，也可查阅故障记录，找到根本原因。

12. 自动时不能自动关门（但按关门按钮能关门）的原因？

（1）司机开关动作或该输入点常开/常闭设置错误使电梯处于司机状态。

（2）独立运行开关动作或该输入点常开/常闭设置错误使电梯处于独立运行状态。

（3）消防员开关动作或该输入点常开 / 常闭设置错误使电梯处于消防员操作状态。

（4）电梯所在层楼的外召唤按钮常动作。

（5）如果有光幕开关（不是接在安全触板开关的同一输入点），光幕开关常动作或该输入点常开 / 常闭设置错误。

13. 检修时能开门但自动时不能开门（即使按开门按钮）的原因？

（1）在司机或独立运行状态，关门按钮常动作。

（2）F165 设成 1，此时是调试运行，电梯不开门。

14. 自动运行停车时不开门（但按开门按钮能开门）的原因？

（1）电梯停梯时在该层没有指令或召唤登记。

（2）电梯本次运行是自动返基站（设定的是闭门待梯返基站）或分散待梯运行。

（3）前后门召唤信号或前后门指令信号的设定有错误，使之停到只有开前门的层楼时，没有前门的指令和召唤信号；或者停到只有开后门的层楼时，没有后门的指令和召唤信号。

15. 检修时电梯门关好后不能运行的原因？

（1）安全回路和门锁回路故障。

（2）上、下行限位开关动作或该输入点常开 / 常闭设置错误。

（3）上、下行按钮信号没能有效输入到主板。

（4）在 01F3TV050 以前的软件版本中，F60 设成没有 KMC 接触器触点保护，KMC 接触器检测触点输入没有接到主板。

16. 电梯井道自学习的条件有哪些？

（1）电梯检修运行已经完全正常。

（2）电梯基本参数已全部设定好。

（3）平层开关和平层插板已全部装好，所装平层插板数和设置的层楼数一致。

（4）终端减速开关（强慢）已全部装好，开关数量：速度不超过 1 m/s 的电梯，上、下端各一个，否则上、下端各两个。单层强慢开关的动作位置必须保证电梯在终端层门区时动作，在终端邻近层门区时不会动作。

（5）如果是只有两个楼层的电梯，还必须设置平层插板长度（F127）和两平层开关间距（F125）两个参数。

（6）电梯停在最底层（下单层强慢开关动作），有至少一个平层开关被平层插板有效插进。

（7）电梯的所有自动开关、检修开关都处于自动状态。

（8）通过操作器给出自学习指令后，电梯就会以检修速度自动向上自学习运行，直到顶层停车，自学习结束。

17. 电梯自学习不成功的原因有哪些?

(1)电梯自学习运行停车时,上单层强慢开关没有动作,或不在门区(没有一个平层开关动作)。

(2)平层插板数和参数设定的层楼数不一致。

(3)检测到的终端开关动作点位置不合理:①单层强慢开关动作点离终端层平层位置距离小于 800 mm;②如果每一端站有两个终端减速开关,任一端的两个开关之间的距离小于 800 mm。

(4)上、下平层开关接线接反,平层开关的插板没有装好,或接线没接好,或开关本身有问题,使之平层开关不能准确动作。

18. 自动状态下不能登记指令的原因有哪些?

(1)电梯有故障,在操作器界面上可看到故障标志,此时可查阅故障代码。

(2)电梯的服务层设置参数设成不停层;如果是群控,群控中对应本梯的服务层参数设成不停层;或者群控中方案一、方案二开关接通,方案一、方案二的参数设置成本梯对应的该楼层不服务。

(3)通过 NS-CB 功能(轿厢按钮设不停层)已经设成不停层。

(4)F137~F139 参数设定的对应层楼为不停层,且 SM-02 板的 TX16 输入点(NS-SW 开关)已接通。

(5)电梯的 NS-CB 设置开关或密码层设置开关处于 ON 状态。

(6)电梯没有 NS-CB 功能,SM-02 板的 TX5 输入点没有接线,但 TX5 设成常闭触点。

(7)电梯没有密码层功能,SM-02 板的 TX17 输入点没有接线,但 TX17 设成常闭触点。

(8)F170~F172 三个参数的 48 位对应 48 层楼中有无 IC 登记指令功能。如果这一位设成 1,则对应的层楼只能由 IC 卡登记指令信号,而不能用操纵箱按钮或操作器登记指令。

(9)F163 设成有功能扩展板,但实际上没有接上功能扩展板(01F3TV053 及更新的版本)。

(10)功能扩展板的地震检测、大楼紧急电源检测或断电紧急平层装置运行检测的输入点误动作(01F3TV053 及更新的版本)。

19. 自动状态下能登记指令但不能登记召唤的原因有哪些?

(1)电梯处于独立或消防员操作状态。

(2)如果是群控,群控板中对应方案一、方案二开关的输入点接通,方案一、方案二的参数设置成本梯对应的该楼层召唤信号不响应。

20. 自动状态能登记指令和召唤，但关门后不能启动的原因有哪些？

（1）门锁信号不好。

（2）关门限位开关不动作。

（3）电梯无司机满载或有司机直驶后，前方没有轿内指令信号登记（01F3TV050 及以前的版本）。

（4）开门限位开关在门关闭后还动作（01F3TV053 及更新的版本）。

（5）F43 设成老司机操作模式时，启动前没有按与显示方向一致的上、下行按钮，而且门关闭后也没有再按一次关门按钮（01F3TV053 及更新的版本）。

21. 电网供电正常，电梯没有快车和慢车的主要原因有哪些？

（1）主电路或控制回路的熔断器熔体烧断。

（2）电压继电器损坏，其他电路中安全保护开关的接点接触不良或损坏。

（3）经控制柜接线端子至电动机接线端子的接线未接到位。

（4）各种保护开关动作未恢复。

22. 电梯下行正常、上行无快车的主要原因有哪些？

（1）上行第一、第二限位开关接线不实，开关接点接触不良或损坏。

（2）上行控制接触器、继电器不吸合或损坏。

（3）控制回路接线松动或脱落。

具体排除方法：

（1）将限位开关接点的接线接实，更换限位开关的接点，更换限位开关；

（2）将下行控制接触器、继电器线圈的接线接实，更换接触器、继电器；

（3）将控制回路松动或脱落的接线接好。

23. 电梯轿厢到平层位置不停车的主要原因有哪些？

（1）上、下平层感应器的干簧管接点接触不良，隔磁板或感应器相对位置尺寸不符合标准要求，感应器接线不良。

（2）上、下平层感应器损坏。

（3）控制回路出现故障。

（4）上、下方向接触器不复位。

具体排除方法：

（1）将干簧管接点接好，将感应器调整好，调整隔磁板或感应器的尺寸；

（2）更换平层感应器；

（3）排除控制回路的故障；

（4）调整上、下方向接触器。

24. 轿厢运行到所选楼层不换速的主要原因有哪些？

（1）所选楼层换速感应器接线不良或损坏。

(2)换速感应器与感应板位置尺寸不符合标准要求。
(3)控制回路存在故障。
(4)快速接触器不复位。
具体排除方法:
(1)更换感应器或将感应器接线接好;
(2)调整感应器与感应板的位置尺寸,使其符合标准;
(3)检查控制回路,排除控制回路故障;
(4)调整快速接触器。

25. 电梯有慢车没快车的主要原因有哪些?
(1)轿门、某层门的厅门电锁开关接点接触不良或损坏。
(2)上、下运行控制继电器、快速接触器损坏。
(3)控制回路有故障。
具体排除方法:
(1)调整修理层门及轿门电锁接点或更换接点;
(2)更换上、下行控制继电器或接触器;
(3)检查控制回路,排除控制回路故障。

26. 轿厢运行未到换速点突然换速停车的主要原因有哪些?
(1)开门刀与层门锁滚轮碰撞。
(2)开门刀与层门锁调整不当。
具体排除方法:
(1)调整开门刀或层门锁滚轮;
(2)调整开门刀或层门锁。

27. 轿厢平层准确度误差过大的主要原因有哪些?
(1)轿厢超负荷。
(2)制动器未完全打开或调整不当。
(3)平层感应器与隔磁板位置尺寸发生变化。
(4)制动力矩调整不当。
具体排除方法:
(1)严禁超负荷运行;
(2)调整制动器,使其间隙符合标准要求;
(3)调整平层传感器与隔磁板位置尺寸;
(4)调整制动力矩。

28. 电梯运行时轿厢内有异常的噪声和振动的主要原因有哪些?
(1)导靴轴承磨损严重。

（2）导靴靴衬磨损严重。
（3）传感器与隔磁板有碰撞现象。
（4）反绳轮、导向轮轴承与轴套润滑不当。
（5）导轨润滑不良。
（6）门刀与层门锁滚轮碰撞或碰撞层门地坎。
（7）随行电缆刮导轨支架。
（8）曳引钢丝绳张力调整不良。
（9）补偿链蹭导向装置或底坑地面。
具体排除方法：
（1）更换导靴轴承；
（2）更换导靴靴衬；
（3）调整感应器与隔磁板位置尺寸；
（4）润滑反绳轮、导向轮轴承；
（5）润滑导轨；
（6）调整门刀与层门锁滚轮、门刀与层门底坑间隙；
（7）调整或重新捆绑电缆；
（8）调整曳引钢丝绳张力；
（9）提升补偿链或调整导向装置。
29. 选层记忆并关门后电梯不能启动运行的主要原因有哪些？
（1）层轿门连锁开关接触不良或损坏。
（2）制动器抱闸未能松开。
（3）电源电压过低。
（4）电源断相。
具体排除方法：
（1）修复或更换层轿门连锁开关；
（2）调整制动器使其松闸；
（3）待电源电压正常后再投入运行。
30. 电梯启动困难或运行速度明显降低的主要原因有哪些？
（1）电源电压过低或断相。
（2）电动机滚动轴承润滑不良。
（3）曳引机减速器润滑不良。
（4）制动器抱闸未松开。
具体排除方法：
（1）检查修复；

(2)补油、清洗、更换润滑油;

(3)补油或更换润滑油;

(4)调整制动器。

31. 开门、关门过程中门扇抖动、有卡阻现象的主要原因有哪些?

(1)踏板滑槽内有异物阻塞。

(2)吊门滚轮的偏心轮松动,与上坎的间隙过大或过小。

(3)吊门滚轮与门扇连接螺栓松动或滚轮严重磨损。

(4)吊门滚轮滑道变形或门板变形。

具体排除方法:

(1)清扫踏板滑槽内异物;

(2)修复调整;

(3)调整或更换吊门滚轮;

(4)修复滑道门板。

32. 直流门机开、关门过程中冲击声过大的主要原因有哪些?

(1)开、关门限位电阻调整不当。

(2)开、关门限速电阻调整不当或调整环接触不良。

具体排除方法:

(1)调整限位电阻位置;

(2)调整电阻环位置或者调整电阻环接触压力。

33. 电梯到达平层位置不能开门的主要原因有哪些?

(1)开关门电路熔断器熔体熔断。

(2)开关门限位开关接点接触不良或损坏。

(3)提前开门传感器插头接触不良、脱落或损坏。

(4)开门继电器损坏或其控制电路有故障。

(5)开门机传动带脱落或断裂。

具体排除方法:

(1)更换熔断器的熔体;

(2)更换或修复限位开关;

(3)更换或修复传感器插头;

(4)更换断电器、修复控制电路故障;

(5)调整或更换开门机皮带。

34. 按关门按钮不能自动关门的主要原因有哪些?

(1)开关门电路的熔断器熔体熔断。

(2)关门继电器损坏或其控制回路有故障。

（3）关门第一限位开关的接点接触不良或损坏。

（4）安全触板未复位或开关损坏。

（5）光电保护装置有故障。

具体排除方法：

（1）更换熔断器熔体；

（2）更换继电器或检查电路故障并修复；

（3）更换限位开关；

（4）调整安全触板或更换安全触板开关；

（5）修复或更换门光电保护装置。

35. 电梯到基站锁梯开关动作后，电梯一关门马上又开门，在机房观察，主板液晶屏上“锁梯”和“自动”不断切换、循环反复的主要原因有哪些？

出现这种情况一般来说是显示板上的 S_2 跨接片多跨了一层或几层，在基站锁梯开关动作时，由于 04 板上的 S_2 跨接片的作用，锁梯信号通过通信线传送到主板，所以才有上述现象的发生，只要把除基站外多余的 S_2 跨接片去掉，就可以正常锁梯了。

36. 为什么电梯跑单层总是冲过一个楼层才停靠，而跑双层和多层能正常停靠？

出现这种情况，可检查主板生成曲线的参数加速斜率，T0、T1、T2、T3。如果减速斜率设得太小或 T2 设得太大，导致减速距超过一个楼层的话，单层就不能正常停靠，往往会过一个楼层才停靠。有个工地将减速斜率设成 20，就发生有些层楼单层能停靠，有些却要过一层才能停靠的现象，最后将减速斜率设成 50 就一切正常了。

37. 为什么有些用 C2 板的工地会发现超载信号不起作用，而监控主板中 TX3 已动作？

出现这种情况，一般来说是用户将 C 板和 C2 板参数混淆了，C 板中的 F34 参数是上平层调整，其出厂值是 50，而在 C2 板中 F34 参数是称重模式，必须将 F34 设为 0，超载开关信号才有效。

38. 为什么电梯在端站有时一关门就马上开门，检查安全触板、超载开关、本层外呼和指令按钮都没有动作？

出现这种情况，通常是上下强迫停车限位位置没调整好，开关可能处于似通非通的临界状态，电梯关门时轿厢的摇晃导致开关动作，主板会马上输出开门信号，所以将停车限位开关的位置调整一下就可以解决问题。

39. 抱闸打开后又闭合，快车不能运行。

调试过程：某小区电梯调试快车时，关门后电梯有下行方向显示，门锁也正常，但抱闸接触器及 KMC2 吸合后，不到 1 s 后又释放，检查接触器反馈，发现正常，而抱闸反馈开关也没有安装，X22 设为 OPEN，抱闸检测时间 F36=0，设置为正常。不在平层状态下，电梯返平层时也会出现这种状况，当按一下检修开关再复位后，接触器重新吸合后又释放，如此反复。后重新检查输入类型(INPUT TYPE)参数,发现钢丝绳打滑时间被设为0,将此参数恢复出厂值40后,电梯开始能运行快车。

40. 电梯显示屏显示下行方向,但电梯不能运行。

调试过程:某小区电梯调试时,慢车运行正常,当调试快车时,选层后发现主板显示屏有下行方向显示,门锁吸合,但电梯不能运行,后发现不在门区时也不能返平层。后经检查主板参数发现,前门开关门到位(TX0、TX1)设为OPEN,取开关门到位常开信号(即开关门到位时门机板分别输出开关门到位信号),此项设置正确;后门开关门到位信号(TX11、TX12)也设为OPEN,但电梯没有后门,当关门运行前,主板检测不到后门的关门到位信号,判断为后门没有关到位,所以造成关门后不能运行。

处理结果:将后门关门到位信号(TX12)设为CLOSE后,电梯快车运行正常。

41. 新时达C板故障,其他楼层正常,下行到一楼出现乱码,几次后死机?

(1)检查电梯到一楼平层位置时限位、极限开关有没有动作。

(2)可能有一块层显示屏有问题,可以测量一下通信线路电压。

(3)通信故障或限位开关故障。

42. 新时达不可以走快车,内外呼正常,可以走慢车,可以做楼高测量,就是不走快车?

(1)检查总线。

(2)是不是做了楼高后没存数据。

(3)检查一下门机上三个按钮是否动过。

(4)检查一下关门到位开关在门关好后是否动作,还有后门关门到位是否设置好。

43. 电梯井道自学习完毕,为什么"检修"一转"正常"就显示最底层?

可能是主板记数口A、B相接反,导致电梯上行主板液晶显示为"-",下行显示为"+",这样到最高楼井道学习完毕后,转"正常"会显示最底层,有上述情况可将主板记数口端子上的A、B相交换一下,重新自学习。或者是多层强慢或单层强慢开关常开常闭设置错误。

44. 主控电脑板显示的速度不正确是什么原因?

变频器的反馈速度正常,电流也正常,但主控电脑板的反馈速度异常,可能原因如下:

(1)接地没有处理好,导致干扰大,显示速度异常;

(2)变频器分频输出(PG)卡硬件损伤;

(3)主控板运行参数中电机转速或编码器脉冲数设置错误;

(4)主控系统高速计数口损坏。

45. 主控电脑板出现司机状态等不稳定显示怎么办?

可能是主控板和轿厢板通信错误。正常情况下,主控电脑板液晶显示屏在监视菜单下进入通信状态界面。

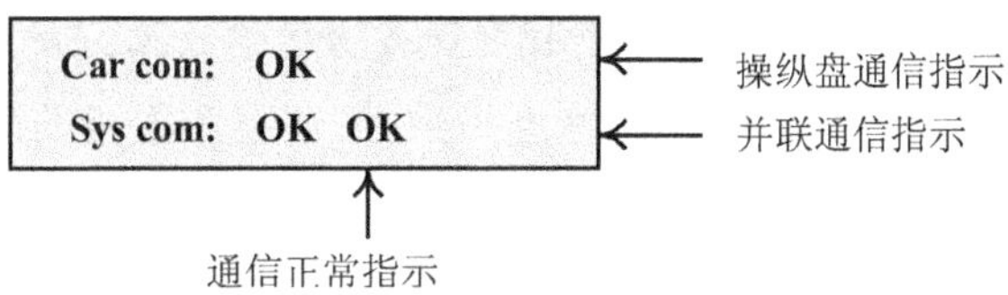

否则，可能有如下问题：

（1）液晶显示 Car Com ER，为轿厢电脑板与主控电脑板通信异常。检查随行电缆中的通信线是否短路，轿厢电脑板通信灯是否闪亮。

（2）液晶显示 Sys Com ER，表示并联或者群控通信故障。

（3）主控电脑板发送公共数据故障，可能因通信电缆对地短路或对 N 短路。

（4）某些外召及显示电脑板故障，可通过监视菜单呼梯测试检查出对应故障层，如进行地址设置后却没有显示，此时可能是设置不对或通信断线或外召及显示电脑板故障。

46. 出现故障后恢复正常，为什么在主显示器上仍然显示 ERxx 故障码？

显示器显示的是最近一次故障的代码，如果故障消失，按 ESC 故障码会消失，说明故障已经解除，如果不能消失，则说明故障依然存在。

47. 外呼楼层显闪烁，外呼不能呼梯是什么原因？

如果外呼闪烁，说明电梯处于故障状态，电梯故障出在显示的楼层，故障排除后外呼闪烁自动停止，电梯恢复正常。

48.SM5000~SCH5600 控制系统，电梯在检修或者自动状态下启动，就会报 ER21 故障，如何解决？

（1）变频器进入设置状态，禁止运行。

（2）变频器参数设定错误，未能输出 RDY 信号。

（3）变频器输出口损坏，不能正常输出。

（4）变频器报警或故障提前撤出 RDY 信号。

（5）门锁继电器触点抖动，使能信号断开。

（6）变频器未能正常接收到主控信号输出的使能或方向信号。

（7）主控系统输出信号有误，变频器不输出 RDY 信号。

（8）主控系统 RDY 输入端口 DC24 V 检测电压不正常或端口损坏（SM5000 为 X27，SCH5600 为 X31）。

49. 在检修或者自动状态下，抱闸打开后电梯不动，如何解决？

（1）查看主板输出的段速和变频器对应的输出频率，大部分情况是变频器输出的频率设置为 0 导致电梯不动，调整变频器对应的输出频率即可。

（2）主板输出段速到变频器的接线断路，主控板输出继电器损坏，变频器输入口损坏等。

（3）变频器输入端口定义参数被人恶意更改。

50. 电梯运行的速度正常，而主板报电梯超速或者低速故障，如何解决？

电梯运行的段速除与变频器输出的速度一致外，还要和主板的段速 V1~V4 相一致，如果不一致会出现以上错误，重新输入对应的速度到主板即可。

51. 外呼板与控制系统连接后为什么总显示 ZT？

该情况主要是外呼板与主板没有通信上，可能原因如下：

（1）两根 CANBUS 总线接反或断线、接触不良，检查接线；

（2）终端电阻重复短接，信号衰减严重，测量总线间电阻过低，检查是否终端电阻重复短接；

（3）电梯锁梯信号处于锁梯状态；

（4）干扰过大，系统接地不良，检查系统接地情况。

52. 外呼板与控制系统连接后显示正常，为什么无法选层？

（1）按钮接线错误或按钮卡死。

（2）楼层地址没设或设置错误。

（3）干扰过大，系统接地不良，检查系统接地情况。

53. 楼层显示和选层时好时坏，如何解决？

外呼板在长期运行过程中，由于受到电、磁、水、光等环境因素的影响，一些元器件性能下降，处于正常与故障的临界状态，典型的有外呼板 CANBUS 接口电路在某些楼层显示或选层时好时坏，这就是所谓的“软”损伤。检测方法是用万用表直流挡测量 CANBUS 两总线对 24 V 地的电压是否在 2.5 V 左右，过低则说明总线上的外呼板有“软”损伤，可通过逐个排除法查找故障板。

54. 对于 SCH5600 主板，特殊参数中 Inventer Type 的功能是什么？

对于 SCH5600 主板，特殊参数中 Inventer Type 需要做如下说明：

（1）当控制系统使用富士达、艾默生、默纳克变频器等时，时序（方向和使能同时动作）对应主板参数，对应 Inventer Type 应当设置为 0；

（2）针对 SIEI 变频器时序、方向、使能、段速同时给，方向提前撤，使能最后撤，主板参数对应 Inventer Type 应当设置为 1；

（3）如果 SCH5600 主板配置其他型号的变频器，要根据变频器厂家设置要求谨慎确定该主板参数。

55. 对于 SCH5600 主板，ER22 故障码的意义是什么？

电梯在运行中如果出现 ER22 故障码，则表明电梯高速输入口 A、B 相接触不良造成输入缺相，可借助主控板 APulse 和 BPulse 指示灯判断 A 相和 B 相输入是否错误。

56. 电梯上行（高速）没多久变成最高层显示，检修上行到最高层，下行（高速）没多久又变成最下层显示，然后急停，是什么原因？

（1）通常情况下，各种电梯的终端减速开关或者限位开关，除起终端保护作用外都有端站校正作用，即在电梯到达端站时要强制换速和信号校正。如果开关有问题，就会出现上述情况，检查端站开关即可解决。

（2）现在的电梯大都是通过安装在电机轴端的旋转编码器实现楼层计算，电梯的速度、加减速、楼层计数、停车等都是通过编码器的实际计数完成；通常是编码器线接到变频器的编码器接口上，再通过变频器的编码器输出口接到控制主板的高速计数输入口。电梯常用的编码器有两种：推挽输出型和长线驱动型，前者一般为 DC12~30 V 供电，分辨率为 1024、512、600 等，有 A/B 双向，供异步梯使用；后者大都是 DC5 V 供电，分辨率为 2048，多用在永磁同步主机驱动电梯上，型号为 HEIDENHAIN1387 和 HEIDENHAIN1313。

如果到控制主板高速计数口的任何环节出了问题，编码器损坏、编码器模板损坏、接线干扰、高速计数口损坏等都可能导致计数错误，从而引起故障。对于推挽输出型编码器，电梯以检修速度运行（电梯在检修时一般不需要计数），用万用表 DC 挡测量 A 或 B 与 0 V 之间的电压，大概是编码器供电电压的 1/2 左右，表明编码器没问题；如果电压不变或没有，则可断定编码器损坏。对于同步曳引机用的编码器，如果有故障，变频器上就会有故障显示，可认定编码器有问题，编码器通常情况下不会出问题，大多是插接线问题。

57. 如何判断串行通信故障？

（1）采用串行通信的电梯，一般在主板上都有通信指示灯（如 SM5000 系列不断闪烁说明通信传输正常），可以通过指示灯初步判断故障。

（2）断电情况下，用仪器测量串行通信的阻值是否符合正常要求、线路是否有接地现象。

（3）指令板和呼梯板在损坏的情况下，会引起指令信号紊乱、显示不正常。

（4）信号时好时坏可能是通信接口接触不良，或者干扰太大造成。

（5）遇到更换串行通信板时，应注意不要将电源线与信号线接反，否则可能引起整个串行通信的瘫痪，更换线路板时应在断电的情况下进行。

58. 高楼层电梯频繁出现通信不正常，如何解决？

（1）把外呼电缆拔掉后，从监视菜单查看干扰情况，如果显示 ERR，查看轿厢通信电缆线是否有接触不良。

（2）接上外呼后干扰大，检查没接呼梯盒时干扰是否一样，把呼梯电缆的屏蔽层接地，如果没效果，把屏蔽层接地；如果还不行，把零线和屏蔽层接上观察。

（3）把轿厢照明关掉，查看干扰是否消失，有些现场出现轿厢照明干扰的情况。

如果以上措施都不能解决，可与公司技术人员联系。

59. 电梯运行方向与指示方向相反的原因有哪些？

（1）电梯电动机进相 U、V、W 相序错误，调整 U、V、W 三相任意两相（异步机）。

(2)编码器A、B相线错接,将A、B相线互换。

(3)变频器内部PG脉冲分频卡损坏,更换该卡。

(4)电脑板损坏,更换该板。

(5)永磁同步无机房电梯由于承重墙的方向问题使曳引机安装反相,更改变频器参数或更改正(FWD)反(REV)转接线后,将A+与B+,A-与B-互换。

(6)对于永磁同步机,变频器硬件原因使输出反向,修改变频器输出方向反向的参数,更改该参数后有可能需要更换A、B相接线。

(7)前支承式曳引机,旋转编码器前置,更改(5)项中接线或更改变频器中编码器方向类参数。

60. 西门子MM440变频器进行电机参数自整定时报F0090故障的原因和解决措施?

故障原因:旋转编码器受到干扰。

解决措施:

(1)检查旋转编码器屏蔽层是否接地(变频器侧)良好;

(2)将P0492、P0494参数适当加大;

(3)将P1300设为20或0,待自整定完毕后再改为21;

(4)电机进、出相接线松动或断开。

61. 异步电梯检修运行时电机颤动的原因和解决措施?

故障原因:旋转编码器A、B相序接反。

解决措施:调换A、B相接线。

62. 电梯采用西门子MM440变频器,高速运行时颤动的原因和解决措施?

故障原因:变频器速度调节器增益P1460.1或P1460.2参数设置过大。

解决措施:减小P1460.1或P1460.2参数设置。

63. 电梯采用西门子MM440变频器,电机运行时电磁噪声太大的原因和解决措施?

故障原因:变频器载波频率P1800设置太小。

解决措施:增大P1800参数,直至电机噪声满足要求为止。

说明:在噪声满足要求的前提下,尽量减小该值,载波频率设定过大会影响电梯载重及运行电流。

64. 电梯采用西门子 MM440 变频器，运行时抱闸接触器 KMB 不会吸合的原因和解决措施？

故障原因：

（1）电机自整定时进行了误操作；

（2）变频器参数设置有误；

（3）变频器未接收到信号；

（4）变频器 I/O 接口板损坏。

解决措施：

（1）若电机自整定时进行了误操作，如将 P3900 误设成其他值，可与公司联系；

（2）检查变频器参数，P0733 是否为 52.2，若不是可设为 52.2；

（3）通过 r0722 参数监控变频器是否收到信号，若未收到信号可检查接线，若收到信号则通过 r0747 监控变频器是否有输出，若对应位无输出则检查参数设置，若有输出则检查接线。

65. 电梯采用西门子 MM440 变频器，只有一个方向运行，另一方向不运行的原因和解决措施？

故障原因：

（1）接线有误；

（2）变频器参数有误。

解决措施：

（1）检查接线；

（2）检查 P0840 应为 722.3（上行），P0844 应为 722.4（下行）。

66. 电梯采用西门子 MM440 变频器，变频器参数更改后无效的原因和解决措施？

故障原因：

（1）参数值更改量太小，反应不明显；

（2）参数组选择不对。

解决措施：

（1）适当加大更改量；

（2）选对参数组。

67. 电梯采用西门子 MM440 变频器，变频器只能看到部分参数的原因和解决措施？

故障原因：

（1）用户访问级参数 P0003 设成 1；

（2）参数过滤器参数 P0004 没设成 0。

解决措施：

（1）将 P0003 设为 3 或 4；

(2)将 P0004 设为 0。

68. 西门子 MM440 变频器如何查看变频器故障记录?

通过变频器参数 r0947 可查看变频器所发生的故障记录。

69. 西门子 MM440 变频器故障,看不到故障代码的原因和解决措施?

故障原因:变频器设置了故障自复位功能,因此变频器发生故障时,立即进行了故障复位而导致看不到故障代码。

解决措施:将 P2103 参数设为 0 即可。

注意:当故障排除后,建议恢复原设置参数(2853)。

70. 电梯采用西门子 MM440 变频器,为何电机参数无法更改?

将 P0010 设为 1 即可。注意更改后将 P0010 恢复为 0,否则电梯不会运行。

71.EC-P1 系统自动扶梯测速开关已屏蔽,为什么会因测速开关故障而停止?

由于系统是通过检测测速开关脉冲的间隔时间进行故障判断的,而一般系统报测速开关故障,大多是由于测速信号丢失所致,因此虽然测速开关已进行屏蔽操作,但是当梯级经过测速开关时仍会发出脉冲信号,测速信号丢失系统仍会报故障并使扶梯停止运行。解决方法是将测速开关信号线暂时拆除,这样便不会有脉冲信号进入 PLC(或控制器),系统也就不会因测速开关而停梯。

警告:屏蔽测速开关只能做应急运行,切不可长时间处于无测速监控运行。

72. 如何知道自动扶梯的测速开关已被屏蔽掉?

对于 PLC 系统,若自动扶梯启动,电铃以响 0.5 s、停 0.5 s 的频率鸣响 6 s(或 3 次),即可确认测速开关已被屏蔽掉。

对于微机系统,显示器显示“E”,即可确认测速开关已被屏蔽掉。

警告:屏蔽测速开关只能做应急运行,切不可长时间处于无测速监控运行。

73. 如何判断自动扶梯是由于测速开关故障而造成停梯?

(1)将测速开关屏蔽掉(注意将测速开关信号线同时拆除),若自动扶梯不再因测速开关故障而停梯,即可确认测速开关发生故障,可调整测速开关与梯级之间的间隙或更换。

(2)由于检修状态下系统不再进行速度监控,若检修运行正常,而正常运行时自动扶梯启动 8 s 以后停止,即可判断测速开关发生故障。

74.SM5000 系统如何加磁环去除干扰问题?

(1)在总线上增加磁环,H、L 共同缠绕一圈。(注意只能缠绕一圈,多缠后轿厢通信显示会变好或完全没有问题,但会使轿厢传来的有效信号大部分被滤掉,造成轿厢内选登记不上)

(2)在主板输出给轿厢、呼梯的 24 V 电源和 0 V 地线上增加一磁环缠绕 2 圈。(电源线可以多缠,效果能更好些,也不会产生通信接收被过滤问题)

（3）在运行接触器与电机之间三相线各加一磁环缠绕一圈。

一般情况下，通过方法（1）和（2）就可以消除干扰；如（1）和（2）效果不明显，可采用方法（3）。

75.现场干扰评价较大，有时通信断，如何处理？

检查通信电缆无异常，然后分别对随行通信和呼梯通信单独进行干扰处理；通信线不要和电源线走同一个线槽，而且电源线最好加屏蔽管，通信线要求采用双绞屏蔽线；屏蔽层有三种状态，即悬空、接地线、接 GND2，根据现场情况选择最佳方式。

76.电梯飞车情况分析。

在电梯安装、调试、维修过程中，偶尔会遇到“飞车”情况，出现此情况不但有安全隐患，而且对电梯部件损伤很大，应当及时处理。造成电梯“飞车”的主要原因如下。

（1）主机编码器问题，即自身问题、安装不到位（运行摆动大）、编码器信号线接触不良、编码器线插头问题、编码器有电磁干扰（主要表现在使用西威变频器驱动时）。

（2）控制柜变频器问题，即变频器 PG 卡接触不良或损坏、脉冲反馈线路问题、插头接触不良、变频器受干扰严重、变频器学习时未学成功、变频器自身问题（CT 变频器等）。

综上所述，“飞车”主要是电气问题引起的，出现机械问题时只会引起电梯“溜车”。

77.MM440 门机变频器烧毁分析。

AC220 V 电源线 305、300 接到 PHC1、PHC2 端子上，会导致变频器烧毁。PHC1、PHC2 端子就是为解决部分现场光幕反应慢而增加的功能（具有可选择性），可作为信号反馈端子，属于弱点信号，切忌错接为电源线。

78.SM5000 系统通信干扰问题分析。

电梯通信受干扰，将导致主控板与轿厢控制板及外呼板的信息不能上传下达，主要表现为运行中楼层不变化或跳跃式显示，如显示检修状态，或显示闪烁或选不上层，或显示迟缓等。

解决措施：

（1）检查离控制柜最远端的楼层（通常为最底层）外呼板上的终端电阻短接帽是否插上，若未插上，可将短接帽插上；

（2）测量外呼通信线 TXA+ 与 TXA- 之间的阻值是否为 120 Ω，若过小，可检查是否有其他楼层的外呼板上的终端电阻短接帽短接，若有可拆除；

（3）将主板上的 SEL1-1 拨到 OFF 位置，测量通信线 TXA+ 与 TXA- 之间的阻值是否为 60 Ω，若过小，可检查轿厢内的显示板终端电阻短接帽是否短接，若有可拆除；

（4）轿厢通信受干扰时，在轿顶检修盒内将通信线屏蔽层可靠接地；

（5）外呼通信受干扰时，将离控制柜最远端的外呼（通常为最底层）通信线的屏蔽层与整个电梯系统的接地可靠连接（可与厅门支架的接地端相连接）；

（6）降低变频器的载波频率；

（7）在主控板、变频器输入 / 输出端加上磁环，尽可能多绕几匝；

（8）为通信单独提供电源或增加容量；

（9）更换主板。

79.SM5000 关于排查终端电阻的方法。

该公司产品各种型号串行通信终端电阻要求为 60 Ω。在维保督察中发现部分电梯终端电阻为 120 Ω 或 40 Ω。出现 40 Ω 时为终端电阻重复短接，信号衰减严重。出现 120 Ω 左右时为终端电阻未短接。终端电阻为 120 Ω 或 40 Ω 时，串行通信出现性能不稳定，会出现一些软故障。

SEL1 拨码开关拨至 OFF 位置（非 ON 位置）。

SEL2 拨码开关拨至 ON 位置（此开关用于并联或群控）。

SM5000 系统终端电阻排查方法：K6 为轿厢串行通信接插件，K7 为层站串行通信接插件。控制柜断开电源，分别把 K6、K7 接插件拔掉。测量 K6 端子 3 与 4 之间的阻值应为 120 Ω，若不是应检查轿内主板，若是即可把 K6 接插件插上；测量 K7 端子 3 与 4 之间的阻值应为 120 Ω，若不是应检查最底层外护板终端电阻是否短接或重复短接，若是即可把 K7 接插件插上。

在主板 J13.3 与 J13.4（TXA+ 与 TXA- 之间）测量终端电阻应为 60 Ω，若不是应将 SEL1 开关拨至反方向，再测量终端电阻直至为 60 Ω。

80. 采用西威变频器电梯启动时有噪声或振动的原因是什么？

电梯启动时有噪声，有的时候伴随轿厢振动，给人的感觉像抱闸没打开，实际观察抱闸是完全打开的，这多半是因为调试的时候零速的 P 值给得太大，把零速的 P 值降低后噪声消失，此时应尽量不调整零速的 I 值，因为调整零速的 I 值可能会引起启动倒溜。

81. 如何查看西威变频器故障记录？

西威变频器的故障记录可在监视菜单 MONITOR 里查看，即一送电显示的菜单，按 ENTER 键进入后上翻两次，显示 ALARM LOG，里面存储了最近 30 个故障和各种系统错误信息列表，同时显示故障原因、发生时间和数据信息；通过下翻键可查看故障记录。

82. 关于 SM5000 及 SM5600 并联控制的说明。

（1）参数设置：并联的两台电梯应作为单梯调试好，将两台电梯的并联使能设为 YES，并联梯号分别设为 A 和 B，消防层设为同一显示楼层对应的绝对楼层地址。两台电梯层楼中间如有不停层层站，不停层区间两台电梯的门区插板数应一致。

（2）接线：并联线应使用双绞屏蔽线，其中 TXA2+ 和 TXA2- 必须使用同一组双绞线。

（3）状态确认：如果电梯处于检修、司机、满载、专用、消防、锁梯，自动脱离并联运行，状态恢复后自动重新进入并联控制。

（4）特殊说明：如果是 SM5600 的主板实现并联，需要检查 J11 端口左侧有没有 CAN

模块。

83. 如何查看CT变频器故障记录?

参数Pr10.20-Pr10.29保存了最近十次的故障记录，Pr10.43-Pr10.51中是各次故障发生的时间,其中Pr10.20(Pr10.43)中是最近的一次故障记录(发生时间)。

84. 采用CT变频器电梯启动时有噪声或振动怎么办?

电梯启动时有噪声,有的时候伴随轿厢振动,给人的感觉像抱闸没打开,实际观察抱闸是完全打开的,这多半是因为调试的时候启动锁定微分增益、启动锁定比例增益、启动比例增益和启动积分增益超调引起的，CT变频器开闸瞬间处理是由位置环和速度环的叠加组成的,此时应尽量不去调整启动锁定微分增益、启动锁定比例增益,降低启动比例增益和启动积分增益后噪声消失,调整启动锁定微分增益、启动锁定比例增益可能会引起启动倒溜。

85. 如何查看直梯、门机的默纳克变频器故障记录?

直梯:参数F9-14,F9-15,F9-16保存了最近三次的故障记录,其中F9-16是最近的一次故障记录;F9-17,F9-18,F9-19,F9-20,F9-21保存了最近故障发生的频率、电流、母线电压、输入端子、输出端子的状态。

门机:参数FA02,FA03,FA04,FA05,FA06,FA07,FA08,FA09保存了默纳克门机变频器的故障记录。

86. 主板不能上电或者安全回路正常,但主板报安全回路故障的典型例子。

该情况会表现出以下两种现象。

(1)当合上电源开关,主板有时候正常,有时候不能上电。在主板不能上电的时候观察供给主板电源的开关电源,也会发现该开关电源有些闪烁,把外呼去掉再次进行上电,再把外呼插件插上即可。

(2)主板可以上电,但主板报ER02故障(安全回路故障),安全回路正常。可以测量开关电源的电压,就会发现开关电源电压降低,主板的显示红灯不是正常的亮度,而是有些发暗。

以上两种情况都是由于开关电源的容量不够造成的,应该更换成大容量的开关电源。

87. 瑞驰系列默纳克变频器如何进行编码器原点的输入?

在进行默纳克变频器更换的时候,如果可以直接输入原点,就可以不用再进行电动机原点的学习。默纳克变频器相位角参数是FA-03,但是该参数不能直接输入。这是默纳克变频器的一项保护,避免错误的参数输入。此时需要更改F0-01,将此参数更改为0,才可以进行原点角度的输入。

88. 控制柜如何与大楼消防中心进行对接?

大楼消防与控制柜对接时,要求控制柜提供两组信号,一组是大楼消防给控制柜的输入信号，另一组是电梯消防时控制柜给消防中心的反馈信号。

对于大楼消防给控制柜的输入信号，要求消防的信号为无源的常闭触点，即要求正常运行时为闭合的触点，消防状态时为断开的触点，并与消防输入开关串联，因为主板消防有 24 V 的电源，所以要求消防提供的信号一定要为无源触点，否则有可能烧坏主板消防的输入点。

对于控制柜给消防中心的反馈信号，主板提供一组继电器的无源常开点，即正常为断开，当电梯处于消防运行状态并且轿厢返回到消防疏散层，门开到位的时候该继电器就会从断开变为闭合。

89.5600 主板怎么取消防捣乱功能？

（1）拆除轿顶板 J2-4 端子接线 663，并将此接线做好绝缘处理。

（2）检查主板基本参数中的轿厢输入 C05 的输入逻辑，确认为 0。

（3）保存参数后该功能自动取消。

90. 为什么外呼短接 SET 外呼也无法设置地址？

外呼板型号是 SM5000-04 A-V3-P02，这种外呼板设置地址除短接 SET 外，还得按上或下选层按钮才可以设置。

外呼板型号是 SM5000-06 或 SM5600-06，这种外呼板设置地址需短接 J4 插件的 3 和 4 来设置地址

外呼板型号是 XEPND-13，除短接 SET 外，还得按上或下选层按钮才可以设置。这种外呼板没有显示板，地址通过板后的 LED 指示灯表示，板上标明为 1、2、4、8、16、32 的 LED 指示灯，设置地址为所亮 LED 对应数字相加的和，如 1 和 2 对应 LED 灯亮，那地址为 3。

91. 为什么电梯内选正常，外呼也能登记上，就是不响应外呼？

电梯内选正常，外呼也能登记上，就是不响应外呼，如电梯在当前层的话按外呼可开门。这种现象如不是满载造成的，可查看主板程序版本号，如是 SCH V3.3 则检查直驶开关及线路是否正常，如正常（线路没有断路，开有效）则把轿厢输入类型 C13 取反。另外，如果是 SCH V3.6 现象略有不同，外呼能选上，外呼显示板上箭头则会闪烁。

92.5600 主板报 ER17 故障的处理方法。

ER17 故障含义是指轿顶检修状态不符，现场可以在轿顶将检修开关在检修、运行来回切换观察轿顶板上的 X10 有没有变化，如没有变化则检查开关、接线（633）及轿顶板；如有变化把轿厢输入类型 C20 取反。

93.CT 变频报 T070 或 T071，主板报 ER20 故障的原因及处理方法。

先检修走下车，观察主板反馈速度是否在 0.12 左右，如是则检查变频器 20.10 是否为 1，如是改为 2 后即可恢复。

如上述没有问题，则快车运行观察故障是否出现在空载下行及重载上行，如是则在

快车运行时测量下动力电,查看是否存在电压偏低现象或缺相,如电压偏低或缺相则处理电源问题。

还有就是一些机械原因,如抱闸间隙不合适导致带闸走车以及安全钳蹭导轨。

如以上问题处理后都没解决,建议做变频器自调谐。

94. 一体机做自调谐为什么显示 Can not Tune?

自学习前,尽量将电梯置于中间楼层。在检修状态下,保证 KMC、KAS、KAD 接触器(继电器)吸合,且无任何故障报出。同时,通过操作器确认电梯处于关门到位状态,也就是操作器上显示“门关”两个字。如现场通信异常或门机有问题无法输出关门到位,把通信线拔掉(暂不检测关门到位)进行自调谐。

95. 主板报 ER52 故障的原因。

SCH5600-V2/V3 主板在 V3.5 版本以上,具备曳引机温控检测功能(线号 TPM,正常状态下是常闭状态),接入点 J3.4(X23),如 X23 设为 1。参数设错或线路有问题,会报出 ER52 故障。

96. 为什么井道自学习成功后自动返平层报 ER25 故障?

版本号 SCH V3.5 以上的主板,如基本参数里面有 Board Id 这个菜单,则需要把主板的条形码下边的数字输进去,如有英文用 0 代替,设置完后该参数会隐藏,保存参数后断电重启。

97.CT 变频器运行失速处理方法。

一般是报故障再次启动时会出现失速,可检查 9.09 是否为 0.5,如是改为 3.0。

98. 一体机报 ER91 故障的处理方法。

(1)一上电就报。检查 PG 卡、旋转编码器线及旋转编码器,把 3 个插口重新拔插几次, PG 卡固定螺丝不要上得太紧,如果 PG 卡上没有接地一定要用地线可靠接地。旋转编码器线与旋转编码器插件也要检查,主机侧旋转编码器盖子的螺钉也可以松下查看。

另外,如果一体机报出 ER91 码盘故障,断电复位时等待的时间太短,再次上电后会立即报出 Er91 码盘故障。即使是听到变频器内部的继电器断开的声音,也要等待 30 s 左右的时间,才能上电复位。

(2)启动阶段报。建议检查零伺服参数 3.09/3.10/3.11,只要启动不倒溜可适当降低。如输出相序接错,也有可能在启动时报。如果不行,要对调相关部件再试。

99. 一体机报 ER21 故障的原因。

ER21 故障是 DSP 未输出,一般是门锁闪断造成,检查厅轿门锁尤其是防扒门锁。

100. 为什么更换新主板报 ER18 故障?

建议查看主板版本号,如版本号为 SCH V3.6 及以上,X20、X21、X22(X18)都是抱闸反馈,应把 X21、X22(X18)设为和 X20 一致,如果现场是两板闸则需要把 X22(X18)与 X20 或 X21 短接。

101. 如何设置主副操纵盘?

如轿厢有双操纵盘,需设置主副操纵盘,不然会导致轿厢选层按钮无效。在轿厢板上找到 S2 短接针,主操纵盘不短接,副操纵盘需短接。

102. 如何开启内选和外呼按钮的微亮功能?

内选按钮的微亮功能开启可通过短接轿厢板上的 S1 短接针实现。外呼按钮的微亮功能可通过设置主板的 F10=0 实现。

103. 关于两台电梯的并联问题。

现场有的并联电梯是后期加装的,如并联模块是单独发到现场的一定要可靠焊接。另外,还需确认:

(1)并联线一定要用屏蔽双绞线;

(2)J11.1 与 J11.2 要用同一股的双绞线;

(3)并联使能设成 YES,并联梯号一台为 A,另一台为 B;

(4)消防层一定要设为同显示一楼层对应的绝对楼层(如底部楼层一致,则设为一致;如 A 梯最下有负一层,B 最下为一层,如消防层都设为一层,A 梯消防层设为 02,B 梯设为 01)。

104.CT 变频器电子铭牌功能如何使用?

CT 变频器内置有电子铭牌功能,此功能可将电机参数、学习后的电机调谐参数及编码器的原点值等参数(#1.06、#3.18、#3.25、#4.15、#4.25、#5.07、#5.08、#5.09、#5.11、#5.17、#5.24、#5.32、#5.33)保存到编码器的存储单元或从编码器中读出,具体操作方法如下。

(1)拷贝:PrXX.00 设为 11000,按下红色复位键,将变频器的参数写入编码器的存储单元。

(2)读取:PrXX.00 设为 11001,按下红色复位键,将编码器的存储单元的参数读出到变频器。

105. 外呼显示 CX 或 CE 是什么原因?

CX 或 CE 都代表通信异常,首先观察是某一层显示还是全部显示,如某一层显示,那检查这层的外呼线或显示板;如果是全部楼层显示,查看轿内通信是否正常。如果轿内通信正常,那就是外呼板或外呼线问题。检查线路有无虚接断线,测量通信线与地线及线间的阻值。如果是轿内通信及外呼都不正常,先在机房测量通信电压是否为 24 V,再断电分别测量外呼及轿内的终端电阻(TXA+ 与 TXA-)是否为 120 Ω。如果以上都正常,那可先拔掉外呼通信,观察轿内通信是否正常,正常检查外呼,不正常外呼也先不要插。然后排查轿内通信,先在轿顶测量通信电压是否正常,TXV+、TXV- 电压应该是 23 V,TXA+、TXA- 与 TXV- 电压应该是 2.0 V 左右。电压正常,建议把轿顶板上除 J9 插件外的线全部拔掉,在操作器上如显示 OK,则排查和轿顶板相连接的部件,如绝对楼层读卡器、轿厢板、扩展板等相关回路;如果显示 ER,则检查轿顶板、线路、主板。(以上以 5600 主板、楼层 ≤20 层为例,主板不同、楼层不同,方法有差异)。

第 13 章 门系统问题解答

1. 门机变频器带电，按开关门按钮，门机不动的原因有哪些？

（1）变频器有故障，查看变频器故障代码，按故障代码说明处理。

（2）变频器上直流 24 V 电源线松动。

（3）变频器到电动机连线松动。

（4）门机处于手动状态。

2. 门机变频器有正常输出，开关门速度异常的原因有哪些？

（1）双稳开关到变频器连线松动或双稳开关损坏。

（2）变频器 I/O 板故障，更换变频器 I/O 板。

（3）变频器到电动机连线相序错，调整相序。

3. 门机反复关门的原因有哪些？

（1）机械卡死，关门不能到位，处理机械机构。

（2）关门到位，双稳开关故障，更换双稳开关。

（3）光幕信号故障，检查光幕输出。

（4）变频器 I/O 板故障，更换变频器 I/O 板。

4. 关门到三分之二处，门机突然反转开门的原因有哪些？

（1）机械卡死或关门阻力过大，处理机械机构。

（2）门板过重，反转力矩门限过低，适当增大 P2174。

（3）光幕信号故障，检查光幕输出。

5. 门机变频器频繁启动的原因有哪些？

（1）变频器有故障，查看变频器故障代码，按故障代码说明处理。

（2）变频器斜坡或圆弧参数调整过小，调整斜坡或圆弧参数。

（3）变频器供电电压异常，检查系统电压。

（4）变频器电源部分故障，更换变频器。

6. 电梯的门刀、门轮安装有何要求？

（1）门刀与层门地坎、门轮与轿厢地坎的间隙应为 5~10 mm。

（2）门刀与门轮的间隙应为 5~8 mm。

7. 电梯在自动状态下运行，外呼不开门的原因有哪些？

满载开关动作或者是满载开关设置错误，导致不响应外呼。查看基本参数的轿厢输入类型设置或者检查满载开关情况。

8. 电梯在自动状态下不自动关门的原因有哪些?

(1)门地坎滑道或门导轨中有杂物阻挡。

(2)关门的行程较大,而关门时间设定较短。

(3)开关门限位安装位置不对或触点状态不正确。

(4)光幕透光面太脏、光幕(或安全触板)断线或损坏。

(5)电梯超载或超载开关损坏。

9. 电梯到站不能自动开门的原因有哪些?

(1)电梯开门受阻,检查厅门、轿门开关门结构是否出现机械卡阻,地坎是否有异物,门刀是否卡厅门锁等。

(2)将电梯设置为检修状态,输入开门指令,观察是否有开门输出,如果有开门输出,观察开门继电器是否闭合(如有开门继电器);如果开门输出正常,但门机不开门,检查门机开门信号与机房控制柜的连线是否正常,或检查门机状态是否正常。

(3)在检修状态下,有开门指令输入,但无开门输出,此时可检查开关门限位输入是否正确。

(4)在正常情况下,轿门关闭到位时,关门限位有效、开门限位无效;轿门开到位时,开门限位有效、关门限位无效;轿门打开到中间位置时,关门限位和开门限位都应该无效。如果观察结果不符合上述情况,则可能是开关门限位开关安装不正确或使用触点类型不正确,应仔细检查并改正。

(5)电梯为贯通门时,要注意前门、后门的开关门是否设反触板、光幕信号是否对应;若前门与后门光幕信号线接反,会出现现场一层为贯通门,在一层从前门进去并关好前门后,后门要开一次;从后门进去并关好后门后,前门要开一次。

(6)在端站时压到限位开关。

(7)平层开关故障。

10. 光幕故障的原因有哪些?

(1)光幕自身质量有问题。

(2)光幕发射和接收装置位置错误,或接触不充分,或被太阳光等强光干扰,发射或接收装置表面不清洁引起误动作。

(3)光幕电源盒内继电器误动作。

(4)光幕信号线接头接触不良,造成误动作,其自身接地应当良好。

(5)光幕信号传输线由于经常弯曲造成部分固定端线路断线。

(6)发射和接收装置与连接线的接口是直插式的,不能旋转。

11. 出现轿厢和厅门碰撞事故的原因有哪些?

为了保证电梯乘坐的舒适度,电梯轿厢和轿架之间均用减振胶垫来连接,所以轿厢因载荷的变化会上下移动,而门机构一般都固定在轿架上,不会随轿厢移动,而是与轿厢之间有相对移动，当轿厢的移动量大于轿门滑块与轿坎的啮合量时，轿门就会脱出造成碰撞事故；一般情况下，在额定载荷内电梯不会出现这么大的相对移动，只有在超载、紧急制动瞬间、安全钳动作瞬间或在轿厢内跳跃时才会出现大的移动；但轿厢底部设计有机械限位装置，可保证任何情况下轿厢的移动量在安全范围内，所以平时维保时一定要检查机械限位范围是否符合要求。

12. 为什么超载开关、满载开关、安全触板开关应该接常闭？

超载开关和满载开关在电梯正常运行过程中起着重要的保护作用，如果电梯满载开关动作，则电梯不再响应厅门外招按钮，只响应轿厢内指令；如果超载开关动作，则电梯会有报警声音或光电显示，此时电梯不能关门，直到报警解除。这两个开关可保证电梯不至于超载运行，即保证电梯在安全载荷内运行。

安全触板（或光幕）是电梯门的防夹装置，电梯在关门过程中，如果安全触板（或光幕）开关动作，则门立刻反向开启，不至于夹人。

如果这些开关损坏，或长时间使用老化后触点接触不好，或接线有断开，电梯就会认为是开关动作，从而起到保护作用；如果接成常开，则一旦有问题发生（开关损坏或断线）就检测不到，电梯运行将有很大的安全隐患。

13. 关于 5000 系统关门 6 次程序保护功能的现象和解决办法。

5000 系统中开发设计了关门六次程序保护功能，实际状况如下：运行的电梯如果在开关门时出现异常，主板会发出重新尝试关门的指令，该指令发出 6 次以后如果还不能完成关门，主板程序将会激发保护功能，表现为在固定楼层停梯、开门、不能登记信号、不响应呼梯。

导致不能正常关门的原因主要有：

（1）当前故障楼层厅门地坎有异物卡阻或有物体阻挡厅门，需排除异物，要求现场加强电梯管理；

（2）门机故障和光幕、双稳开关、门机变频器问题。

设计该功能是为了保证电梯设备的正常运行，但电梯在前期实际使用过程中条件比较复杂（用户装修运送沙石，恶意阻挡，野蛮使用），通过将主板参数 F16 设为 1 按任意层外呼可以恢复关门六次程序保护功能。

14.5000 系统现场出现开关门不正常的处理方法。

当现场出现开关门不正常问题，而且又不知道问题出在哪儿时，可以把操纵盘通信电缆拔掉，然后在机房进行开关门操作，如开关门正常，说明其问题可能出在开关门限位或触板；否则，问题可能出在开关门回路或门机。另外，开关限位和光幕信号是否有效，可通过监视菜单 I/O Car Data Enter 进行查看，空白方块为无效，变黑方块为有效。

15. 门噪声问题。

（1）厅门运行时抖动，甚至厅门差几毫米关不齐的原因如下：

①门导轨沾有尘土形成的块状疙瘩；

②地坎槽内有异物。

解决方法：用细砂纸打磨门导轨（上坎），去除污垢并用煤油布擦洗，使门导轨洁净、光滑；剔除地坎槽内的异物。

（2）厅门被打开时发出“当当”声音的原因如下：

①厅门钩锁不水平；

②钩锁与锁盒之间的间隙过小；

③轿门开门刀与钩锁轮之间的间隙过大；

④开门机开始开门速度过快。

解决方法：调整钩锁的水平度和钩锁弹簧，调整钩锁与锁盒之间的间隙，调整开门刀与钩锁轮之间的间隙为 4~6 mm，减小开始开门速度，使开门刀将钩锁完全打开后再加速运行。

（3）厅门即将关闭时发出“当当”碰撞声的原因如下：

①开门刀与钩锁轮之间的间隙过大，厅门过早脱开门刀；

②开门机关门末速度过快。

解决方法：调整开门刀与钩锁轮的间隙，调整钩锁轮之间的距离，使开门刀能够完全包含着钩锁轮；调整关门末速度或扭矩小一些。

（4）门快关闭时产生“吱吱”响声的原因：一般厅门副门都采用插入式，触点接触时会产生“吱吱”的噪声。

解决方法：调整触点，避免触点与其塑料盒发生摩擦，可涂少量凡士林。

（5）厅门开齐时发出刺耳的摩擦声的原因：支承厅门上坎的侧立柱偏斜，而与厅门的防火边摩擦。

解决方法：调整厅门的侧立柱，使之与地坎的边缘对齐，并将螺栓紧固。

（6）开门时有“嚓嚓”响声的原因如下：

①厅门拖地摩擦地坎或厅门防火边与门套摩擦；

②厅门防撞胶条摩擦地坎；

③厅门钢丝绳有死弯，厅门运行时钢丝绳产生跳动，摩擦门锁盒。

解决方法：调整厅门与地坎的间隙，紧固门套与上坎的连接螺栓，提升厅门防撞胶条并固定，调整或更换厅门钢丝绳使之运行时不再产生跳动。

（7）开关门时发出“咯铛”声响，伴随厅门的跳动或摆动的原因如下：

①门吊板的门轮损坏或门轮轴承损坏；

②门轮轴开焊活动。

解决方法：更换损坏的门轮，重新铆接或焊接门轮轴。

（8）开关门时发出“嗡嗡”声或“哒哒”声的原因如下：

①吊门板的偏心轮与门上坎的间隙过小或过大；

②门机凸轮摩擦触点；

③门电机的轴承损坏。

解决方法：调整偏心轮与上坎的间隙为 0.2~0.5 mm，门机凸轮涂少许凡士林，更换门电机。

（9）开齐或关齐门时有碰撞声的原因如下：

①上坎安装偏斜；

②厅门视界护板安装偏斜或距离过小；

③厅门或侧立柱没贴防撞胶皮。

解决方法：调整上坎与地砍在同一个中线上，调整厅门视界护板的垂直度和距离，厅门和侧立柱贴防撞胶皮。

（10）开关门发出“沙沙”声的原因如下：

①强迫关门的重锤与导向套摩擦；

②悬挂重锤的钢丝绳头过长而摩擦立柱。

解决方法：尽量缩短导向套的长度，重锤用热塑管封上以减小摩擦，过长的钢丝绳头截短或用胶布缠好。

16. 电锁电梯关好门后，轿厢照明一关断，电梯就有自动开门现象，为什么？

此种情况是电梯轿门光幕的电源使用的是轿厢照明电源所致。当光幕为开点有效时，有电时光幕无遮挡输出低电平，光幕无效；如果关掉光幕的电源，光幕输出开路，相当于光幕信号有效，造成系统开门。改换光幕电源，使用非照明电路问题即可解决。

17. 轿门在电梯启动时没开闸前，门突然又打开，并且主板还输出开门信号，为什么？

该现象要判断是门锁先断开，还是主板先输出开门信号。因为在门区有效时门先断开，主板会立即进行再开门动作。起车前先将主板开门输出线去掉，如起车时门还掉，应处理门机开关门输入的干扰，门机开门输入线与门机输入公共端加电容滤波，或串一个二极管能有效解决问题。

18.SM5000 控制系统在自动状态下，门关好后轿厢显示板显示楼层，电梯定向但不运行，按开门按钮开门再关门可能又能恢复正常，为什么？

该现象产生的原因是门机的工作方式不正确，关门过程中突然转向开门，门机不响应，继续关到位，造成系统开门故障。

电梯轿厢显示板显示楼层数字（主板显示 CLOSE），六次关不上门显示关门故障。电梯轿厢显示板显示楼层数字（主板显示 OPEN），开门限位有效或开门时间到门锁没有断开，显示开门故障。主板故障记录不会保存，可以检查开关门限位、门锁回路和门机运行时间长短。

19. 旁开门关门不到位的原因分析。

(1)旁开门结构相对于中分门来说联动机械结构要复杂得多,机械件的相对位置较近,运行时相互碰擦情况比较普遍,如层门钢丝绳联动机构,快慢门重叠部位,关门减振调整不当等,特别是别墅电梯该种情况比较突出。

(2)开门宽度较大的旁开门,门机的重量全在轿厢两头两块轿壁上,重量偏大,造成轿门下坠导致开关门受阻,给后期维保和使用造成不小麻烦。

(3)弹簧式厅门强迫关门装置使用一段时间后,由于弹簧装置缺乏润滑,会出现关门阻力大,应加强维保。

(4)关门到位开关位置不合适、门机变频器参数设置不合适等情况也有发生,但所占比重较小。

20. 如何迅速判断出 MJ11 门机工作状态?

现场可使用 BOP 面板通过 I/O 监控中的 r0722(输入口)和 r0747(输出口)查看门机的工作状态,从而判断输入(主要是各双稳态开关)和输出是否正常,如下图所示。

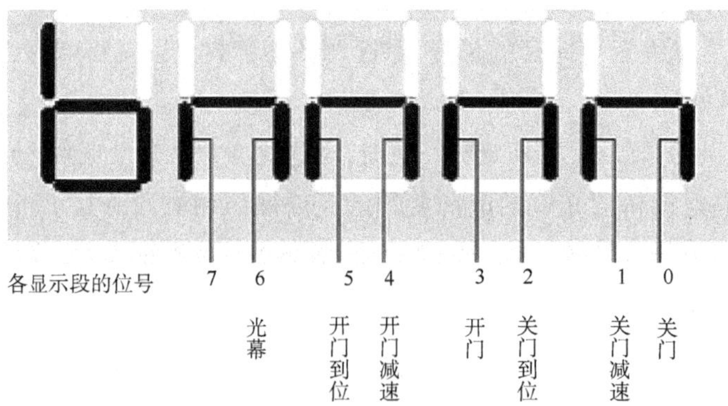

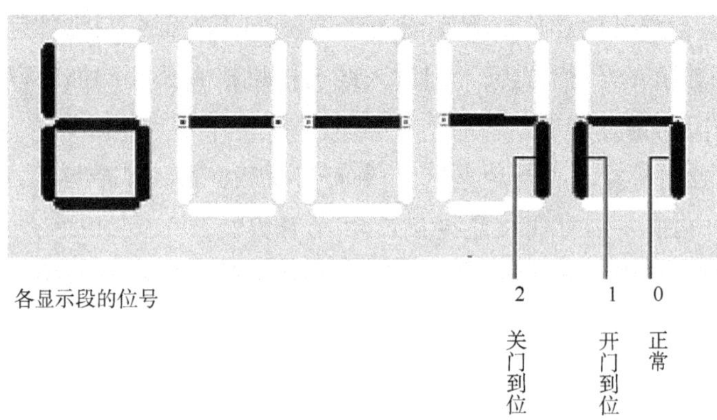

21. 西门子门机在没有 BOP 面板的情况下，如何使用 SDP 判断故障？

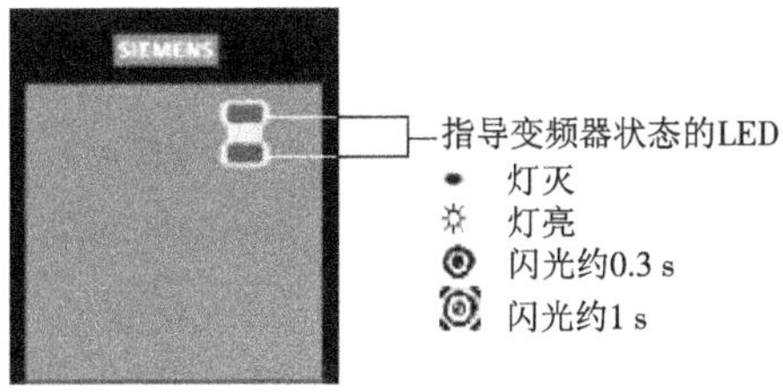

SDP上LED指示的变频器状态

LED	状态	LED	状态
• •	电源未接通	◎	故障-变频器过温
☼ ☼	运行准备就绪	◎ ◎	电流极限报警-两个LED同时闪光
• ☼	变频器故障-以下故障除外	◎ ◎	其他报警-两个LED交替闪光
☼ •	变频器正在运行	◎ ◉	欠电压跳闸/欠电压报警
• ◎	故障-过电流	◉ ◎	变频器不在准备状态
◎ •	故障-过电流	◉ ◉	ROM故障-两个LED同时闪光
◎ ☼	故障-电动机过温	◉ ◉	RAM故障-两个LED交替闪光

22. 艾默生门机经常开门开到一半是为什么？

MJ14 门机偶尔会出现开门开到一半，门还没有完全打开，门机就失去力矩，就好像门机没有电一样，这是因为门机变频器出现故障。可以更改参数，将 F1.03 加大到 2.5，F1.10 加大到 75（不要超过 80），F1.11 加大到 75（不要超过 80）。

23. 为什么默纳克门机开门后按关门没反应，过一会儿才有？

观察开门按钮开门后是否保持亮的状态，如是则说明开门到位没给上。可先查看 F800 版号，如果显示 06.00，3 s 后变为 01.19（只要是前面有 06.0X，很快变成另一个数字都可以），则将 F911 可改为 1，可提高开门效率。

如参数没问题，则做门宽自学习，查看是否是自学习没做好，对于现场厅门中心与轿门中心相差偏大，厅门也做自学习。自学习后还不正常，检查下门机开门到位输出是否正常，门机没有问题，则检查到轿顶板信号线是否正常，轿顶板对的点是否正常。

24. 默纳克门机关门失速处理方法。

默纳克门机关门失速（如长时间挡光幕后），可先查看 F800 版号，如果显示 06.00，3 s

后变为 01.19(只要是前面有 06.0X,很快变成另一个数字都可以),则版本正常没有问题。如果版本号前面没有 06.00,直接显示 01.19 或小于这个数字,则应进行升级。

25. 为什么电梯能正常运行,到站开门不能关门?

(1)检查开门延长时间设置,如果没有开门延时功能,开门延长时间应该与开门时间保持一致,不能设置为 0,否则不能自动关门。

(2)检查 C16(开门延时按钮)是否为 1。

(3)检查光幕或光幕参数 C03 与 C04 是否正常。

(4)检查触板参数是否正常,新型号主板的 C09 与 C17 定义为触板,如参数异常也会影响关门。

26.PHC1 和 PHC2 的作用。

PHC1 和 PHC2 两个线号一般出现在西门子和默纳克门机上,一端接在门机变频器上,另一端接在光幕的常开点上,且一定是常开点。其作用主要是提高门机对光幕的响应速度,特别是西门子门机,如不接挡光幕,门会再往前走一段才开门,直观表现就是挡光幕门机响应慢。如这两个线接成常闭点,那西门子门机就会出现关门不流畅,反复开关几次才能关上;默纳克门机则会出现不关门。

27. 默纳克一体化门机怎么改变电机转向?

默纳克一体化门机新增功能码 FC02,出厂默认为 0,在不改变 A、B 相接线和输出相接线情况下,把 FC02 设为 1 即可改变电机转向。

28. 如何查看默纳克门机是否处于通信状态?

默纳克一体化门机可通过 F819 查看门机是否处于通信状态:F819=0 为串口通信,F819=1 为端子控制。默纳克非一体化门机可通过 F821 查看门机是否处于通信状态:F821=0 为串口通信,F821=1 为端子控制。

29. 默纳克通信门机如何设置贯通门的前后门?

在通信模式下,参数 F816 用于设置前后门:F816=1 为前门,F816=2 为后门。

30. 如何将默纳克门机由通信控制改为端子控制?

默纳克门机上电后默认进入串口通信模式(F815=0),如果 30 s 后没有收到有效数据自动切换到端子模式,再次接到有效数据将自动切换到通信模式。如果是旧电梯更换变频器,现场需要上电使用端子模式,修改 F815=1,门机则只能使用端子控制。

31. 默纳克控制异步门机如何判断双稳态开关是否正常?

FA19 对应功能部分的输入显示,输入功能有效时相应的数码管置亮。

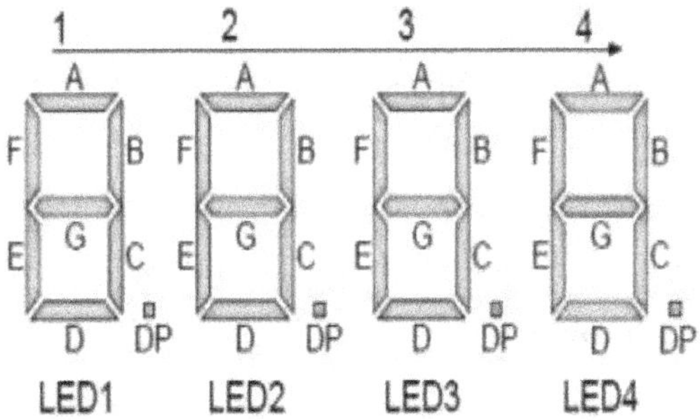

每个数码管各段代表的含义如下。

LED1 各段	段“亮”含义	LED2 各段	段“亮”含义	LED3~LED4 各段	段“亮”含义
A	开门命令有效	A	保留		
B	关门命令有效	B	光幕信号有效		
C	外部复位有效	C	触板信号有效		
D	开门禁止输入有效	D	开门限位信号有效		
E	力矩保持禁止输入	E	关门限位信号有效	保留	保留
F	慢速开门输入有效	F	开门减速信号有效		
G	消防输入有效	G	关门减速信号有效		
DP	保留	DP	门锁信号有效		

1. 查看参数 FA19，其中 LED2 的段码对应含义如下。

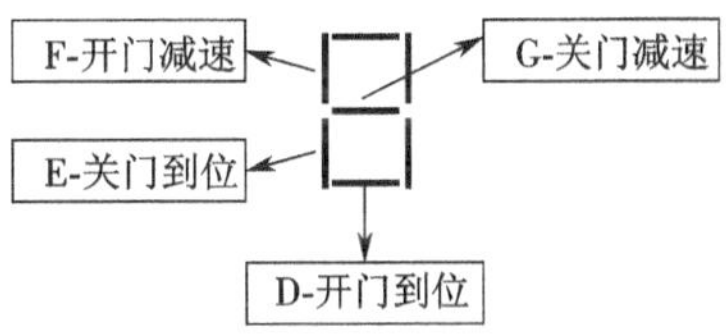

2. 手动拉动轿门，磁铁随之移动，磁铁在不同位置时，参数 PA19 的 LED2 显示如下。

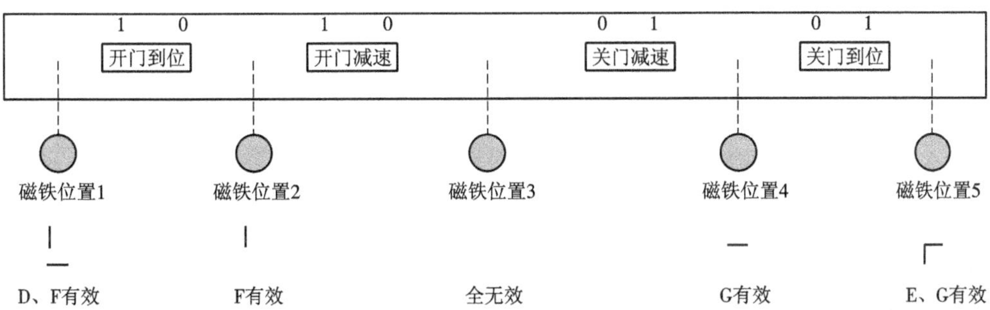

32. 默纳克一体化门机开关门撞如何调整?

默纳克一体化门机的门宽曲线的减速点根据门宽脉冲自动生成(原来的 F506/F508 功能码已无效),新增参数 F6-22 和 F6-23。

F6-22:减速补偿脉冲设置,开门撞击时适当增大,调整范围为 0~1 000。

F6-23:补偿门刀距离,关门撞击时适当增大,调整范围为 0~1 000。

33. 新版本的程序门机用到老现场自学习关门后不开门?

新版本门机增加门位置检测 F9-06 默认为 13,需将 F903 设为 0。

第 14 章 综合问题解答

1. 主机抱闸闸臂两个反馈开关如何接线?

对于现有的主板,一般要求检测抱闸两个闸臂的开关,并要求抱闸两个闸臂同时打开,所以对两个开关的接线有严格要求。如果是常闭触点,则两个开关要并联;如果是常开触点,则两个开关要串联。

2. 电梯抖动的原因有哪些? 如何处理?

引起电梯抖动的原因很多,主要原因如下。

(1)主机曳引轮、导向轮的轴承质量不佳产生的抖动。主机曳引轮、导向轮轴承间隙大,曳引轮、导向轮自身的动态平衡不良,曳引机减速箱蜗杆和电动机的同轴度超差都会引起周期性的振动,导致电梯运行抖动。因此,电梯曳引机的选配,曳引轮和导向轮的加工质量,轴承的选配等都可能是周期振动的激励源,需要及时消除。

(2)主机底座加工或减振胶垫产生抖动。主机底座对上下两个面有平行度要求,在工地现场一般是 4 块减振胶垫支承,由于种种原因, 4 块胶垫受到的力不一致,在曳引机工作时产生晃动。因此,对电梯厂家来说,底座的设计就很重要,只有保证在电梯安装后 4 块减振垫受力一致,才能起到良好的减振效果。如果胶垫已经老化,需要及时更换。

(3)绳头组合弹簧受力不均产生抖动。绳头组合部分的弹簧在电梯安装完毕后,其受力应该基本一致。弹簧的刚度应该与电梯的速度及载荷相适应,太大或太小都会影响电梯的减振效果。

(4)电梯安装不良产生抖动。导轨安装质量主要是导轨面距、垂直度、接头缝隙及接头处理超出国家规定的标准范围。固定导轨支架的膨胀螺栓松动,导轨压板螺丝松动;导轨背面与导轨支架间的缝隙过大或两列工作导轨扭曲太大,不平行;导轨生锈等,都会造成电梯运行中产生噪声和抖动。轿厢拼装不良也会产生抖动。轿厢拼装不良主要有轿架组装时上梁与下梁的水平度超标,立梁的垂直度超标,造成拼装后轿厢重心偏移,静态平衡不良;活动轿厢和外部(如斜拉杆、底盘、立梁、门机架等)有干涉,造成活络轿厢不活络;曳引机绳轮中心不在轿厢的吊挂中心,造成电梯运行导靴受力不均;对重框的扭曲产生抖动;对重框堆放时有变形,在安装时未做校正就安装;对重块装偏;单根补偿链或悬挂位置不正确均会造成运行抖动和噪声。

(5)电梯调试不当产生抖动。电梯导靴间隙调整不当,导靴平行度调整不当,伸缩量太大或太小都会引起抖动。导靴留有适当的伸缩量能有效吸收来自导轨的冲击。

(6)钢丝绳受力不均引起的抖动。钢丝绳在出厂时一般是成卷发到工地,在安装时应使钢丝绳处于自由悬挂状态，彻底消除（释放）其内扭力，如果消除不了，钢丝绳受力不均，则易使曳引机绳轮磨损，受力大的钢丝绳进入绳轮较深，钢丝绳运行不能同步，钢丝绳与绳轮的滑移加大，钢丝绳的抖动加剧，从而引起轿厢抖动。

（7）电气调整不良引起抖动。如启动力矩调整过大则会“先行”，调整过小则会“倒拉”，都会引起抖动；停车时调整过急，则会有急刹车的感觉。

3. 电梯的接地系统有何要求？如何区分？

近代电梯的发展从继电器到接触器到可编程控制器（PLC），再到现在普遍采用的电脑板控制，对电梯的接地有不同的要求。特别是电脑板控制系统的广泛采用，对电梯接地系统的要求很高。

《电梯安装验收规范》（GB/T 10060—2011）第 4.1.3 条规定：从进机房电源起，零线和接地线应始终分开，接地线的颜色为黄绿双色绝缘电线，除 36 V 以下安全电压外的电气设备金属罩壳外，均应设有易于识别的接地端，且应有良好的接地。接地线应分别接至接线柱上，不得互相串接后再接地。其中，突出强调接地线接至主接线柱的直接性，而不得串接，以降低总的接地电阻值，保证电梯各用电设备发生接地故障时，设备金属外壳不致产生过高的接触电压，并且能在整定的较小时间内产生足够大的故障电流，从而使保护装置可靠动作（如熔断相线上的熔断器等）。

电梯的接地系统是一项复杂的工程，它涉及多种接地系统——直流“地”、安全保护“地”、交流工作“地”及防雷保护“地”。诸“地”的设置原则以及它们之间的关系是电梯电气设计人员与从事电梯安装改造工程技术人员所共同关注的问题。

（1）直流“地”。

直流“地”是针对电梯计算机控制系统而言。我国投放市场的电梯产品的控制系统广泛采用可编程控制器（PLC）或微机型计算机（有单片机、多微机、智能群组）。无论采用哪种控制方式，其控制中心 CPU 均以相当高的速度运行，其运行频率高达 1~7 MHz。在如此高的频率之下，计算机设备之间的连接电缆就像天线一样，既可以接收外部的射频干扰信号，也能向外辐射射频干扰信号，引起计算机场地内的电磁干扰。另外，由于电梯控制系统计算机运行电压低，通常为 5~24 V，故要求计算机场地内数据处理装置各单元之间电压差变化极小。因此，需设置一个能在计算机运行频率之下达到高质量、低阻抗、稳定电位的接地系统——直流“地”系统。

直流“地”系统是一个稳定计算机各处理装置信号电位，专供信号返回的独立接线系统。它可以与大地相连，但不允许有正常工作电流流过。如与大地无导体连接，而以悬浮的地作为系统的参考单位，称为浮地系统。直流“地”的构成原理是基于电路性去耦以达到等电位，从而消除或抑制各单元信号回路流过共用回路产生的公共阻抗耦合性干扰，避免各接线形成磁场敏感环。常用直流“地”接线系统结构有星形状与网络状两种。星形状系统要求各接地线根据信号流向一点（基准点），网络状系统是星形状系统的延伸，是从一个基准点变成一个等电位的基准面。根据电梯设备自身特殊的结构层次性质,其计算机直流“地”系统常设置成星形状。星形状系统在建筑电气领域也称单点接地,此系统在 10 kHz~3 MHz 频率范围内应用较好,已能满足一般电梯微型计算机控制系统的需要。

电梯计算机系统直流“地”实际上是为计算机各处理装置工作而建立的标准等电位点或面,这种接地形式通常也称为信号接地或逻辑接地,其实际上是高频接地,即考虑通过高频信号的接地。直流“地”并不一定完全要求是零电位点或面,在不考虑强电故障、雷电压影响及静电荷泄放的问题时,采用浮置“地”接线结构是允许的,但此时直流“地”系统对大地电阻应大于 1 MΩ。

(2)安全保护“地”。

我国电梯制造安装规范特别强调安全保护接地的重要性。安全保护接地的实质就是将设备各部件的所有可导金属外壳通过电气接线的方式将其强制性接地,从而避免设备金属可导电外壳可能出现的危险电压对设备及人身安全所构成的威胁。

对电梯设备来说,保护接地线与工作零线是分开的,所以电梯的低压配电系统属于 TN-S 系统,对一般垂直曳引式电梯,若电梯机房至楼房底层低压配电室这段距离未给出专用接地线,只给出三相四线制,即接地线与电源中性线分用,称为 PEN 线,而进入机房又各自分开,则电梯的低压配电系统属于 TN-C-S 系统。采用 TN-C-S 系统时,自低压配电室至机房的工作零线必须满足一定的线径要求,对单台电梯须 ≥6 mm^2,以免工作零线断线,设备外壳呈现相电压而引起危险。为做到安全保护接地的可靠性,电梯施工技术人员应对各部件重复接地(设备外壳同时与接地干线和楼宇结构钢筋相连接),并应进一步贯彻国际电气标准中的等电位连接思想,使安全保护接地的可靠性进一步提高。

(3)交流工作“地”。

交流工作“地”即供电系统中的工作接地。电梯配电系统中的电源中性线在整个楼宇的低压配电室处直接与大地做了良好的接地处理。电源中性点的直接接地,能在运行中维持三相电网系统中相线对地电压不变,三相四线制配电系统既能供给三相动力负载,又能供给单相照明负载,非常适合电梯设备的负荷性质。交流工作“地”要求及处理方法按常规处理。

(4)防雷保护“地”。

防雷保护工作属于建筑电气设计与安装方面的内容。建筑物防雷保护“地”系统的作用是引泄雷电能量,从而保护建筑物设备安全。随着建筑科技、防雷思想与防雷体系的进一步发展,防雷学派从多个系统层次角度出发,将建筑物的整个防雷措施或多或少地与电梯占据建筑物的特殊位置联系起来。电梯设备的安全保护接地采用等电位连接措施之后,对建筑物防雷及耐雷击的能力均会有不同程度的提高。裸露在建筑物外侧的观光电梯必须具备相应的防雷措施,以使其统一于建筑物保护范围之内。

直流工作"地"、安全保护"地"、交流工作"地"、防雷保护"地"是电梯接地系统的各个功能层次的划分类别，电梯工程技术人员在安装配接线过程中需认真对待，各"地"之间的关系及处理措施应按有关电磁理论及建筑电气规范执行。一般从各电梯厂家出厂的电梯控制屏下端的专用接地母线排上，从接线的先后次序、颜色、线径大小即可区别出各"地"的名称。电梯设备各"地"之间的关系、功能划分与实施方法，对电梯系统的抗干扰问题、人身及设备的安全、建筑物防雷保护、防电磁脉冲侵袭均具有重要的作用，应予以重视。

4. 电梯对使用环境有什么要求？

（1）电梯机房应通风良好，温度应控制在 -10~40 ℃。有条件的情况下，建议用户在机房安装空调。

（2）各层门口和机房应保持干净整洁；定期清理电路板和运转部件的灰尘，当电子板及变频器内部积累灰尘时，在受潮的情况下可能造成短路而烧毁；而转动部件积尘过多会影响使用性能或引发故障，并加速器件磨损。

（3）机房、楼层门口和底坑应采取防水措施；在楼层水管破裂或遇到暴雨后，有些井道、底坑会出现漏水，应及时检查处理，预防烧坏电器元件。

（4）机房应配置有针对性的防火设施。

（5）机房应上锁并由专人保管钥匙，闲人免进。

5.《电梯安装验收规范》（GB/T 10060—2011）中，对电梯整机的检查是如何规定的？

（1）在电源电压波动不大于 7% 的工况下，采用逐渐加载测定轿厢上、下行至与对重同一水平位置时的电流或电压测量法，检验电梯平衡系数应为 0.4~0.5，测量表必须符合电动机供电的频率、电流、电压范围。

（2）电梯在行程上部范围内空载上行及行程下部范围内在 125% 额定载荷下行，分别停层 3 次以上，轿厢应被可靠地制停（下行不考核平层要求），在 125% 额定载荷以正常速度下行时，切断电动机与制动器供电，轿厢应被可靠制动。

（3）当对重支承在被其压缩的缓冲器上时，空载轿厢不能被提起。

（4）当轿厢面积不能限制载荷超过额定值时，需用 150% 额定载荷做曳引机静载检查，历时 10 min，曳引绳应无打滑现象。

6.《电梯安装验收规范》（GB/T 10060—2011）中，限速器安全钳联动试验是如何做的？

（1）额定速度大于 0.63 m/s 及轿厢装有数套安全钳时，应采用渐进式安全钳，其余可采用瞬时式安全钳。

（2）限速器与安全钳电气开关在联动试验中应动作可靠，且使曳引机立即制动。

（3）对瞬时式安全钳，轿厢应载有均匀分布的额定载荷，短接限速器与安全钳电气开关，轿厢内无人，并在机房操作下行检修速度时人为使限速器动作。

（4）对渐进式安全钳，轿厢应载有均匀分布的125%额定载荷，短接限速器与安全钳电气开关，轿厢内无人，并在机房操作下行检修速度时人为使限速器动作。

以上试验，轿厢应能可靠制动，且在试验后相对于原正常位置轿厢底倾斜度不超过5%。

7.《电梯安装验收规范》（GB/T 10060—2011）中，电梯的整机运行试验是怎样规定的？

（1）轿厢分别以空载、50%额定载荷和额定载荷3种工况，在通电持续率40%的情况下到达全行程范围，按120次/h、每天不少于8 h，各启制动运行1 000次（厂标3 000次），电梯应运行平稳、制动可靠、连续运行无故障。

（2）制动器温升不应超过60 K，曳引机减速器油温升不超过60 K，且其温度不应超过85 ℃，电动机温升不超过《交流电梯电动机通用技术条件》（GB/T 12974—2012）的规定。

（3）曳引机减速器，除蜗杆轴伸出一端渗漏油面积平均每小时不超过150 cm^2外，其余各处不得有渗漏油。

8. 对于一般的电梯变频器而言，P、I调节有哪些基本要求？

一般变频器均具有速度环PI参数调整功能，通过速度环PI参数调整可以有效调整变频器的动态响应速度和稳速精度，提高电梯启动和稳态运行的舒适感。电梯启动性能与低频PI参数有关，可以先将低频I设定为零或者比较大的值。在不考虑平层精度的情况下调节KP，增大KP，低频动态响应加快，启动转矩大，但是P过大，容易引起振荡，启动和停车爬行的舒适感会变差。因此，必须增大P到电梯满载，以在空载情况下不振荡为临界状态，然后可以逐步减小I参数，达到启动、爬行均满意的效果。高频PI参数的调整原则是既要保证启动加速和停车减速过程的超调最小，一般小于2%额定速度，又要保证稳速情况下的速度精度，一般不超过0.001 m/s。一般先将高频I设定为0或者比较大的值，调节P，使参数小于电梯在高频稳态产生振荡的临界参数，然后逐步减小I，使超调达到要求的指标。对于采用相同曳引机的场合，可以在调好一台电梯的情况下，通过键盘参数拷贝来实现复制。如上所述，积分时间常数I的单位为时间单位s。特别需要提醒的是，目前市场上的绝大多数变频器PI参数采用独立的两个参数来调整，没有实际的物理量概念，此时的I越大，相当于时间参数越小。

9. 电梯发生故障时怎样及时判断原因？

（1）电梯发生故障时，要第一时间赶到现场，且不要急于断电，应检查故障记录，根据故障码判断故障原因。

（2）如果是软故障（到现场以后电梯已经恢复正常）并且经常发生，就需要比较详细地了解故障的状况，如发生在哪个时间段，发生故障时是运行时还是启停时或是加减速时，根据时间段可以分析出故障的可能原因。

（3）观察有没有其他电气设备的影响（如中央空调的启动、移动基站在机房边上），且供电波动和电磁干扰都可能造成电梯故障。

（4）电梯主要由机械系统、拖动系统、电气控制系统组成。拖动系统也可以属于电气系统，因而电梯的故障可以分为机械故障和电气故障。遇到故障时，首先应确定故障产生于哪个系统，即是机械系统还是电气系统，然后确定故障属于哪个系统的哪一部分，最后判断故障出自哪个元件。

10. 什么情况下电梯会出现冲顶（或蹲底）现象？

（1）抱闸接触面小于 80% 或抱闸间隙超标。

（2）上（或下）强迫减速开关失灵。

（3）上（或下）限位开关失灵。

（4）电梯偏重（或超载），需重新做超载、平衡系数试验。

（5）当称重开关接点松动时，会造成阻值增大，引起主板无法接收正常的称重信号以及变频器输出力矩不够，使电梯无法正常停车，在底层时就会造成蹲底。

11. 抱闸常见的故障有哪些？如何处理？

（1）主控电脑板输出开闸指令后，未接收到抱闸检测开关的反馈信号；或抱闸接触器释放后检测到触点粘连，都给出抱闸故障。应检查抱闸检测开关是否损坏或抱闸接触器反馈触点是否接触不良，并更换。

（2）电梯制动闸瓦在工作中自身产生一定的摩擦振动，时间长了会出现偏移、间隙增大；制动装置的内部磨损产生积尘，可能引起制动器卡死、烧毁等现象，造成电梯溜车（冲顶和蹲底）等事故。应定期对抱闸活动部位进行保养和清理检查，将可能由该问题造成的电梯异常现象向电梯管理人员说明，发现异常及时联系维修人员调整处理。

12. 西威变频器出现 Ground fault 故障（相对地放电）如何解决？

（1）检查变频器内部灰尘是否太多（过多会产生静电），清理内部积尘，保持变频器工作环境达标。（一般来说出现该方面的问题时，变频器的使用时间较长）

（2）变频器和主机的地线故障，可能是建筑物的接地线没有可靠地接在电梯控制柜上，应检查接地的可靠性。

（3）变频器内部检测回路故障，应更换变频器。

（4）变频器调节板和功率板通信异常，应更换该通信信号线。

13. 电梯常见干扰有哪些？

（1）主机磁力干扰，主要是变频器驱动电流中的主次谐波引起的，对编码器脉冲信号、通信系统、主板等有干扰，会影响呼梯，干扰电梯舒适感，并造成启动及停车时电梯运行方向错误、运行停梯等软故障，严重时引起变频器损坏。

（2）接地干扰，一般是由接地不良或无接地引起的，可能引起电梯控制系统、驱动系统（变频器）、信号系统的软故障，造成电梯无规则停梯。

(3)电磁波干扰,即当高电压线路与低电压线路交叉或距离太近时,低电压线路受到电磁干扰(分为共模干扰及差模干扰,其中差模干扰可能直接造成电子元器件的损坏),造成线路传输不畅和短时间不通故障,影响电梯正常运行。

(4)其他方面的干扰,如喇叭干扰、光线干扰等,当语音报站或到站钟距离感应器等弱电装置过近时,会影响感应器等功能的实现。

光电感应器在有光线(单束光)射至其感应点时,会造成感应器的误动作;电梯轿厢照明装置的镇流器在工作时,会形成一种很强的电磁感应,对电梯造成干扰。

14. 门系统、光幕、对讲电源盒为 220 V 供电,为什么会受到高压冲击损坏?

现三相进电用 L1、L2、L3 代表,零线用 N 代表,如果照明线引自 L2,门机控制系统引自 L3,两者另两根线交于一点 P 接至 N 线,如果所有线路接触良好,那自然一切正常。但实际上这种接线方法有潜在危险,假设 P 点以外向上的零线部分出现松脱,则 P 点将通过阻抗不大的灯丝获得一个接近 L2 的电位,这意味着门机系统的电源承受 AC380 V 的电压,后果当然可想而知。这就要求接线人员把门机、光幕等装置的相线与照明线路的相线接在同一相上,即使零线线路松脱,也不会造成电气设施烧损。

15. 电梯安装后运行噪声超标有哪些处理方法?

(1)检查并调整曳引钢丝绳的拉力。

(2)检查和调整导轨的垂直度、平行度(导轨的安装应作为电梯安装的重点控制)。

(3)检查和调整导轨接头处的台阶和修光长度(导轨的间距应保证)。

(4)检查活动轿底与托架、活动轿底与立柱(或侧梁)、轿壁与立柱(或侧梁)、前轿壁与门机之间的间隙,确保应有间隙(无刚性接触)。

(5)检查上、下导靴的受力情况,保证上面两个导靴受力一致,下面两个导靴受力一致。

(6)检查轿厢的静平衡,即将轿厢放置在最底层,先用钢板尺测量轿顶与立柱、门机的前后左右的相对位置尺寸并做好记录;松开轿顶定位座(轿顶校正器)重新测量轿顶与立柱、门机之间的距离,与原记录比较,如两次测量结果相同,说明静平衡满足要求,如果不一致需重新调整;重新调整时,可采用调整斜拉杆的松紧或托架与下梁之间适当增减调整垫的方法;当轿顶定位座松开后,如轿厢偏离原位置太多,则轿厢壁板之间有可能存在较大的内应力,需将轿壁之间的螺栓松开释放内应力,待电梯运行几次后重新紧固。

当然,对于噪声的解决还有其他方法,需在现场检查分析后,再做调整,最主要的还是要控制安装过程的质量。

16. 关于现场各种电梯噪声问题的标准以及简单回复技巧。

(1)直梯。

①机房噪声标准:梯速不大于 2.5 m/s 时,噪声不超过 80 dB;梯速大于 2.5 m/s、不超过 6.0 m/s 时,噪声不应超过 85 dB。应分别在距离(前、后、左、右、上方)主机 1.0 m 处用

声级计(噪声计)测量,无机房取测量数据平均值。

②轿厢运行噪声标准:梯速不大于 2.5 m/s 时,噪声不超过 55 dB;梯速大于 2.5 m/s、不超过 6.0 m/s 时,噪声不应超过 60 dB。应在距离轿厢中心 0.1 m 半径范围内、距离地面 1.5 m 处测量,并取额定速度运行时的最大值。

③开关门噪声标准:无梯速限制,开关门噪声不超过 65 dB。应在距离门 0.24 m,距地面 1.5 m 处测量,并取开、关门时的最大值。

(2)自动扶梯。

相关标准对自动扶梯的噪声没有强制性的要求,

如果用户对电梯噪声标准有异议,可以依据上述测量方法并在用户在场的情况下现场测量,并做出书面回复。如土建结构问题、使用环境回音问题等要有科学依据,以求得到用户的认可和理解。

17. 关于变压器进相接线调整说明。

测量电梯的主电源电压,然后根据测量到的电压情况调整变压器相应端子接线位置。

18. 顶层空载下行时频繁报 33 故障。

此故障一般为打滑造成,检查下曳引轮轮槽、曳引绳,如曳引轮磨损严重需更换曳引轮,曳引绳出油过大需处理油等;另外,检查导向轮安装是否正确,确定平衡系数是否偏大。

19. 电梯主板典型问题。

电梯运行时,门锁 KAD1、KAD2 接触器吸合后,KMB 继电器(抱闸继电器)不吸合,抱闸不打开,电梯无法启动。

(1)查看主电脑板显示的故障为“开闸故障”。

(2)检查 KMB 继电器,未发现问题。

(3)用万用表检查主电脑板输出对 KMB 的控制端口,发现门锁接触器吸合后,主电脑板并未输出 KMB 吸合指令。

(4)检查门锁接触器的触点,未发现问题。

上述检查基本说明外围电路没有问题,怀疑主电脑板有故障,更换主电脑板后,电梯即恢复正常。

电子产品的正常工作对自身电子元件的工作环境提出了很高的要求,而通风、散热、工艺及材料上的疏忽常会造成器件的损坏。

20. 电梯自学习遇到的问题。

某电梯 20 层 18 站,其中 2、3 层为假想层(不停),电梯安装好后,无法进行井道自学习。

(1)检修运行电梯,在机房检测上、下强迫换速开关动作情况,未发现问题。

（2）将电梯运行到最底层，进入层高写入状态，检修向上运行，同时观察主电脑板上的上、下平层感应器发光管闪烁次数，当电梯运行到最高层时，上、下平层感应器分别点亮 18 次，说明停留层隔磁板安装正常。

（3）进入轿厢顶部，将电梯运行到假想层，对 2 楼的短隔磁板安装位置进行检查，发现 3 楼短隔磁板插入磁感应器的深度不够（即隔磁板与磁感应器底部间距过大）。对此进行调整后，再次进行井道自学习，学习成功。

井道自学习主要与下列因素有关：实际层站数与设定层站数是否一致（特别是一些非常规楼层设定都要考虑到），上、下端站开关是否正常，平层感应器有无损坏，各层隔磁板安装位置是否正确。上述各因素有一个出现问题，都将导致层高无法写入。

21. 电梯过平层问题。

某电梯 20 层 10 站，当电梯运行到两端站时，轿厢会过平层，并且乘客有突然抱闸的感觉，而电梯在其他楼层停靠时，则不会有这种现象。

（1）由于电梯在中间楼层停靠正常，只是在两个端站才有过平层现象，说明问题出在两个端站上。

（2）对上、下两个端站的隔磁板安装位置进行检查，未发现问题；电梯过平层后突然抱闸，可能是轿厢过平层后撞到限位开关，乘客有明显的突然抱闸的感觉，说明电梯到达端站平层时速度未降到零，可能是由于减速距离不够所致。将上端站的二级强迫换速开关向下移动 30 cm，将下端站的二级强迫换速开关向上移动 30 cm，再次运行电梯，恢复正常。

电梯上、下端站强迫换速开关的安装距离、安装尺寸非常重要，很多电梯的运行故障（包括错层、数据丢失等疑难软故障）都与此有关。这些距离和尺寸包括第一减速距离、第二减速距离以及轿厢碰铁到各减速开关的水平距离等。

22. 旋转编码器故障处理心得。

由旋转编码器导致的电梯故障很多，检查起来也相当费事。在此介绍一个十分简单的确认旋转编码器故障的方法。由于旋转编码使微机、变频器、电机构成一个速度闭环控制系统，如果旋转编码器出现问题，会导致反馈信号不正常，从而必然会影响电机的正常运行。假如将旋转编码器的反馈断开——变成开环控制（仅限部分变频器），电机如果还能正常快速运行，那么就可以判定电梯的故障确实产生在旋转编码器上，否则应该在其他方面去寻找故障。这是确认旋转编码器故障的理论和方法。

为了安全起见，在断开反馈运行时，电梯不能到上、下两个端站运行。现举出几个曾经遇到的因旋转编码器而造成电梯故障的事例。

实例 1：一台异步货梯，平层不准确，在运行行程中有“腾腾”的现象。在维修时走了许多弯路最终才发现是因为旋转编码器内部被灰尘封堵，清洁后故障消除。

实例 2：一台 8/8 层站电梯，在进行空载安全钳 - 限速器联动试验后出现了异常现象，电梯选层启动后爬行约 50 mm 停止。电梯具有运行条件，也无明显的其他异常现象，最后查出原因是旋转编码器与控制柜的连接有虚接现象。

实例 3：一台 W1 A4 电梯在运行中经常突然停梯，然后自动平层后又可正常运行。经核查该故障不是因为制动线路不良所引起，也不是安全回路及门锁回路瞬间通断所致，而是旋转编码器严重磨损导致电梯在运行中信号突然中断所致。

实例 4：一台 W1 A4 电梯检修运行正常，快车运行时轿厢强烈振荡，电梯有规律地上下抖动，特别是多层运行时这种现象尤为明显。在检查电梯主回路及变频器之后仍未找到真正原因，后对曳引机及控制柜外围进行检查，发现装在电机尾部用于固定旋转编码器的不锈钢片扭曲变形，使得电梯在运行中电机轴与旋转编码器轴套不同心，重新更换旋转编码器固定片后，故障现象消除。

23.PLC 电梯经常死机实例。

一台 PLC 货梯出现无法正常运行的现象，每次在输写完楼层数据后，电梯即由顶楼向底层快速运行一次，而楼层显示的递减速度也比正常情况下快一倍，而后电梯就出现死机的情况。

从故障状况初步分析，大概是编码器及平层感应器在提供楼层数据或者是电脑在处理数据时出现错误。将相邻的正常运行的同型号电梯的 PLC 等部件先后调换后均不见效；检查编码器及感应器等，也未发现有任何损伤。

PLC 控制电梯所有外围开关的动作状态均能在控制器上直观显示。对另一台正常电梯进行楼层数据试写，同时仔细观察电梯数据输入时的各指示灯状态，并记录下来，然后比照故障电梯在数据输入时的情况，发现正常电梯的输写有下减速开关信号的支持。也就是说，电梯只有在到达下减速开关并在机房按下输入开关后，才能进行电梯楼层数据的输入，这与一般电梯使用下限位开关作为其起始信号的原理完全不同。

对下减速开关进行仔细检查，并未发现开关有任何损坏的迹象，有可能是开关位置已经偏离轿厢撞板的位置，导致无法可靠地碰到开关所致。在底坑进行观察后证实，电梯在下行时果真未碰到此开关。对开关安装位置进行适当调整，然后重新按规范程序输入楼层数据后，电梯恢复正常运行。

24. 开门机双稳态开关的典型故障。

两台并联电梯偶尔出现门关不到位，有时门关到位会原地死机夹人。

（1）调整参数后，故障依旧。

（2）检查门机电气线路，无异常情况。

（3）检查干扰，没有发现异常。

（4）发现双稳态开关磁铁有很多铁屑，清除后观察一个星期未出现故障。

保养检查时，应当注意隐蔽部位器件的维护。

25. 改造门机系统遇到的典型案例。

某电梯采用富士达 PLC 控制系统，门机为艾默生 TD3200 变频控制，更换为西门子系列门机系统后，发现电梯不能正常走车，慢车也不能运行。

（1）检查门机线路，没有发现问题。

（2）检查变频器参数，没有发现问题。

（3）检查 PLC，发现开关门到位信号异常，后将开关门到位定义改为常闭后正常。

26. 关于端站开关引起的电梯故障。

某 3 层 3 站货梯在机房调试时发现，两端站走快车停梯时，有主机抱闸抱不死的现象，而中间站停车时，则停车正常，且舒适感较好。

（1）检查曳引机参数是否正确，没有发现异常。

（2）检查电梯速度曲线是否合适，没有发现异常。

（3）由于不良现象只在端站发生，检查其限位开关位置是否正确。到轿顶检查限位开关安装位置，发现其安装位置异常，换速开关到限位开关的距离过长，将其调整为合适的距离后，重新自学习，电梯在端站停梯正常。

27. 西继 SM5000 系列电梯故障处理。

一台 SM5000 系列电梯，主板型号为 SM5000 配 AVY 变频器，主板没有输出，变频器不工作，安全回路继电器吸合，门锁继电器也吸合，外呼没显示，断一下电或按一下急停按钮即可恢复，此故障有时几天就出现一次，有时几个月出现一次。

检查故障记录，查看故障时电梯是否在平层位置，如在平层位置，检查门锁继电器（KAD1、KAD2）；如不在平层位置，检查抱闸回路（KMB）和输出接触器（KMY）。最后发现抱闸继电器（KMB）的一对触点出现问题，更换 KMB 后电梯运行正常。

28.SM5000 报 ER29 故障的典型处理方法。

一台西门子 SM5000 系列电梯（新梯 14 层 14 站），最近电梯空载或一人乘坐向下运行时主板总报 ER29 故障（楼层位置计数器错误），以检修速度运行至底层校正位置后恢复正常，每半小时一次。

（1）检查编码器有无干扰，查看编码器干扰检测最高时为 89，将编码器线与动力线分开并套金属软管且两端接地，检测干扰降到 76，但运行 1 h 后又出现 ER29 故障。

（2）检查平层感应器与每层的隔磁板是否有抖动现象，结果正常。

（3）可能轿厢侧轻、对重侧重，导致钢丝绳打滑，使得反馈脉冲数有误。在轿顶增加块对重铁，检查并清理钢丝绳上的油污，连续运行后一直未报故障，这种现象应该都是钢丝绳在某层打滑造成的。

一般来说，在某一层频繁出现报 ER29 故障，基本上可以确定是由钢丝绳打滑造成的。

29. 电梯主板更换后检修速度与设定速度不符,如何检查原因?

(1)检查电梯变频器参数及接线,没有发现问题。

(2)更换旋转编码器及调换 A、B 相后,没有效果。

(3)检查主板与变频器通信连接线,线路正常且无干扰。

(4)检修回路线路正常,且各按钮动作正常。

(5)安全回路及门锁回路无异常情况。

最后发现是主板内编码器脉冲数设置错误引起的,更改后正常,应再次进行井道自学习。

30. 并联电梯呼梯后,两台电梯都要响应是怎么回事?

两台并联电梯,当有外召唤时,其中一台电梯响应该召唤后,该外召唤并不消号,只有等另外一台电梯也响应该外召唤后才消号。也就是说,对于任何一个外召唤,两台群控电梯要各响应一次。

(1)对电梯参数中的楼层设定、并联设定进行检查,没有发现问题。

(2)检查外召唤接线,接线正确。

(3)断开并联,再断开其中一台电梯的主电源,则另一台电梯运行正常。

通过上述检测可以断定,两台电梯独立运行是正常的,问题应该出在群控部分或群控与各单梯的通信上。

(4)对并联电缆检查时发现,两根电缆长出的部分被分别捆绑在控制柜的框架上,弯曲部分弯曲半径过小;更换两根通信电缆,电梯恢复正常。

两台电梯公用一套外召唤信号,即外召唤信号是一套按钮、两套显示的形式。外召唤信号分别进入两台电梯的主电脑板后,再通过电缆进行通信。当通信出现故障时,两台电梯实际上处于单独运行状态,两台电梯共用一套外召唤按钮,因此乘客感觉对每一个外召唤信号,两台电梯都要分别响应一次。

31.SM5000 系列电梯自学习运行至快到顶层时突然停止运行如何解决?

(1)检查安全回路(特别是限速器张紧轮开关、限速器开关、安全钳开关等),没有发现异常。

(2)检查门锁回路,没有发现有运行动作迹象。

(3)变频器没有故障记录。

(4)进入井道观察故障位置,在上行二级强迫减速开关范围,检修运行电梯,发现该开关接线松动,整改后电梯运行正常。

32.SM5000 控制系统的电梯出现 ER21 故障,快车不能运行如何解决?

(1)检查主板,没有发现异常。

(2)检查控制运行线路,没有发现异常。

(3)检查编码器(西门子 1024 编码器)固定方法不规范, 2 台用胶水固定(明显能听到编码器运行异响），2 台用末端电机塑料罩子固定（未用螺丝），更换异响编码器，并将所有编码器按照要求固定后，重新自学习后电梯运行正常。编码器一定要按照说明书中的要求安装，严禁私自改变安装方式，避免不必要的损失。

33. 两梯并联，1 台有地下室，按一台外呼按钮，为什么另一台外呼不亮？

从故障现象看，似乎是并联部分工作不正常。因此，首先对电缆进行检查，但未发现问题；再观察电梯的运行情况，发现当用 1# 电梯的外召唤对 2# 电梯进行就近召唤时，2# 电梯会在低于召唤层一个层站的楼层停梯，并且对 1# 电梯的外召唤消号，这说明群控部分工作基本正常，只是 2# 电梯外召唤地址设定错误。将 2# 电梯的外召唤按钮地址按照 1# 电梯设定后，电梯恢复正常运行。

当并联电梯中各电梯响应的楼层不完全相同时，外召唤按钮的地址设定应特别注意，以免导致电梯的错误响应。本案例中，2# 电梯的外召唤按钮地址应按照 1# 电梯设定。

34. 电梯超速故障排除实例。

电梯异常超速，电梯在 1 楼向上快车启动时，即报失速保护；慢车开至顶层后，快车向下正常运行（顶层返基站）。

（1）检查更换旋转编码器后，故障现象依旧。

（2）更换变频器 PG 脉冲分频卡，没有效果。

（3）更换主控电脑板，没有效果。

（4）检查上强迫减速开关并更换，没有效果。

（5）最后发现下感应器损坏，更换后正常。

35.PLC 电梯典型案例。

维修保养人员在工作中经常会遇到各种各样的现象，如果细心排查和分析，善于总结提高，一定能对以后的工作提供不少捷径。

一台 PLC 控制载货电梯，当某工作人员在轿内按下楼层指令，在没有关闭厅轿门的情况下，电梯突然从一楼向上行驶。幸好当时他在电梯内，及时打下急停按钮，电梯马上停住，没有伤及任何人和物。在机房检查厅轿门回路，把厅门终端线与轿门连接的上、下同端子的接线分开，在厅门、轿门关闭和打开的情况下线路通断正常。检查门锁继电器的几对触点，没有烧蚀卡死的现象，一般情况下厅门与轿门同时自然短路的可能性很小。既然门锁继电器没有问题，只能从其他方面找原因。查看图纸，分析厅门前面是由安全继电器的一堆常开触点控制门连锁回路电源线。厅门为 143 号线，轿门在厅门回路后面为 141 号线，轿顶扁平随行电缆中有一根 139 号线。因此，只要轿门的 141 号线与 139 号电源线短路，就会造成整个门连锁短接。考虑到当时扁平电缆中有一根钢丝绳做内芯，其作用是防止电缆长期伸坠造成电缆内断线。在轿顶开电梯，用万用表量电缆内钢丝绳与 139 号线是否导通。在整个检修运行过程中发现电缆钢丝绳与 139 号线时通时断，有时断断续续搭铁接地,电缆内钢丝绳断丝头只要插进 141 号线内就会造成以上故障。

解决措施:

(1)把从机房到轿顶的 139 号线与 012 号电源线在电缆中重新换 2 根;

(2)把轿门线放在厅门线前面,减小轿门与厅门同时短路的可能性;

(3)电缆内钢丝绳悬挂端与末端做绝缘包扎处理。

36. 一根导线修电梯。

当电梯出故障停驶时,由于其有几百个触点,又有许多开关设在几十米甚至几百米的井道中,需要考虑从哪里入手检查。

其实可以使用一根导线,迅速判断故障。首先,安全起见,先将各层的厅门关好,再从机房控制屏的接线端子上拆下控制轿厢门机的导线,这样就隔断了电梯与厅外的联系,在机房操纵电梯运行时,就不必担心有人误入轿厢而发生事故。其次,应该区分是控制屏有问题,还是井道平层信号、减速信号等井道信息有问题。可以用一根导线,在电梯控制屏上直接"搭接"接线端子的有关触点,模拟电梯轿内指令、呼梯指令或开关门指令,在按图纸搭接的同时,注意观察屏上继电器、接触器及各部分灯光信号正确与否,这样做若干次就可以发现问题。当故障同时来源于机房和井道时,一定要先解决机房中的问题,对一台突然出故障的电梯,其机房的故障一般不外乎控制柜内该吸合的不吸合,这时仍然可用一根导线按电路图将继电器或接触器的线圈通电,通过观察其吸合与否判定好坏。根据搭接(短接)线圈前边的逻辑关系,查看其动与不动,如果继电器或接触器吸合,说明故障就存在于这部分,但是到底是哪个点,还可用一根导线一个个地短接每一个触点,直到找出那个没接触的触点。线圈后边的逻辑关系也依此处理。对于不该吸合而吸合了的继电器(接触器),可以拆线查看,这样就可以很方便快捷地找到问题所在。

井道的故障,不外乎层楼的上下呼梯信号、井道平层信号、减速信号出错,这些信号每层都一样。如果是"通病",还可用一根导线直接判断是不是某信号没从屏上下去。若是电缆有问题,还是依此方法判断它是否因长期运动折断了。

对于已经判明有问题的开关,直接用线"短"上,弄清楚以后,换新即可。

用一根导线修电梯,省去了一时找不到万用表的烦恼,省去了因量导通而不得不停电却破坏了故障现象的烦恼,也省去了测量电压又一时找不到电源端的烦恼,以及忙中出错忘了换挡的失误和没人看仪表读数的不方便。

上述方法只限明白电气原理的维修人员,禁止盲目短接、搭接。

37. 电梯过载典型案例。

某 4 m/s 参观电梯频繁出现主板报 ER19 故障,快车运行时高速突然减速停车,显示闪烁,安全回路正常。

(1)检查抱闸回路,重新紧固线路,问题依旧。

(2)检查变频器进出线路动力线,发现 U、V、W 有一根相线有轻微松动,重新紧固,故障仍未排除。

(3)检查制动电阻,未发现问题。

(4)最终发现KMC接触器下端动力线出线接头松动,制作接头时未压牢,造成变频器报过载。

38. 关于安装后电梯装修问题的分析。

(1)在电梯发货前对用户给出善意的提醒,如轿厢是否要装潢,选用什么样的装潢,最好由电梯公司来设计等。

(2)如果在电梯投入使用后,用户有轿厢装潢的意图或想法(咨询过公司销售、安装、维修人员),应警示用户:轿厢装潢的重量不能超过额定载重量的10%,最好选用材质轻的材料,装潢后需重新进行调试,并由专业电梯公司指导施工过程等。

(3)对于已经出现较严重事故,造成不良影响的,应当主动配合用户和相关主管部门做好善后问题处理。

39. 电梯抱闸滞后的问题。

电梯抱闸滞后,即断电情况下,抱闸维持1.1 s才抱闸。在抱闸断电情况下,抱闸回路没有马上切断。抱闸回路有感应电流的存在,并且通过整流桥和抱闸线圈构成回路。此情况出现在以下两个地方。

(1)在停电电动松闸回路,线路如下,其中YB是抱闸线圈。

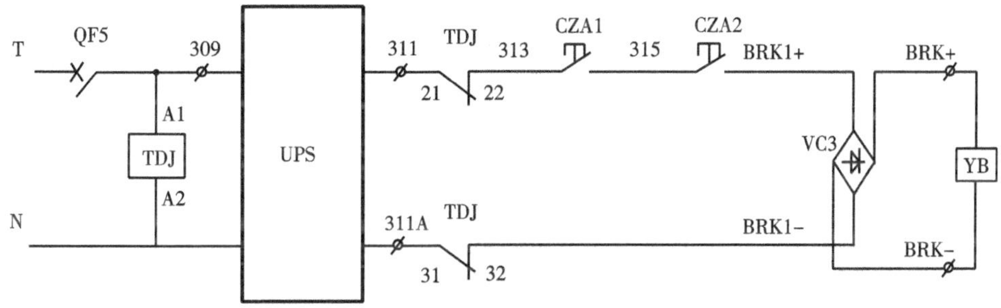

现场抱闸线圈直接与VC3的整流桥相连,在抱闸断电的一瞬间,会有感生电动势存在,正好通过VC3的整流桥构成一个LR放电回路。现场更改如下,即把CZA2从交流回路移到抱闸直流回路,阻断VC3的整流桥的续流。

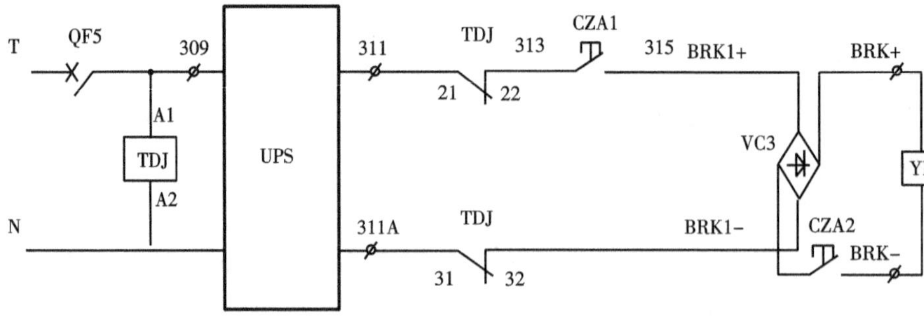

(2)在抱闸接线盒里面。抱闸出厂时,抱闸接线盒里面自带一个整流回路,其效果和上述一样。现场已经把抱闸里面的整流板取消不用。

如果现场出现类似的抱闸滞后情况,可以把所有的抱闸回路采取直流供电,即先整流,再通过继电器。这样可以在切断抱闸电源的时候,使抱闸回路立即失电,抱闸可以马上抱死曳引机。

40. 主板消号功能引起的故障。

某电梯在从一楼到七楼的运行过程中,经常性地停在四楼或五楼,并且不开门,再重新登记七楼后走车;在从七楼到一楼的运行过程中,也经常性地停在四楼或五楼,也是不开门,重新登记一楼后再走车。

该梯为观光梯,白天阳光强烈,致使按钮反光,不确定选层信号是否登记上,另外二楼和三楼无层门不停靠,并且主板没有故障记录。

乘客进入电梯后,从一楼上七楼选了七楼以后,电梯关门开始走车,有些人因为阳光强烈反光,以为按钮不亮,又重新按了七楼按钮,这就导致七楼登记消号,致使电梯就近平层,不开门,而恰好该梯没有二楼和三楼,所以就会停在四楼或五楼或六楼(具体电梯会停在哪一层根据乘客消号时间的早晚而定)。

可把主板消号功能取消,即F03参数状态改为1,电梯即可运行正常。

41. 轿厢按钮反应慢的问题。

现场一台电梯,用户反映轿厢的选层按钮反应慢,按完半天登记不上。首先检查通信线有没有问题,是不是双操纵盘,主副盘设置是否正确,确认以上都没有问题,在轿顶检修盒内把照明插件拔掉,再次选层查看按钮的反应,如果有变化,说明是照明引起的干扰,可以用以下方法处理:

(1)把操纵盘通信线的屏蔽层接地,注意轿顶侧屏蔽层不能接地;

(2)将装饰顶的螺丝与轿顶检修盒的接地接在一起;

(3)在轿顶到轿厢的通信线上加磁环,注意最少绕三圈。

第 15 章　电梯故障查找实战

下面以某品牌电梯为例,讲解电梯故障查找的具体方法。

1. 要达到的目的。

(1)了解故障原因的判断步骤。

(2)有效提高维修响应时间。

(3)满足客户的需求。

2. 故障查找基本步骤及功能。

电梯故障查找有 6 个基本步骤:发生了什么状况,正在发生什么状况,应该发生什么状况,未发生什么,使它发生,观察维修结果。

(1)发生了什么状况?

询问现场管理人员:

①到底发生什么状况;

②以前是否发生过,若发生过,何时发生的,结果如何;

③此次何时发生;

④故障发生后乘客做了什么;

⑤尽可能获得更多细节;

⑥电梯位置;

⑦电梯运行或停止状况;

⑧开关是否被切断。

(2)正在发生什么状况?

运用所有感官检查电梯。

开关有无被关闭:视觉。

电梯门开着或关闭:视觉。

是否不只一台电梯受影响:听觉。

观察电梯实际动作:嗅觉、触觉。

①在电梯里:

不要操作任何开关或断路器,以免故障状况消失;

遵守电梯安全作业程序;

寻找损坏或干扰迹象;

检查开关状态;

检查安全装置。

②在机房里，花几分钟观察电梯，保持平静的心态，不论是什么故障都不做预先审判，使用各种感官进行以下检查：

断路器、主机、限速器等各部位状态；

LED、保险丝、显示器的状态；

过度的辐射热、冒烟或异常噪声；

明显的损坏，如烧损、断裂或者折弯的部件；

之前的维修报告。

(3)应该发生什么状况？

熟悉设备操作流程和使用操作手册上的作业流程。

任何电梯共有的基本功能：

①响应需求，如轿内召唤或层站呼梯；

②确定运行方向；

③进行启动准备；

④门运作、门锁电路正常；

⑤运行；

⑥楼层运算；

⑦呼梯重合 - 楼层计算 = 登录的呼梯；

⑧进行减速准备；

⑨进行停车准备；

⑩停止；

⑪重置 - 等待下次召唤。

(4)未发生什么？

电梯运行两个常规：

①每个功能有其顺序性，如楼层计算；

②每个功能有其相对性，如果门能打开，则必须也能关闭。

如果违反了这两个常规就是发生了故障。

(5)使它发生。

修理故障不只是排除症状。例如，如果保险丝 99.99% 的情况下会烧断，就说明保险丝所保护的回路的某个部分出现了问题。

①正确及明白地完成故障报告。

②完成必填字段。

③尽可能避免缩写。

(6)观察维修结果。

①在离开大楼前，持续乘坐所修理过的电梯。

②在离开大楼之前，需和业主做好联系的动作。

3. 基本读图方法。

图纸分两种，即电路图和接线图。

（1）电路图，相当于电路的“地图”，探讨电气故障的基本指南，每一台电梯必须有一份电路图，电路图的绘制需带有带电功能元件。

（2）接线图，用来确认线路的走向及连接端，也称原理图，其不显示所有电子部件，不显示组件之间的关系，现场接线显示为粗线，由现场技术人员安装，控制器接线显示为细线，由制造厂人员安装。

4. 电路元件及符号。

图纸上的主要部件有线圈、变压器、电阻器、电容器、触点、保险丝、印刷电路板。常开和常闭触点的电路符号如下图所示。

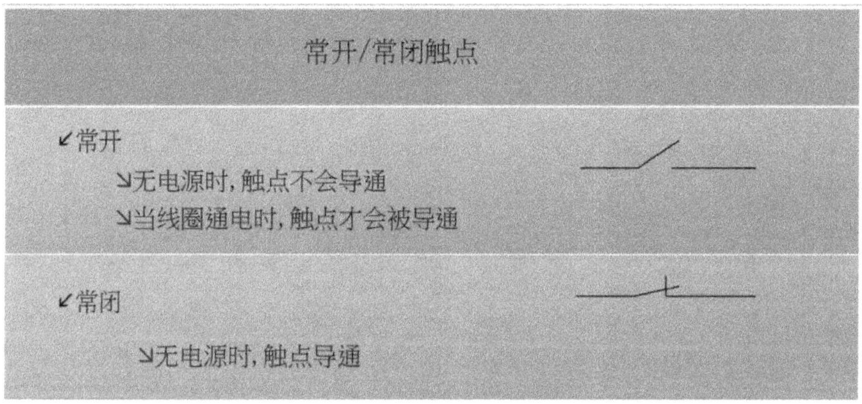

电路方向：印刷由正面到反面，电路绘制均由左至右。

串联回路：

并联回路：

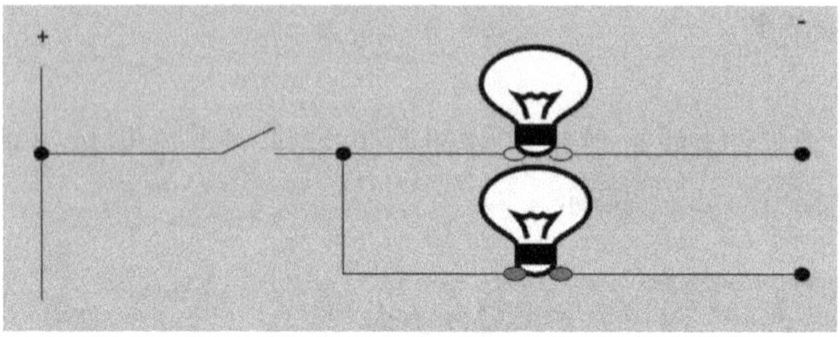

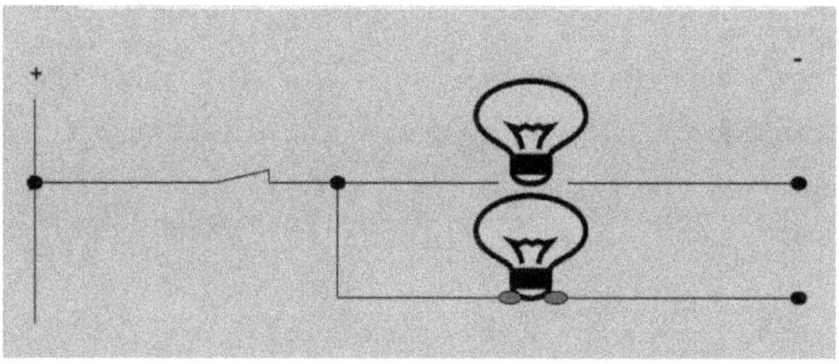

串并联回路：

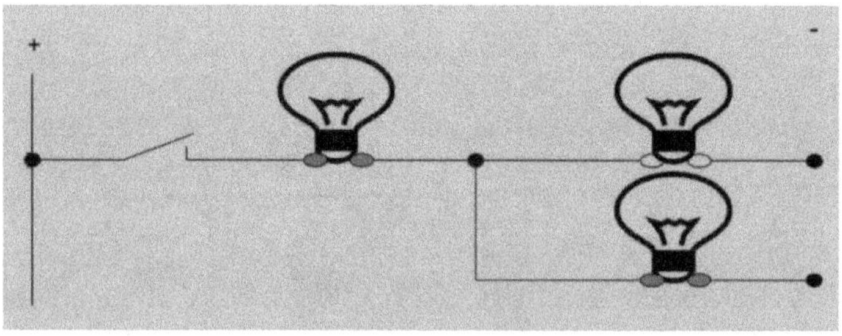

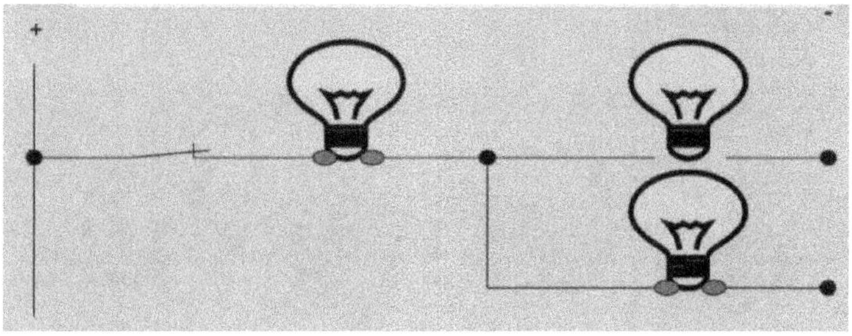

5. 电梯电气原理图的本质。

电梯的电气原理图并不涉及各个复杂电气部件的具体内部电器元件，所以只能称为方框图，也叫接线图。

因为其是方框图，所以只需要知道方框的功能即可，不必纠结方框内的具体工作原理，把方框内的部件当作一个电气部件即可。从而思路就会清晰，也会发现剩下的部分只有串联或者并联或者串并联，还有更多的是部件之间的直连。

电梯的电气原理图一般由以下部分组成：

（1）主电源供电和变频器主回路；

（2）控制回路电源供电；

（3）安全回路和门锁回路；

（4）主控回路；

（5）门机回路；

（6）通信回路；

（7）照明和应急回路；

（8）附加的一些特殊功能回路。

电梯一般有电梯主控器、驱动器（变频器）和门机驱动器 3 个方框。

（1）电梯主控器：负责电梯功能的实现，其功能一部分通过通信总线实现，剩下的则是通过具体的端子接线触发实现。

（2）驱动器（变频器）：接收电梯主控器的指令驱动电梯，以实现各种速度的运行。

（3）门机驱动器：接收电梯主控器的指令控制开门机的一切开关门动作。

经过多次简化分解，电梯的电气原理图的每一个回路剩下的只有导线和开关。因此，得到一个结论：一个能处理电梯的线路问题和开关问题的技术工人，基本能解决 85% 以上的电气故障。对于一些比较简单的电梯控制系统，只要肯下功夫，一个星期完全可以掌握。

对于电梯主控器、变频驱动器、门机控制器问题，需要另外一个领域的专业人士才能解决。

6. 具体故障处理思路举例。

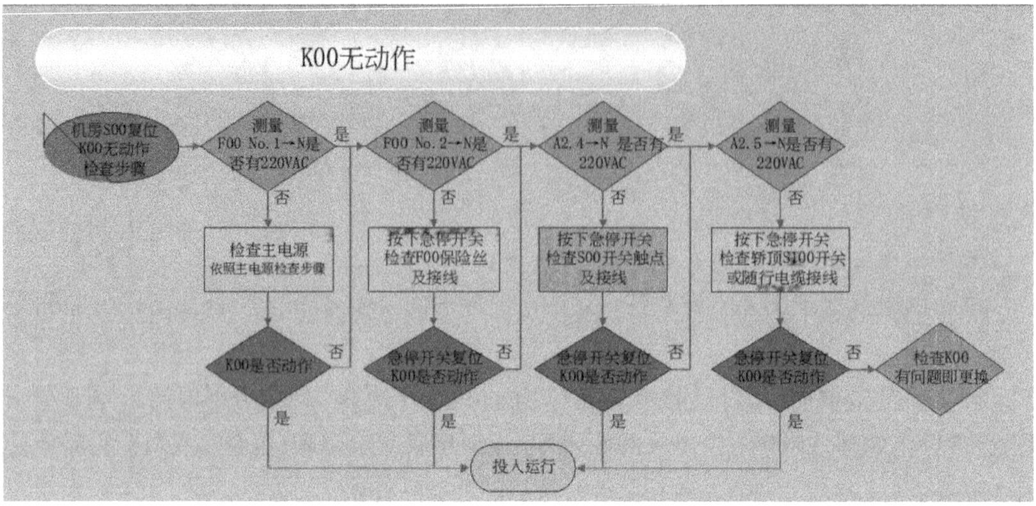

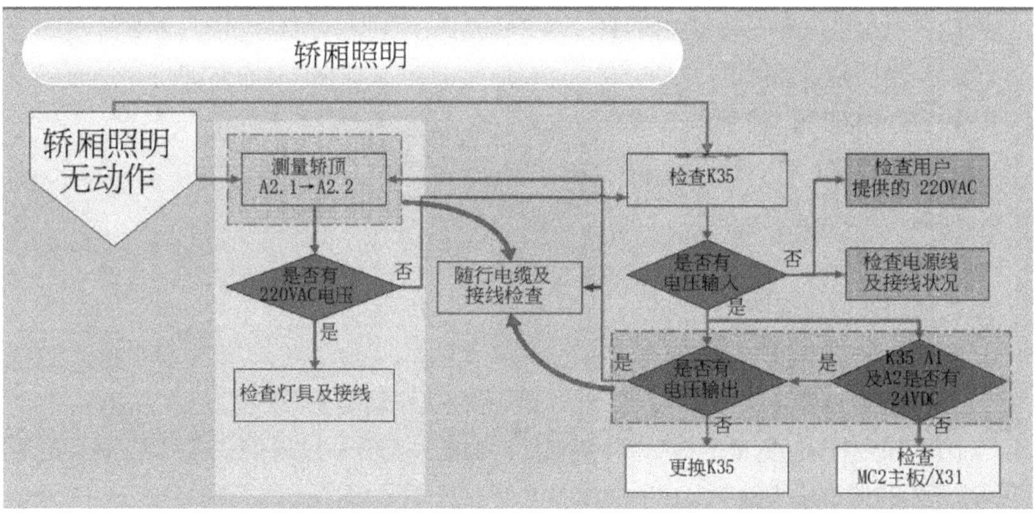

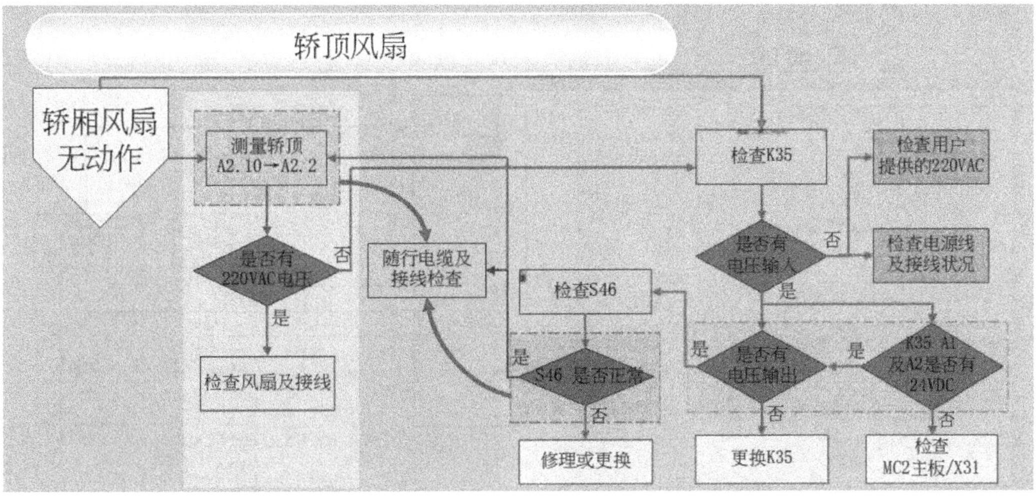
轿顶风扇
轿厢风扇无动作
测量轿顶 A2.10→A2.2
是否有220VAC电压
否
是
检查风扇及接线
随行电缆及接线检查
检查K35
检查用户提供的220VAC
是否有电压输入
否
检查电源线及接线状况
是
检查S46
是
S46 是否正常
否
修理或更换
是
是否有电压输出
是
K35 A1及A2是否有24VDC
否
更换K35
否
检查MC2主板/X31

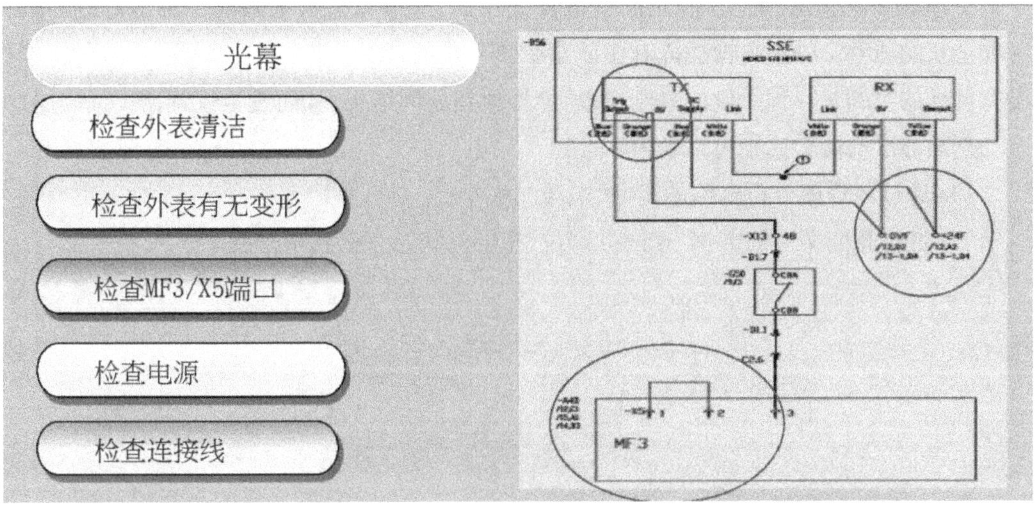
光幕
检查外表清洁
检查外表有无变形
检查MF3/X5端口
检查电源
检查连接线
SSE
TX
RX
MF3

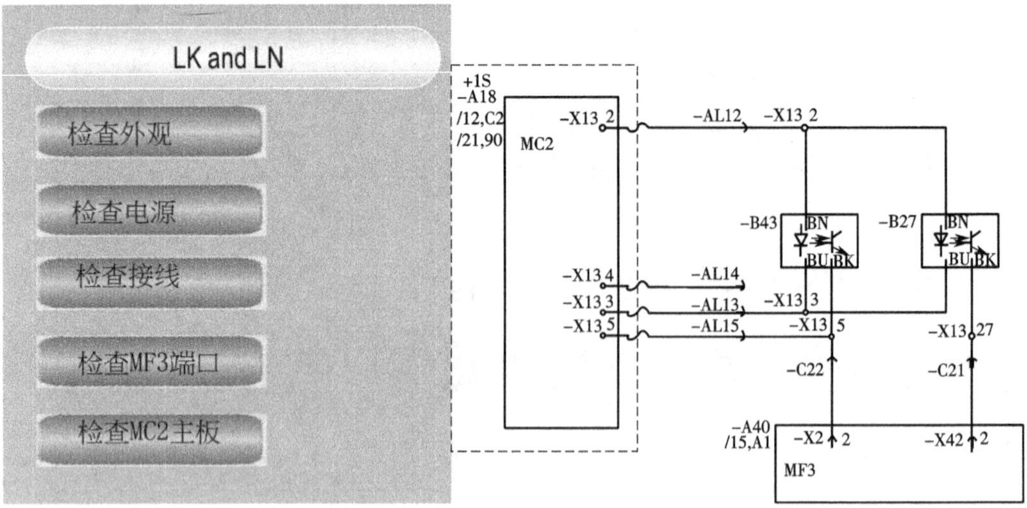

上述故障处理流程是参照某品牌电梯制作的，这里只是为了形成一种良好的习惯，一种全新的思路。处理电梯故障其实就是一步一步的判断，判断的依据就是已有的标准，没有标准的判断是一种无效的判断，有可能导致错误的结果，从而发生误判。

判断标准有两个途径可以获得：

（1）通过原理图分析电路的走向，电压的大小；

（2）通过相同型号的电梯、相同的部位、相同的状态直接测量得到。